非線形システムが
社会を動かす

Nonlinear Systems Promote All the Social Capital

並木淳治　著

一般社団法人　電子情報通信学会

はしがき―絆―

東日本大震災以降，"絆"という言葉が好んで取り上げられるようになった．それでは，"絆"の対極の世界とは何であろうか？　仕事や大学進学で東京に住み始めたある若者の日常を想像してみよう．朝，彼はオートロックのマンションを出て駅に向かう．駅ではSUICAをかざして電車に飛び乗る．職場近くの駅前のカフェテリアで朝食を取る．職場に着くとパソコンを立ち上げメールをチェック．帳票のほとんどはネットワーク経由での電子決済．それらを幾つか片付けると喉の渇きを覚えたのでロビー横の自動販売機で缶コーヒーを買う．今日は給料日．昼休みになりまずパソコンからネット銀行を通して支払いを一通り済ませる．昼には地下一階のコンビニエンスストアへ向かいお茶とお弁当を買い電子レンジで温めてもらい職場に戻り，ウェブをチェックしながら昼食を取る．午後の仕事を終えて久しぶりに繁華街へ足を延ばす．今日の夕食は回転寿司．注文は席の前の小さなディスプレイでタッチ．今日は8皿と生ビール．お愛想ボタンを押すとお店の店員が駆けつけ慣れた様子で伝票を作成．これを持って会計を済ます．かねがね見たかった映画をiPhoneで予約し近くのシネコンへ向かい予約券販売機で切符を取り出し8番館へ向かう．終わると雨が降っていたので，iPhoneでタクシーを検索し呼び出して家まで帰る．今日は疲れた．早く寝よう．

彼の充実した一日はこのように終わった．彼は立派に東京暮らしに慣れ不自由なく日々を送っている．ここには，彼の日常生活を乱す何者も存在せず，生活のペースは彼自身が全てを決められる快適なものだ．

さて，彼のマンションの裏側の集会場では今年の神田明神の神輿の相談を町内会役員がしている．隣のレストランでは商店街の若店主がお祭りの寄付集めの相談をしている．町会回覧板では定例の大掃除と夜回りを告げている．一元さんとは無縁の地元の生活が息づいている．

諏訪の御柱，岸和田のだんじり，長崎くんち，五所川原の立ちねぷた，相馬の野馬追い，そして京都の様々な祭りなど，そのほとんどは町内会を単位として長老を頂点に子供から大人までその役割を高めていき，伝統を受け継いでいるのである．

2020年のオリンピック誘致に関しても"そんなことに税金を使ってほしくない．もっと別にやることがあるはず"という意見も散見されるが，オリンピックが開催されれば喜びを国民が分かち合うことになるのであろう．長崎くんちでは自分の地区が担当になった年はお祭りの費用捻出で娘の婚礼は出せないという．日本中の多くの祭りは頼まれて催すものでも，公的資金で催すものでもない．彼ら自身の人生の一こまとして"地域で生かされている事実"を喜びを持って認識する場なのである．もし，地域に災害や危機が襲ってきたときには，まさにこの"絆"が日常の延長として機能するのである．

今日はサッカーのワールドカップ・アジア最終予選の日．日本とオーストラリアの大一番．火曜日なので仕事を早く切り上げて家でテレビ観戦か．いや，何か物足りない．足はなぜか国立競技場のパブリックビューイングの会場へ向かう．試合が始まった．チャンスの割には日本はなかなか点が取れない．後半37分，オーストラリアのセンタリングの緩いボールが何と日本ゴールを割る．気が付けば隣の他人と落胆を共有している自分に気が付く．躊躇なく周囲の観衆と言葉を交わし合う．本当に残念．しかし，ロスタイム，日本はペナルティキックを得る．本田は既にボールを持ってペナルティエリアに立つ．周囲は一つになる．彼は初めて東京で別

の世界を見ることになる．興奮冷めやらず渋谷へ出る．有名な駅前スクランブル交差点が見える．今回もまた騒乱の場となるのか．ここにはいつもの高圧的な機動隊ではなく，後で"DJポリス"と呼ばれるようになる拡声音が待っていた．"お巡りさんも嬉しい．フェアプレーで行こう"．若者の多くと共感が生まれ，"お巡りさん"の掛け声が広がった．従来の敵対関係から"絆"の世界へ変わった瞬間だ．

およそ世の中は他人同士の欲求のぶつかり合いの場である．にもかかわらず，もめ事・混乱で蔓延しているということはない．なぜなのか？ 何がこの平穏を生んでいるのであろうか？

東京へ出て来たての彼の生活には他人との交流がない．彼のパフォーマンスは彼自身のもの以上でも以下でもなく，まさに彼自身のそれが全てであり，そのような人間で構成されている会社のパフォーマンスもそのような人間のパフォーマンスの総和以上でも，以下でもないまさに"組織を構成する要素の単なるパフォーマンスの総和"の世界なのである．

何か新しいことを言いましたか？ と，当然の質問が出よう．"N 人の人が集まれば一人より N 倍の能力が潜在する"ということは極めて当たり前のことだ．これこそが，"線形の世界"を刷り込まれた者の常識なのである．しかし，彼はアジア最終予選をパブリックビューイングの会場で見ることを選んだ．なぜだろうか？ 隣人・他人との交流に価値を感じたからだろう．交流は各個人が隔絶したままでは決してできない．先ほどの N 人は N 倍の世界から"各個人間のインタラクションの世界"へ移っていったのである．インタラクション世界は N 倍から $N \times N$ の世界になり，その可能性はとてつもなく増加した世界になるのである．この $N \times N$ 倍の世界こそ"構成要素間に干渉；掛け算がある世界＝非線形の世界"なのである．

この世界はしかし不運なことに，エレガントな数式解を求めることが難しい世界なのである．また，自然科学の対象を扱う場合，それらはお互いに意思を持たないことから"相互干渉"を意識しないモデル化は許され，線形世界が科学の暗黙の常識となった．しかし，経済や社会現象を数値的に理解しようとすると，投資，金融政策，起業，ファッション，都市開発など何を取っても，人間の意思に強く依存する問題を扱おうとすると，この無限大な人の意思こそを中心に置いて問題をモデル化しなくてはならないことは想像に固くない．

このような問題意識は，当然ながら既に尊敬すべき多くの先駆者が指摘してきたことはいうまでもない．例えば"複雑系"や"カオス"は一世を風靡したことは御承知のとおりだ．では，今更なぜ，筆者がこの本を書いたかが核心的質問であろう．多くの非線形現象を扱う書物は，個々の非線形現象を精緻・克明に解明してきた．これらは，解析学的に極めて難解な問題を克服して私たちに多くの知見を提示頂いた．しかし，浅学な筆者としては"これら興味ある非線形の有用性を社会システムの制御にどうつなげるか"の設計論を論じてみたいとの欲望を抑えきれず，同時に，"社会システム制御論"の端緒としたいと考え，今回の出版に至った次第である．したがって，全ての問題は Excel を用いて直接，現象を実感できるように，できる限り生のプログラムを添付するよう心掛けた（下記の学会 URL からアクセスして頂きたい）．

http：//www.ieice.org/jpn/books/tankmokuroku.html

非線形の世界は，線形の世界と違い系統的解釈が難しくまだまだすっきりしない内容になっていると思うが，本書を一里塚として更なる優秀な出版がなされることを希望するものである．

2013 年 6 月

並木淳治

本書に掲載されている会社名，製品名は，一般に各社の登録商標または商標です．

目　次

1　はじめに　1

2　ダイナミックシステムのモデル化　3

- 2.1　シグナルフローグラフでの表現　3
- 2.2　シグナルフローグラフの基本　3
- 2.3　ダイナミックシステムのSFG表現　5
- 2.4　状態変数解析の時間解法の実例　9
- 2.5　ラプラス関数$F(s)$の時間応答を求める　11
- 2.6　"極を零点でキャンセルする"の意味を味わう　13

3　線形システムの功罪（非線形システムとは）　15

- 3.1　ダイナミックシステムの定式化　15
- 3.2　システムの線形性のかつての有用性　15
- 3.3　"重ね合わせの理"がもたらした大きな誤解　17
- 3.4　要素間相互作用の重要性　19

4　超巨大システムの社会的安定性の根源を探る　25

- 4.1　線形系のシステム安定　25
- 4.2　非線形システムの安定性　28
- 4.3　構造安定の世界　30
- 4.4　非線形系における正帰還（Positive Feedback）の有用性　30
- 4.5　規則還元法による巨大システムの安定性の例　32
- 4.6　社会システムにおける予見評価と非線形性の必要性　34

5　古典的非線形システムを読み解き制御へつなぐ　39

- 5.1　飽和特性　39
- 5.2　リミットサイクル　41
- 5.3　準周期（トーラス）　43

   5.4   三次元システムのストレンジアトラクタ（ローレンツアトラクタ） *44*
   5.5   セルオートマトン *51*
   5.6   セルオートマトンの解の永続性 *55*
   5.7   二次元セルオートマトン *56*
   5.8   ライフゲーム（**Life Game**） *58*
   5.9   分　岐 *60*
   5.10 捕食-被捕食間ダイナミクス；**2**体問題 *63*

6　これからの非線形システムはこう操れ　　*67*

   6.1   2体問題（環境制限の影響＋ルール制御） *67*
       6.1.1 環境制限の影響；システム安定化の一手法 *67*
       6.1.2 ハードリミッタ導入 *73*
       6.1.3 ルール表（ソフトウェア）制御 *75*
   6.2   自励飽和 *78*
   6.3   多体問題 *79*
       6.3.1 3体問題 *80*
       6.3.2 4体問題 *84*
       6.3.3 5体問題 *88*
       6.3.4 6体問題 *89*
       6.3.5 7体問題 *91*
       6.3.6 N体問題のまとめ *92*
   6.4   リミットサイクル（多重リミットサイクル） *92*
       6.4.1 リミットサイクル軌道の形状と大きさの制御 *92*
       6.4.2 二重リミットサイクルからN重リミットサイクルへ *95*
       6.4.3 リミットサイクルの原点近傍の振舞い（普及率曲線への考察） *99*
       6.4.4 N重リミットサイクルでの無限大付近の振舞い *102*
   6.5   一次系（低次系）＋外部入力での非消滅システムの構築 *103*

7　見え出した非線形飼い慣らし手法　　*106*

   7.1   同　期 *106*
       7.1.1 加算的干渉モデル *107*
   7.2   捕食-被捕食問題と同期 *110*
   7.3   円循環の導入 *113*
   7.4   バンチングランダムアクセスの提案 *115*

8　エージェント移動を司る多次元セルオートマトンの提案　　*129*

   8.1   二次元セルオートマトンの拡張（ポテンシャルの導入） *129*
   8.2   エージェント自身が作り出すポテンシャルの変化 *132*

- **8.3** ポテンシャルを形成するための内挿（平均化）フィルタの導入　*134*
- **8.4** 生物界におけるフェロモン蒸散作用の重要性　*134*
- **8.5** 一般的多次元セルオートマトンの提案　*137*
- **8.6** エージェント移動型多次元セルオートマトンを用いた"航空機退避問題"　*139*
- **8.7** 人間の振舞いを扱う　*158*
  引用文献　*170*

9　おわりに　*171*

付　録　Excel プログラム一覧　*174*
参考文献　*175*
索　引　*176*

1 はじめに

　我々が日常的に見聞きする生物界の振舞い，経済活動原則，ファッションや投機のメカニズムなどダイナミックシステムとして扱えるものは枚挙の暇がないが，そのモデル化，記述，解析については長らく，写像，積分変換など，問題がエレガントに解けることが優先され，それゆえ"線形モデル化"手法が専ら仮定されてきた．そこには，線形システム最大の特徴である"重ね合わせの理"が支配する狭いシステム論が必ず関係していた．すなわち，どんな複雑なシステムが存在しても，それらの要素間の相関や相互作用は存在せず，それらの各々の要素からの応答の総和が全システムの振舞いを決定するというものなのである．皆さんは"科学"の"科"の意味を御存じだろうか？　"科"とは物を細かく分ける，あるいはその要素に分解するという意味である．システムの振舞い，性能などはそれを構成する要素が分かれば，それで万事解決するということを，"科学"という熟語は意味しているのである．システムの振舞いがその構成要素で決定されるという思想は"要素還元法"と呼ばれ，長くそして今でも科学の代表的思想の根幹をなしている．この考え方こそ，まさに"重ね合わせの理"と表裏をなす概念なのである．

　さて，初めに話したような"恋愛，思いやり，同情，ファッション"などの人間的日常の感情から，"流行，流言飛語，パニック"などの発散的現象や，"起業，投資，マネジメント"など実際の経済活動などほとんどの現象は，100％人間の相互性が作り出す現象なのである．これらは，システムの構成要素自身の存在もさることながら，専らそれらの相互作用が重要な役割を演じている領域なのである．

　我々を取り囲む多くの歴史ある，そして永続性の高いシステムはその存在・永続を可能にした高度なシステム的安定性を有しているからこそであるが，馴染みのある線形システムにそのような安定性を求めることは，その構成要素がわずか三次（個）以上の高次システムですら難しいことは線形制御系から分かっている事実である．

　太陽系の運行，ロケットや宇宙船の制御のようにその制御対象数がごく限られたシステムについては，先ほどの"科学"が極めて有用かつエレガントな手法であったことは事実で，今後もこの事実が崩れることはない．

　さて，インターネットが台頭し，Peer to Peer（P2P）によるオーバレイシステムが生み出

す膨大な構成要素が作り出すダイナミックシステム（Dynamic System）を昨今は"クラウド（Cloud）"などと呼び出したが，その解析，ひいては組織，企業，社会，国家などをより少ないエネルギーで思いのままに操る（理想的な秩序あるシステムに導くため）にはどうすればよいのだろうか？

　皆さんは職場や大学へは電車で通っているだろうか？　新宿，渋谷の朝の混雑は並大抵なものではない．しかし，通勤客は座席指定も誰からの指示もなく，整然と通勤を全うする．このようなことが同じ数のランダムな構成要素を持つシステムで可能であろうか？　本格的ユビキタス時代を迎え，人口の数十倍もの端末，電子タグなどが情報をやり取りする時代には，まさにこのような管理者なしの自律システムこそが生き残るのである．

　これこそ，ダイナミックシステムをその構成要素間の相互作用にその重要性を求める非線形システム現象なのである．従来からも非線形システムの解析は自然界の特殊な現象として，しかも，解析可能なものについて議論されてきた経緯はある．本書の目的は，非線形システムこそが，我々を取り囲むほとんどの社会，経済，精神活動を説明・制御する源であるとの立場から，そのモデル化，解析手法について，分かりやすく説明し，それらの現象の評価・予想・制御を可能にする手法を提示し，更にその例示としては単なる定式ではなく，Excelに基づいて作成したグラフによりパラメータの感度を体験できるようにすることで，体験的習得を目指している．

　本書を読むことにより，非線形システムの素晴らしさを理解すると同時に，研究者・開発者・システムインテグレータらには体験的理解をも得られることを期待したい．

2 ダイナミックシステムのモデル化

2.1 シグナルフローグラフでの表現

ダイナミックシステムは一般的には

$$\dot{X} = f(X, U)$$

ここに，X：状態変数，U：外部入力，$\dot{X} = dX/dt \qquad (2.1)$

で全てが表現されているので，それ以上の解析手法が何か更に必要であると思われることだろう．

人間の直感の特徴は，視覚がもたらすパターン認識によるところが大変大きいことが知られている．それは，気の遠くなる長い歴史の中で多くの危険や，逆にチャンスを素早く察知して，多くの動物との弱肉強食を生き抜いてきた当然の必然といえる．ダイナミックシステムの本質は式（2.1）から分かるように，状態変数とそれらの接続を点と矢印線とで表現される．そこで人間の視覚的直感に訴える手段として，システムを点と矢印線で表現するシグナルフローグラフ（Signal Flow Graph：SFG）が最適ということになる．SFGについての基本的な内容を以下に列挙する．

2.2 シグナルフローグラフの基本

図 2.1（a）は最も簡単なSFGで，二つのノードとそれらを結ぶ有向線（矢印線）からなり，信号は，右側の出発ノードから左側の到着ノードへと矢印線の方向に従って流れる．

この矢印線にはある種の数学的機能を付加することができる．図 2.1（b）は，係数 a を対応

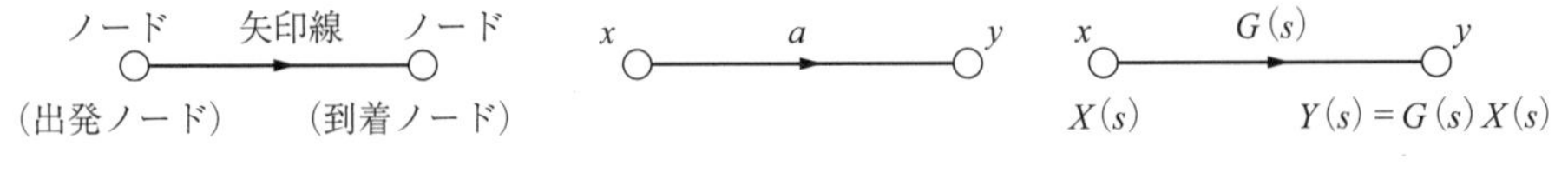

（a）最小グラフ　　　　（b）$y = ax$　　　　（c）$y = G(s)x$

図 2.1 最小シグナルフローグラフ

させた例，同じく図（c）は変数 s に対する関数 $G(s)$ を対応させた場合である．

図 2.2 は x, y, z の三つのノードからなり，真ん中の y を中継ノードと呼んで，その前後の矢印線に係数 a, b を付加させた場合を考えると，この場合，中間ノード y を省いて x, z 間の矢印線に両係数積の $a \cdot b$ を付加させた一つの矢印線で置き換えることができることを示している．この場合，SFG で表現するシステムが線形システムの場合に限り，**図 2.3** のように x, y, z の間の二つの矢印線の順序を変えることができる．すなわち，ある演算の順序を変更してもその結果が変わらないということは，線形システムの重要な性質であることを思い起こすとともに，より一般的な非線形の場合には，これは成り立たないことも忘れてはならない．

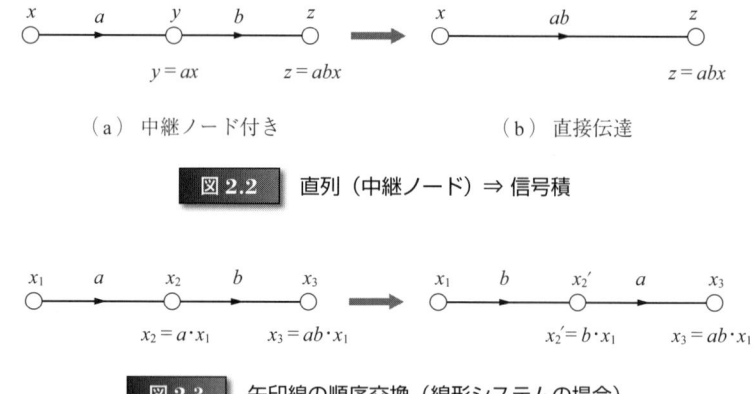

図 2.4 は，ノード x_1, x_2 の間に二つの演算 a, b が並列に存在する場合であるが，この場合には，非線形システムを含め，一般的に二つの矢印線は $(a+b)$ の矢印線で置き換えることができる．

図 2.5 は多くの信号がノード y に終結する様子を示しており，信号の加算がこのように表現される．

図 2.6 は逆にノード x から多くのノードへ同じ信号が分岐される様子を示している．更にこの分岐は，分岐先ごとに別の演算子を施すことも可能である．同じ意味で，図 2.5 でも，様々なノードからの信号に別々の演算子を施しての加算であることも確認しておきたい．

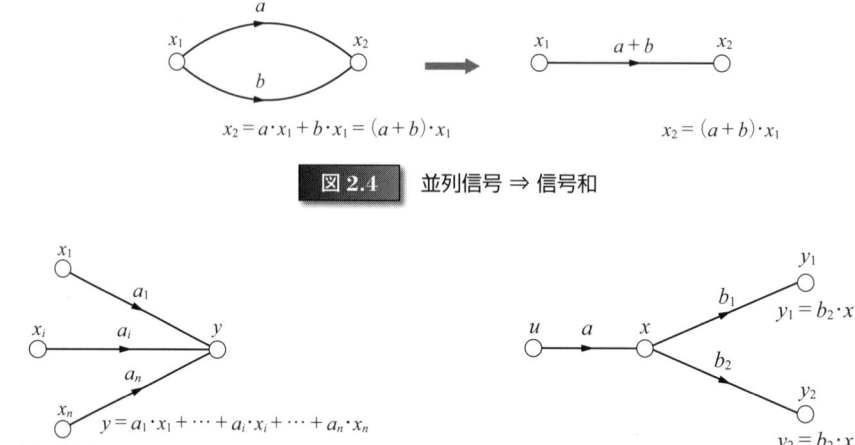

図 2.7 は，本書で利用することはないが，SFG を用いた解析では重要な"ループの解消"を示したものである．同図左ではノード y から係数 c でループが接続されている．このループを解消してストレートフォワードな表現にするための手順である．

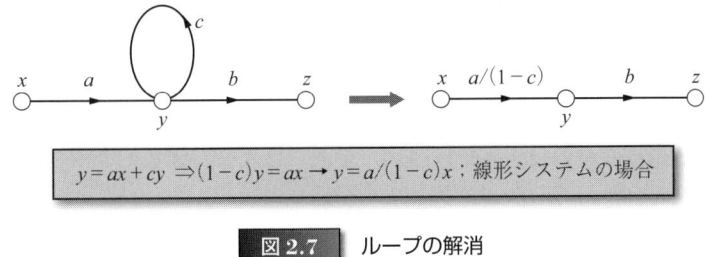

図 2.7 ループの解消

まず，同図左のノード y について関係式を書いてみると
$$y = ax + cy$$
となる．これを y について書き直してみると
$$(1-c)y = ax$$
$$y = \frac{a}{1-c} \cdot x$$
となり，ノード x からノード y をつなぐ矢印線はループなしで，係数 $a/(1-c)$ で同図右のように書き直すことができることが分かる（注：$c=0$ でループが消え，$c \leqq 0$ が安定系の条件となろう）．

2.3 ダイナミックシステムの SFG 表現

ダイナミックシステムの表現は，一般に先の式 (2.1) で表されることを仮定して説明していくと，SFG の各ノードには状態変数 $X_1 \sim X_n$ とその変化を示す微分項 $\dot{X}_1 \sim \dot{X}_n$ までの n 個が対応し，独立変数としての m 個の入力 $U_1 \sim U_m$ の m 個のノード，そしてそれら（$\dot{X}_i$, X_i, U_j（$i = 1 \sim n$, $j = 1 \sim m$）からなる $2n + m$ 値）のノード間の接続こそが式 (2.1) 右辺に表現

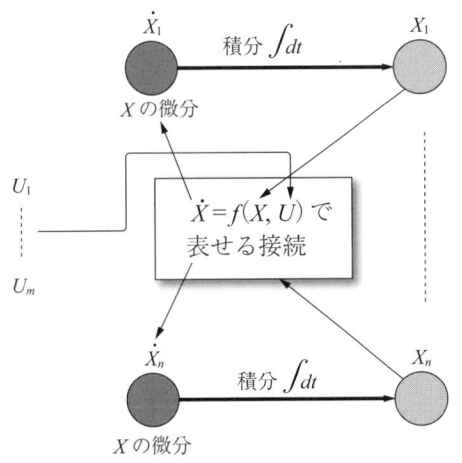

図 2.8 $\dot{X} = f(X, U)$ の SFG での表現

されているのである．式(2.1)に対応する SFG の求め方であるが，関数 $f(X, U)$ の接続は $\dot{X}$ を基点に，それらがどの状態変数 X_i と U_j から来ているかを書き下せば，容易に SFG は完成する．その様子を**図 2.8**に示した．図中，全ての細い矢印線は $\dot{X}_i$ に入力され，それらの出発ノードは全て状態変数 X_i と U_j だけであることを示している．更に，各状態変数 X_i は淡いアミ掛けノードで示され，全てが $\dot{X}_i$ の積分演算（$\int dt$）の結果として表現されており，それらが過去の履歴の上に存在する"状態変数"の本質を表していることもこれで理解できる．

　図 2.8 のような表現からダイナミックシステムを解析する手法を"状態変数解析"と呼んでいるが，これは我々の日常と掛け離れた手法ではない．**図 2.9** は日本古来の"すごろく"の原

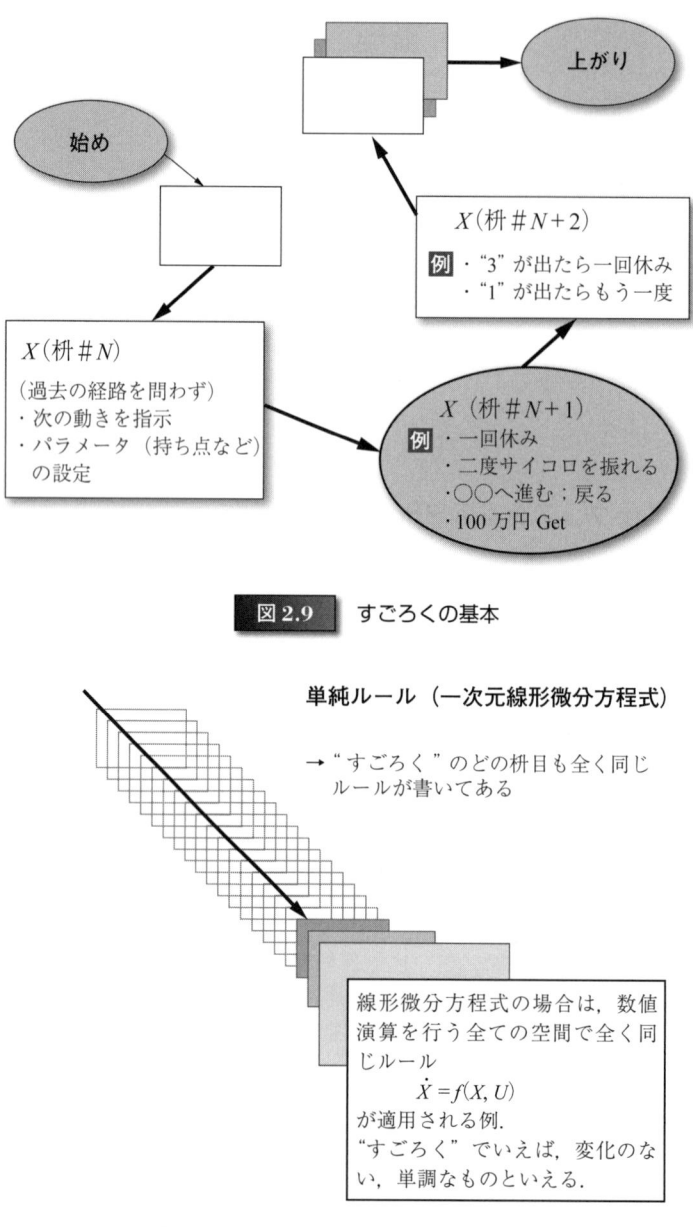

図 2.9　すごろくの基本

図 2.10　線形微分方程式を"すごろく"でいえば

2.3 ダイナミックシステムの SFG 表現

型を示したもので，左端の"始め"からスタートして，サイコロを振りその数だけ枡を進める．各枡には必ず始めから出発して，地道に進むことが基本となっている．

"すごろく"の面白いところは，ある枡では"一回休み"だったり"もう一回サイコロを振る"や"3 枡進む"など，枡ごとにルールが設定できるという点である．逆にいえば，数式で書かれた微分方程式ではどんな時間帯，状態（すごろくでいえば枡）であってもそのルールが全く変わらない単純なものということができ，図で示せば**図 2.10**，**図 2.11** のようなものということができる．後者についてはルールは同じながら状態（ロケットの高度など）により式の中のパラメータが変化するという場合もある．したがって，すごろくは，**図 2.12** に示されたように，まさに状態変数 X の値によって $f(X, U)$ が非線形に変化するという，非線形なダイナミックシステムと考えられるのである．図 2.11 には，空気抵抗を考慮した飛翔体ダイナミックシステムの差分方程式を示してあり，例えば飛翔体の高度を状態変数として表現すれば，そのルールは高度という状態変数に関係付けられた空気抵抗というパラメータが刻々変化する可変ルールになっている．

さて，ここで，図 2.11 では式 (2.1) を最も単純な近似としての一次近似の差分式，$f \to F$

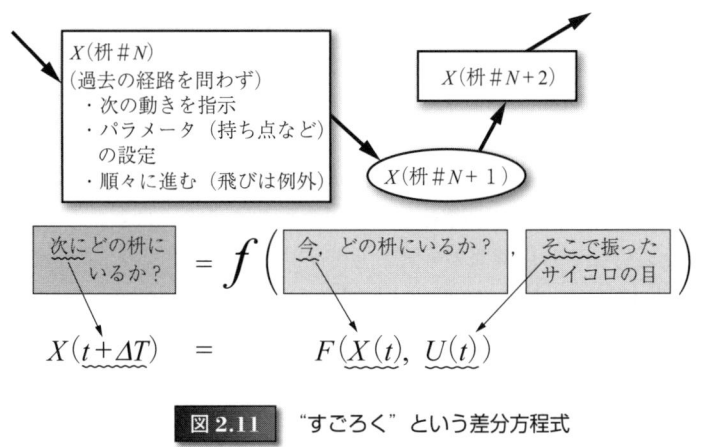

図 2.11 "すごろく"という差分方程式

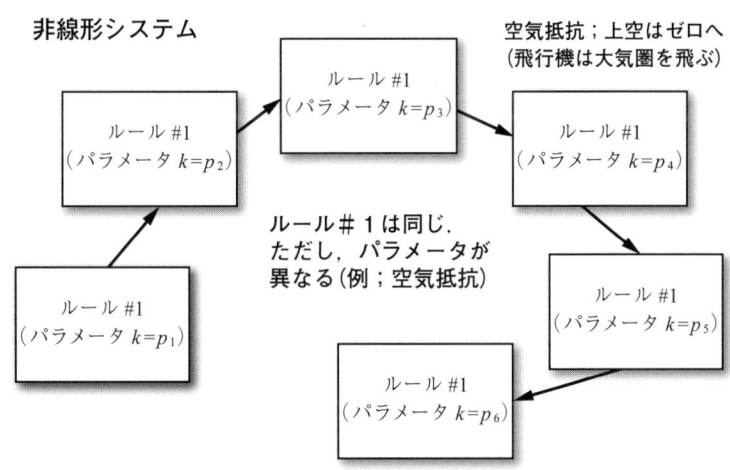

図 2.12 非線形システムを"すごろく"でいえば

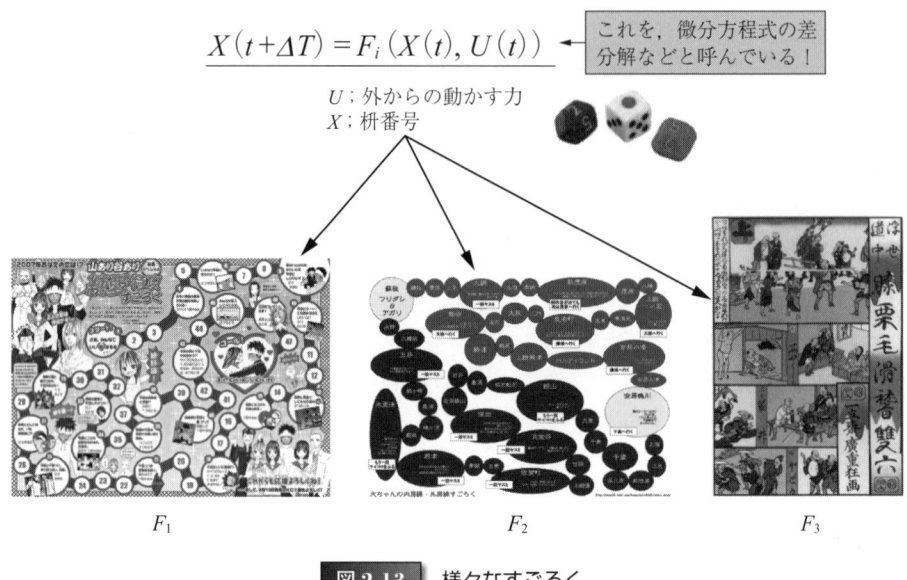

図 2.13 様々なすごろく

として

$F = f$ を用いて

$$X(t + \Delta T) = F(X(t), U(t)) \tag{2.2}$$

として表されている．ここで，システムの状態方程式 (2.1) を一次の差分方程式で表現したことに，数値解析の精度や安定性などに興味のある方は大いに気になるところであろうかと思うが，気になる方はより高度な差分式として F_q を用いて

$$X(t + \Delta T) = F_q(X(t), U(t)) \tag{2.3}$$

を用いればよく，本質的な話ではなく一次近似を用いることで元の微分方程式の本質を直視した形で差分解を扱える利点は大きい．

すごろくには，現代的な"恋愛すごろく"や"路線すごろく"，伝統的"東海道五十三次すごろく"

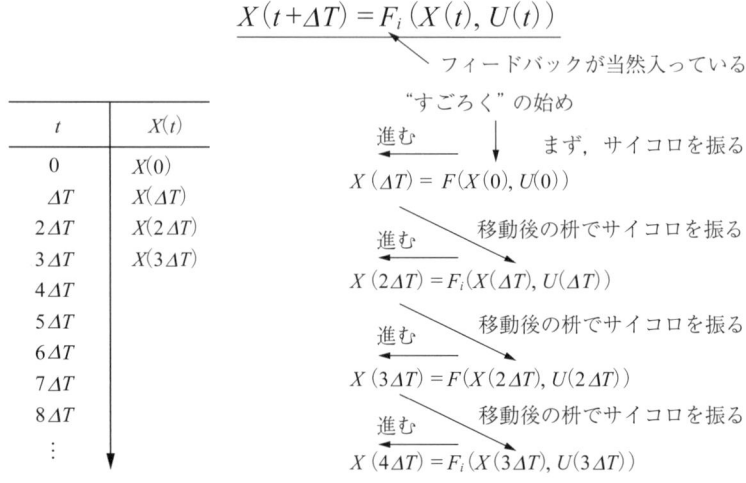

図 2.14 差分方程式で状態を解き進めるには

などいろいろあるが，これは先の式 (2.1) でいえば，図 2.14 のように F として F_1, F_2, F_3… などと，単なるルールが変わるだけと考えればよいわけである．

2.4 状態変数解析の時間解法の実例

図 2.15 は，実際に与えられた差分方程式の時間解を解き進める方法を示したもので，同図左端の時間解の表を Excel などで解くとすれば，まず状態変数の初期値として $X(0)$ を置く．これを元に，$F(X(0), U(0))$ から $X(\Delta T)$ を求める．次に，この $X(\Delta T)$ を次の $F(X(\Delta T), U(\Delta T))$ を求める．このようにして求まった $X(2\Delta T)$ と $U(2\Delta T)$ とで，F から $X(3\Delta T)$ を求める．このような演算は Excel では極めて効率的に求まる．

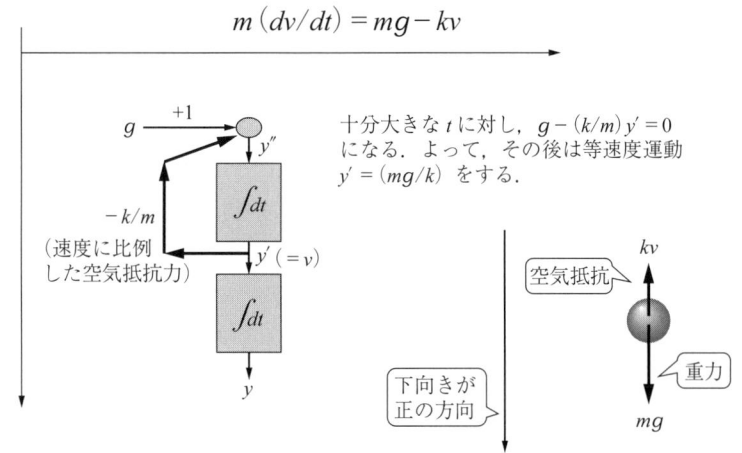

図 2.15 空気抵抗のある場合の落下運動

ここで，最も馴染みのある"空気中での落下運動"について，そのダイナミクスを SFG で表現して，落下現象が臨界速度を持つことを示してみよう．

図 2.15 では重さ m の物体が重力加速度 g を受けて加速し，速度 v を増加させ，その結果その速度 v に比例した空気抵抗力 $-kv$ なる力を受けるモデルを考える．

落下物体のダイナミックシステムの運動方程式は

$$m\frac{dv}{dt} = mg - kv \tag{2.4}$$

と表される．ここで，係数 k は物体の形状，表面の状態，空気密度など多くの要素が微妙に関係するので，実際にこれを数値化するのは容易なことではない．ここでは，k については，ある値を置いて，定性的な振舞いを検討するに留める．

力学の教えるところによれば，力は加速度を根源とし，それは速度 v の微分で表現され，速度の積分は距離となる．落下物の落下位置を y とすると

$$\text{落下物の速度 } v = \frac{dy}{dt} \tag{2.5}$$

$$\text{落下物加速度} = \frac{dv}{dt} = \frac{d}{dt}\left(\frac{dy}{dt}\right) \tag{2.6}$$

これらを元に，式 (2.6) の加速度を元に定式化したものが，始めのダイナミックシステムの運動方程式 (2.4) となることが理解されよう．

図 2.15 において，積分を $\int dt$ と表現して SFG を書いてみると

　　　　加速度→ $(\int dt)$ →速度→ $(\int dt)$ →位置

が力学が教える関係なので，これに従って SFG が示されている．この SFG を見ると落下力の根源が重力加速度 g と空気抵抗 $-k/m \cdot v$ の和で表されている．この和の値が正のうちは，この値を 2 回積分することにより時間の 2 乗に比例して物体は落下する．しかし，落下速度 v がどんどん増して，ついに $(g - k/m \cdot v) = 0$ となった瞬間に加速度はゼロとなり，それ以降，加速度の積分値たる速度 v は増加しなくなり，$(g - k/m \cdot v) = 0$ も継続し，速度 v は一定値に収まる．このときの速度が臨界速度 V_0 と呼ばれる．空気中で鳥の羽や紙を落とした場合に，早々と臨界速度に達し，一定速度で落下することは往々に見られる現象である．それは $m \fallingdotseq 0 + \alpha$ であることから，相対的に $k/m \cdot v$ がすぐに大きい値になるからである．

同じように，水平方向の運動方程式も**図 2.16** のように水平位置を X と置くことで

　　　　x の 2 回微分（加速度）→ $(\int dt)$ →速度→ $(\int dt)$ →位置 X

と表せる．ただし，水平方向には落下運動のような重力加速度のような一定加速度は存在せず，その速度 v は初期速度 $v(0)$ だけで水平移動を行う．そこでも速度に比例した空気抵抗は落下運動と同じように発生するので，これと同じように $-k/m \cdot v$ がマイナス加速度として，始めの積分器に入力され，しだいにこの積分値たる速度 $v(t)$ はゼロへ向かうことになる．そして，ゼロになったとき，その積分たる位置 X も不変になり，一定値になるのである．我々の経験では，ピンポン球のような軽いものを投げた場合，その水平方向速度は早々にゼロとなり，後は重力に従い真下に落下していくのはよく見かける現象である．

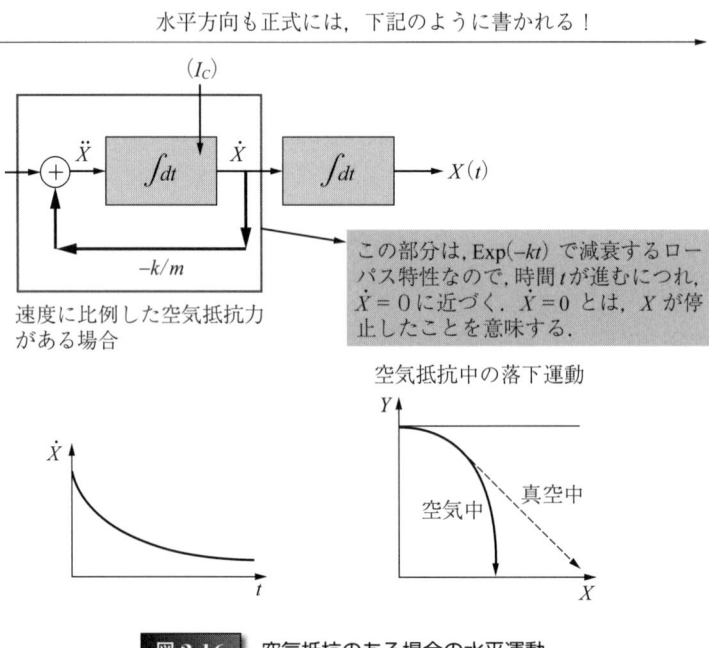

図 2.16　空気抵抗のある場合の水平運動

2.5 ラプラス関数 $F(s)$ の時間応答を求める

さて，SFG の矢印線に $\int dt$ なる演算子を対応させたが，線形システムの場合にはラプラス演算子の $(1/s)$ をその代わりに置き換えることができることを示そう．電気回路だけではなく，ある周波数特性を特徴付けるフィルタなどのシステム $F(s)$ は一般に

$$F(s) = \frac{(s-c)(s-d)\cdots}{(s-a)(s-b)\cdots} \quad \text{(ラプラス関数をシミュレートする)}$$

なる多項式で表されることが普通である．$F(s)$ の時間応答を求めるための第一ステップはこの多項式から SFG を書き下すことである．そのために必要なラプラス変換の予備知識は，極めて単純で少ないものであり，これを図 2.17 に示した．すなわち

積分；$\dfrac{1}{s}$

微分；s

それ以上の知識は一切利用しない．

図 2.17 ラプラス関数の時間解に必要な知識

図 2.18 は説明を分かりやすくするために，$F(s)$ の分子，分母ともに s の二次関数とするが，一般性を損なうものではない．

まず，$F(s)$ を入力 $I(s)$ と出力 $U(s)$ の伝達関数として定義する．

$$F(s) = \frac{U(s)}{I(s)} \tag{2.7}$$

更に，上式を $X(s)$ なる中間関数を定義して以下のように書き換える．

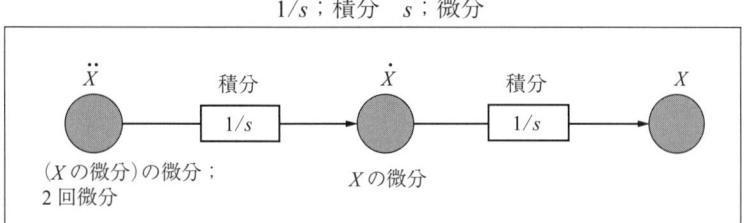

$$F(s) = \frac{(s-c)(s-d)}{(s-a)(s-b)} = \frac{U(s)}{I(s)} = \frac{X(s)}{I(s)}\frac{U(s)}{X(s)}$$

$$\frac{X(s)}{I(s)} = \frac{1}{(s-a)(s-b)}$$

$$\frac{U(s)}{X(s)} = (s-c)(s-d)$$

図 2.18 伝達関数のモデル

$$\frac{U(s)}{I(s)} = \frac{X(s)}{I(s)} \cdot \frac{U(s)}{X(s)} \tag{2.8}$$

上記右辺は二つの多項式の積になっていることを利用して

$$\frac{X(s)}{I(s)} = \frac{1}{(s-a)(s-b)} \; ; F(s) \text{ の分母} \tag{2.9}$$

$$\frac{U(s)}{X(s)} = (s-c)(s-d) \; ; F(s) \text{ の分子} \tag{2.10}$$

図 2.19 では上記式 (2.9) の $X(s)/I(s)$ に対する SFG を求める．

ただし，表記を簡単にするために，この図では

$$(s-a)(s-b) = s^2 + \alpha s + \beta \tag{2.11}$$

として式を展開する．

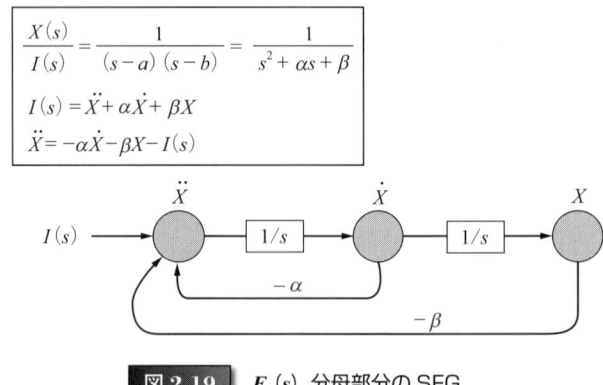

図 2.19 $F(s)$ 分母部分の SFG

ラプラス変換の基礎知識で示したように，s は微分を表すことから，$sX \to \dot{X}$, $s^2 X \to \ddot{X}$ となることに注意すれば

$$I(s) = \ddot{X} + \alpha \dot{X} + \beta X \tag{2.12}$$

$$\therefore \ddot{X} = -\alpha \dot{X} - \beta X - I(s) \tag{2.13}$$

と変形される．この最後の式から，その SFG が図 2.19 で示したような二つの負帰還を有するシステムであることが分かる．

次に，$U(s)/X(s)$ の部分も

$$(s-c)(s-d) \to s^2 + \theta s + \gamma \tag{2.14}$$

と書き換えると

$$U(s) = \ddot{X} + \theta \dot{X} + \gamma X \tag{2.15}$$

この関係を先の図 2.19 の上に書き足したものが**図 2.20** である．

図 2.20 から，$F(s)$ のシステムの安定性については，専ら分母部分のみが関与し，分子はその中に全く帰還路を持たない単なる係数回路であり，単に見掛け上の出力にアミ掛けをしていることが分かる．一般システム $F(s)$ の分母部分を特に"特性方程式"と呼ぶのは，この部分こそがシステムの安定性を決定していることから来ていることがこの図からもよく分かる．

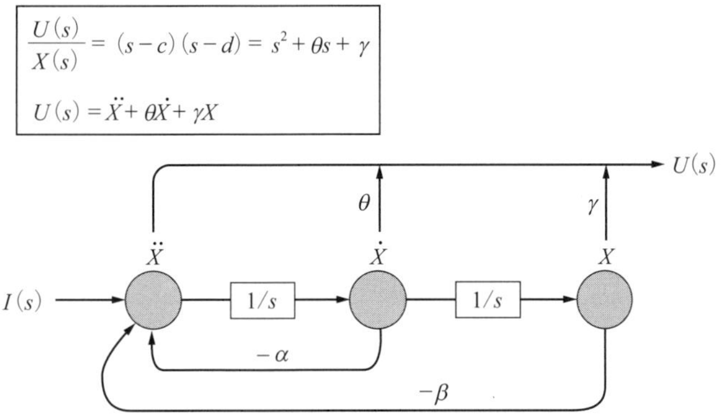

2.6 "極を零点でキャンセルする"の意味を味わう

$$\frac{U(s)}{X(s)} = (s-c)(s-d) = s^2 + \theta s + \gamma$$

$$U(s) = \ddot{X} + \theta \dot{X} + \gamma X$$

図 2.20 $F(s)$ 分子部分の SFG の書き足し

2.6 "極を零点でキャンセルする"の意味を味わう

さて，先の多項式 $F(s)$ について

$$F(s) = \frac{(s-a)(s-b)}{(s-a)(s-b)} \tag{2.15}$$

のような多項式があった場合，数式上は分子と分母の共通して $(s-a)(s-b)$ が存在しているので，これを分子分母から払って

$$F(s) = 1 \tag{2.16}$$

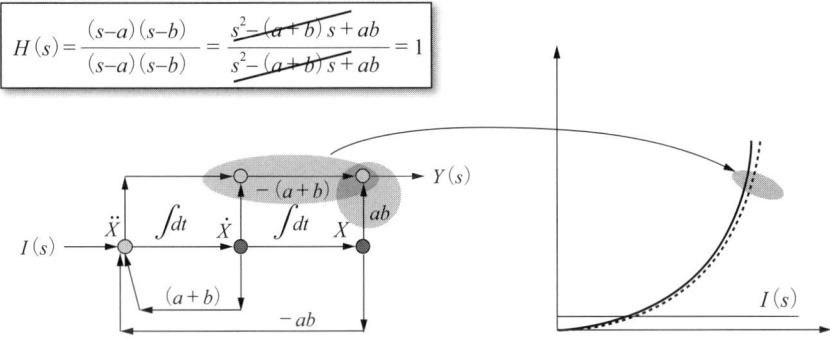

キャンセルの実態は，分母成分（特性方程式に対応）の時間変化の寸分違わない値を分子成分でキャンセルする．もし分母の a, b と分子の a, b がほんの少しでも違えば，右図のように，その差成分が $Y(s)$ に出力され，分母成分が発散的であれば，当然 $Y(s)$ も発散的出力になる．したがって，式的には極を零点でキャンセルするということは可能であっても実システムの場合は，その事実は大きく異なる．

$$H(s) = 1 \neq \frac{(s-a)(s-b)}{(s-a)(s-b)}$$

であることは極めて重要である．

図 2.21 極の零点でのキャンセル

ということが直ちに分かる．この共通項を払うというプロセスはSFGの上ではどのような状況かを検討することは意味がある．

図2.21には$(s-a)(s-b)$を共通項に持つ二次系のSFGを示してある．これから分かることは，キャンセルの実態は，実は分母成分（特性方程式に対応）の時間変化と寸分違わない値を分子成分で作りこれを出力点$U(s)$でキャンセルしていることが分かる．もし分母のa,bと分子のa,bがほんの少しでも違えば右図のように，その差成分が$Y(s)$に出力され，更に分母成分が発散的であれば，当然$Y(s)$も発散的出力になる．したがって，式的には極を零点でキャンセルするということは可能であっても実システムの場合は

$$H(s) = 1 \neq \frac{(s-a)(s-b)}{(s-a)(s-b)} \tag{2.17}$$

となることは極めて重要である．すなわち，システムの安定はあくまで特性方程式で安定化させることが重要で，これを分子の零点でキャンセルすることは，形式的には可能であっても，本質的解決ではないことを理解しておく必要がある．

3 線形システムの功罪（非線形システムとは）

3.1 ダイナミックシステムの定式化

力学系（Dynamical System）とは，その系の状態が幾つかの変数で定まり，ある時刻の状態が与えられると次の時刻の状態がある法則によって決定されるような系をいう．時間として連続時間を用いると微分方程式の組（連続力学系）で表現され，また離散時間を用いると差分方程式の組（離散力学系）で表現される．

$$\frac{dX}{dt} = f(X) \quad ；連続力学系（微分方程式） \tag{3.1}$$

$$X_{n+1} = f(X_n) \quad ；離散力学系（差分方程式） \tag{3.2}$$

よって，上式で表現されれば，線形，非線形，時変形，時不変形にかかわらずある種の力学系と解釈することができる．これらには気象，交通流，ゲームの理論，経済システム，金融，電気回路等々，過去が現状を，現状が将来を拘束する工学システムのほとんどのシステムが含まれる．ちなみに，現状が過去，未来と全く無関係に存在することを許すものとして，サイコロ，メモリレスシステム，抵抗回路，超広帯域システム，物忘れの人々などが挙げられ，これらは非力学系 システムとして峻別される．本書で取り上げるのは，専ら前者である．

3.2 システムの線形性のかつての有用性

ダイナミックシステムを上記式（3.1），式（3.2）で定式化できたとしよう．一般的にはシステムを単純化，モデル化（ある種の環境仮定を導入）することによって，定式化までたどり着くことはそう難しいことではない．問題は，得られたシステムの微分方程式を解いて，その振舞いを求める必要がある．それができてこそ，工学的な価値があるからである．そこでシステムが線形であるか非線形であるかが大きな違いを持つことになる．もし，システムが線形であれば，ラプラス変換に代表される多くの積分変換，また行列表現などから固有値問題や高多変数解析も可能となる．このため，学校教育の場を中心にダイナミックシステムといえば暗黙の了

解として線形性が仮定されるようになってしまったのであろう．

さて，線形システムを特長付ける最も大きなものは，いわゆる"重ね合わせの理"という原理であろう．重ね合わせの理とは"多くの物理系に適用される一般原理．多数の独立な力が作用するとき，その効果は個々の力の和が作用するのと同等である"というものである．図 3.1 は二つの独立波が図中央で合流し，すれ違った後再び独立波となって通り過ぎていく様子を示している．まず同図 (a) の場合，二つのパルス波が出合うと山と山が重なり，合成波は大きな山になる．ある点での合成波の変位 Y はそれぞれのパルス波が独立にあったとしたときの変位 y_1, y_2 の単なる足し算になる．そして，図中央で合流し大きな波になった後も，両波は何事もなかったように通り過ぎていくのである．同図 (b) の場合は，先の例と違って二つの山が逆位相（極性が反対）を持ちながら，中央で合流する．山と谷が重なると，重ね合わせの理によって，一瞬，波が消えてなくなる．ところが，すれちがった後，何事もなかったように，元の波形に戻って遠ざかっていく様子が分かる．

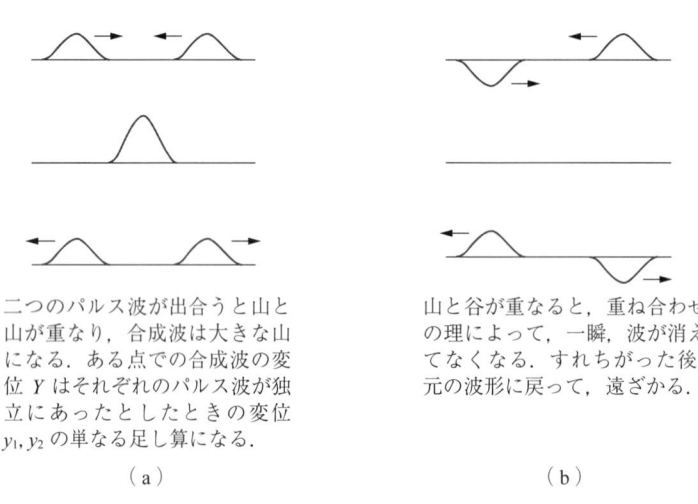

(a) 二つのパルス波が出合うと山と山が重なり，合成波は大きな山になる．ある点での合成波の変位 Y はそれぞれのパルス波が独立にあったとしたときの変位 y_1, y_2 の単なる足し算になる．

(b) 山と谷が重なると，重ね合わせの理によって，一瞬，波が消えてなくなる．すれちがった後，元の波形に戻って，遠ざかる．

波長に比べて，振幅が余りに大きいと，入射波と反射波の合成で，重ね合わせの理が破れる．

重ね合わせの理とは，解の和が解であること．線形性とは，解の和も，解の定数倍もどちらも解であること．重ね合わせの理は，線形性の一部分である．

図 3.1 二つの波の間の重ね合わせの理

図 3.2 は，電気回路における"重ね合わせの理"を示したものであり，同図 (a) では左のような複合波形の代わりに，それらをより単純な三つの波に分解した例を示している．

すなわち，ある電気回路に同左側のオリジナル波形を入力した場合でも，同じく右側の三つの波形を入力した場合でも，その出力は全く同じであるというのがこの原理である．同図 (b) では，左側の等価回路には 6 V と 8 V の二つの電圧源がある．地震に例を取れば，大きさの異なる別の震源が存在する場合，東京の震度を評価する場合に，オリジナルどおり二つの震源を合わせて評価する場合と，別々の二つの震源の効果を分けて評価して，その和をもって元の 2 震源からの震度として評価する場合に対応する．図では，オリジナルの等価回路を 6 V の電源を持った等価回路 1 と 8 V の電源を持った等価回路 2 とに分離して，その和を持って総合特

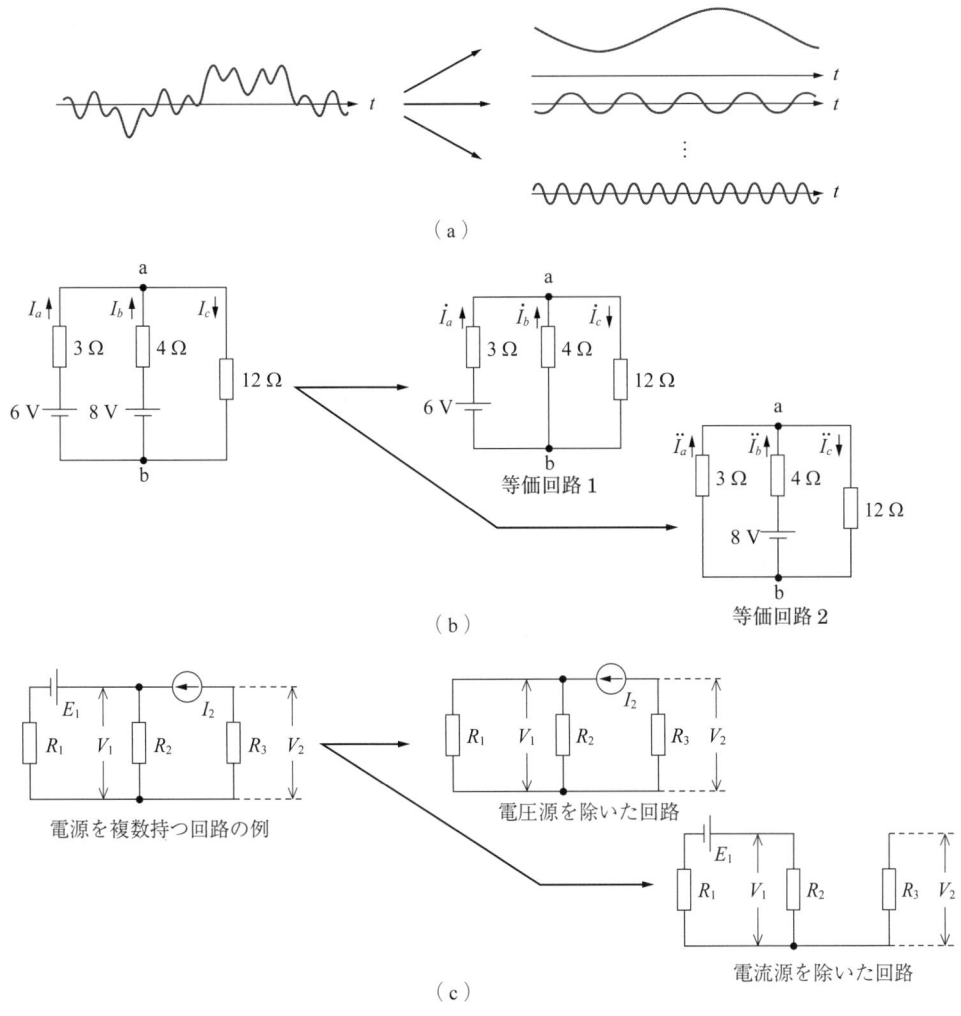

図 3.2 電気回路における重ね合わせの理

性を評価していることを表している．

同図 (c) では，電圧源と電流源の性質の違う二つの電源が存在している場合に，電流源だけの回路と電圧源だけの回路に分けて解析し，その和から総合特性を求めている図である．

以上のように，逆に"重ね合わせの理"が成り立つシステムが線形システムといってもよい．

3.3 "重ね合わせの理"がもたらした大きな誤解

線形システムは基本的には一旦決まったルールは大域的に不変という理想環境を前提としている．しかし，一般の社会，環境では有界な世界であるので，どこかに飽和特性のような非線形性を有している．**図 3.3** ではこのような非線形システムについての最も簡単な飽和特性とその出力を平均化する低域フィルタの直列モデルを考えてみる．このようなシステムに**図 3.4**に示した入力 1 と入力 2 が加えられた場合を考察してみよう．システムに重ね合わせの理が働いている場合，**図 3.5** に示したように重ね合わせの理が利く線形系の場合には図 3.3 に示した

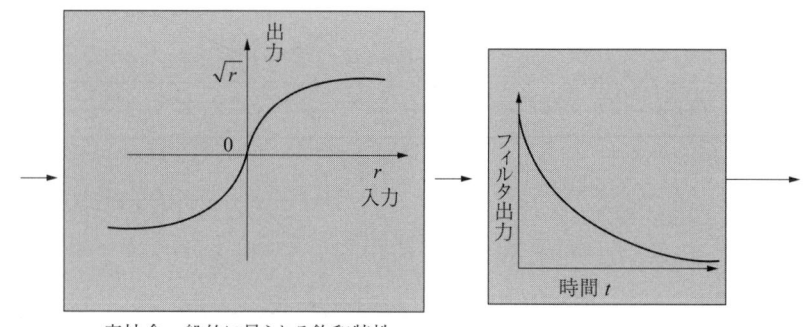

図 3.3 簡単な非線形システムの例

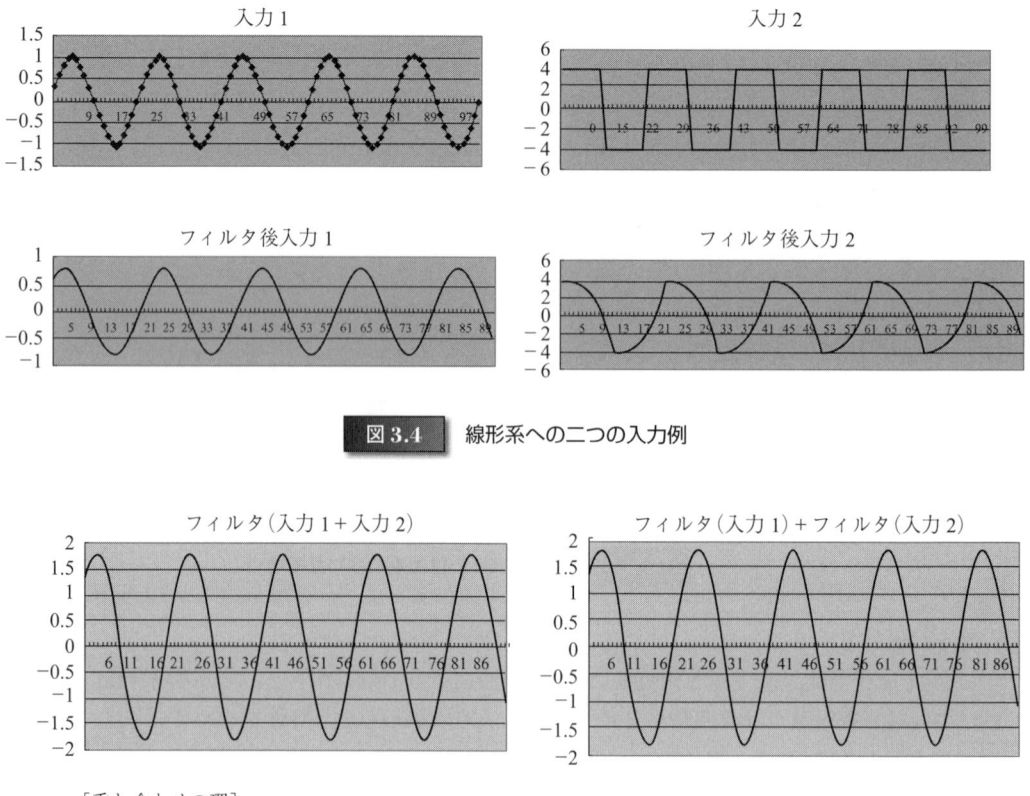

図 3.4 線形系への二つの入力例

[重ね合わせの理]
　フィルタ(f(入力 1＋入力 2))＝フィルタ(f(入力 1))＋フィルタ(f(入力 2))；f＝何らかの関数線形系の場合は$f(x)=x$となり，非線形の場合には図 3.3 で示した飽和特性などが代入される．

図 3.5 線形系での重ね合わせの理の成立例

飽和特性は外され，入力 1 と入力 2 が同時に入力された後フィルタリングする場合の左側と比較されており，両図は全く同じことが分かる．一方，図 3.6 では飽和特性を有する非線形システムの場合が示されている．左側が線形系の場合，右側が非線形の場合で，濃い線が"両入力合成後フィルタリングした場合"，薄い線が"両入力フィルタリング後合成した場合"を示

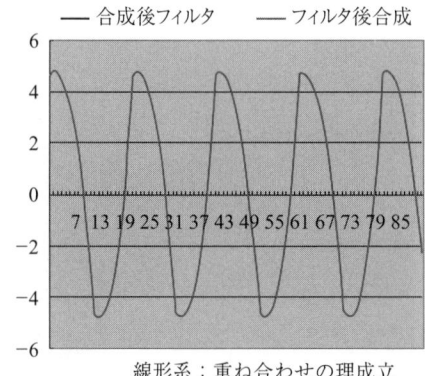
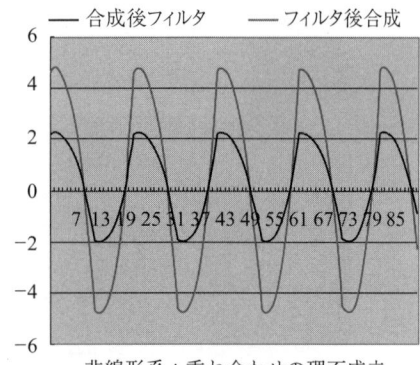

図 3.6 飽和特性を持った系における"重ね合わせの理"の不成立

している．両者は明らかに大きな違いを示しており，非線形系での"重ね合わせの理"が不成立なことを示している．そして，一度非線形特性を通過すると多くの場合より高い周波数成分に変換され，その後にフィルタリングがなされると，多くの情報は失われてしまうのである．

さて，もし多くの技術者が，この"重ね合わせの理"がシステムの線形性が前提という大きな仮定を失念し，システム一般に"重ね合わせの理"が成り立つと誤解したとすれば，どういうことが起こるであろうか？ すなわち，彼らは，システム解析とはそれらを基本要素に分解し，その機能を抽出し，システム総合動作は，それら基本要素機能の合算にすぎないと考えるのも無理はない．

確かに，Science を漢字では"科学"と訳したが，このときの"科"とは，あるものを"細かく分ける"という意味であり，システムはそれらを基本要素に分けさえすれば，全容が理解できるという根源思想のようなものが色濃くうかがえる．この思想こそ，明治以来，理科教育に埋め込まれた原理思想となっていったのであろう．もちろん，この思想は古今東西を問わず多かれ少なかれ蔓延した思想で，"システムのパフォーマンスは専らその要素に宿る"という"要素還元主義"と呼ばれたものであり，ここで著者が指摘するまでもなく多くの有識者が警報を鳴らして久しいものである．

3.4 要素間相互作用の重要性

システムの関心が無機物，機械，大自然などに向けられていた時代には，確かに上記"要素還元主義"の本来持つ矛盾は目立たなかった．それは，それら対象物を利用，観察する範囲においては，その前提となる線形性が近似的にでも成り立っていたと考えられるからである．ところがシステムが，人間が中心になって動かす社会システム，経済システム，群集行動，流行解析，投資効果などに及ぶに至り，線形システムが無視してきた"要素間相互作用"こそが中心的役割を果たしていることが分かってきたのである．

図 3.7 はある駅の朝の通勤風景を写した写真である．ここに移った数百人の群集の中には，100 m を 11 秒以下で走るスプリンタもいれば，ノーベル賞クラスの天才や，大悪人が含まれ

ひたすら入口へ向かう通勤客 ＝ 粘性流体 　　　　　＝人々は自由粒体

図 3.7　朝の通勤風景　　　　　　　　　　図 3.8　気ままなカンポ広場

ているかもしれない．ところが，このような混雑状況では彼らの近未来を予想することは極めて容易である．すなわち，彼らは彼ら個人の意思も能力も群集という環境の中で，ほとんど封じられているからである．

次に，図3.8はイタリアの地方都市シエナのある広場の風景を写した写真である．この広場では，一年に一度各村対抗の競馬が行われることで有名なところである．ここに写っている各個人は，誰に束縛を受けることなく次の瞬間の行動を自由に決めることができる人々が写っている．ある人は立ち上がりこの広場を立ち去り，ある人は隣の人を誘って時計台に上っていき，ある人は引き続き座って人を待ったりと，実に自由気ままな風景であり，各個人の1分先の行動を予測することも容易ではない．

図3.9はある有名な神社の庭に架けられた太鼓橋を渡る人々が写っている．朝早く，この地を訪れると，人は少なく，橋を渡る人々もまさに勝手気ままに渡っていることだろう．しかし，日も高くなり多くの参拝客で神社も溢れかえるようになると，この橋も混雑をきたし，もはや勝手気ままに歩くことは不可能になる．このとき，実に不思議なことが起こる．いや，実はこの現象は極めて日常的に起こることなので指摘されない限り気が付かないかもしれないが，あるときから整然とした対面交通のルールが自然発生的に起こるのである．こうすることによって，神社へこれから行く人も，帰る人も多くのエネルギーを費やすことなく，この混雑した太鼓橋を渡りきることができることを知っているからである．

図3.10はある運動会での綱引きの様子である．多くの人が一本の綱をリーダの掛け声に従い，整然と引っ張っていることが分かる．ここに写っている人々は，もはや個人ではなく，一本の綱でくくられた剛体のような振舞いをしていることが分かる．

さて，今まで示してきた図3.7～図3.10までの様々な人間の振舞いを纏めて示したのが図3.11である．この図は縦軸に環境の関与している人々の行動自由度を，横軸には彼らの相互干渉密度（コミュニティ密度）を表している．横軸として，図3.7～図3.10の題名を参考に，左から"気ままなカンポ広場"，"太鼓橋を渡る"，"通勤客"，そして"綱引き"の順に並んでいて，そのときの人々の行動自由度を取ると，右下りでしきい値特性を持った曲線になることが分かる．この曲線の特長は，"太鼓橋を渡る"あたりで急激に行動自由度が減少して次の"通勤客"へのつながっている点である．すなわち，あるコミュニ

3.4 要素間相互作用の重要性

=突然，対面通行姿態が発生

図 3.9 太鼓橋を渡る人々

=一剛体，個の消滅

図 3.10 力を合わせて綱引き

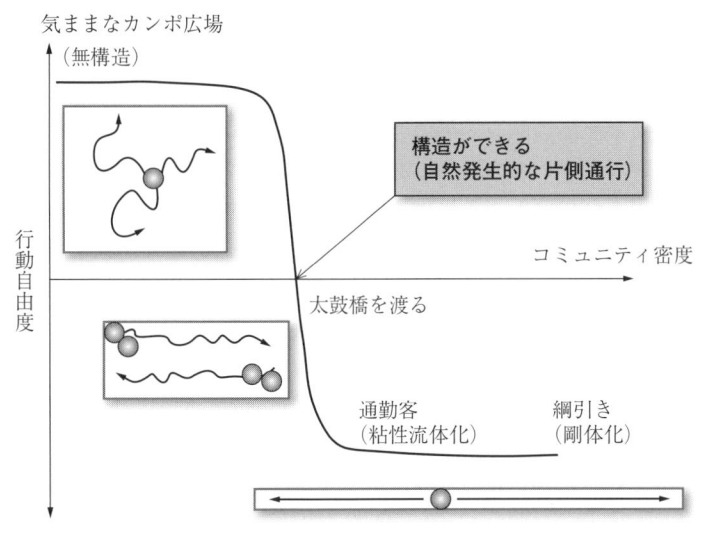

図 3.11 コミュニティが構造を作る

ティ密度を境に行動自由度が急変するということである．このような変化は"相変化"，"相転移"などといわれ，すなわちシステムの構造が大きく変化することを示している．ある密度を過ぎると人々の行動に"構造"が発生し，逆にある密度以下になるとその構造は急激に消滅する現象を示している．

さて，日比谷公園など大きな公園にはしばしば，その中央に噴水などが設置されている場合が多い．なぜそのようなものが設置されているのであろうか？ 図3.12 に二つの公園が描かれている．左側はただの広場だけで何もない公園である．この場合，ここを訪れる訪問者はばらばらな散漫な分布になりがちで，訪問者間のコミュニティ密度が上がらないと考えられる．すなわち，この密度が相変化を起こすほどになかなか高まらず，交流の場としての構造が生まれにくい環境といえる．一方，右側の公園では，中央に噴水が設置されており，何となくこの噴水の回りに人々が集まることになる．これにより，噴水の周辺ではコミュニティ密度が，相転移を起こすしきい値を容易に越すことが考えられ，それにより，ここではより多くの相互干

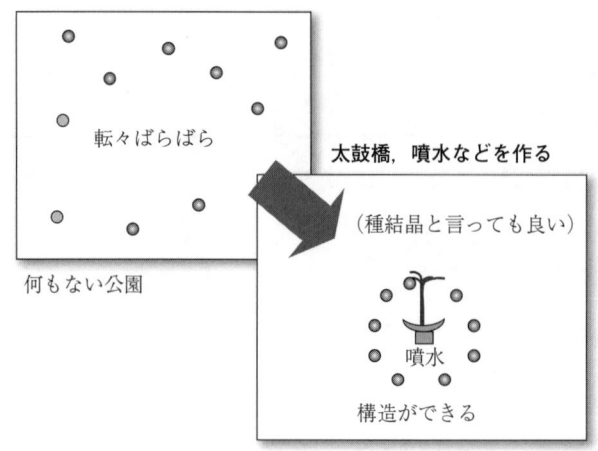

図 3.12 構造を発生させる仕掛け；インキュベーションポイント

渉をもたらす構造が発生することになる．このように，ある構造を自発的に発生させるために作られた施設を都市計画ではインキュベーションポイント（Incubation Point）と呼んでいる．

この効果は，科学反応の触媒効果に非常に良く似ている．多くの化学反応は触媒がないとほとんど起こらない．我々の身の回りにある，プラスチック，化学繊維，医薬品などは，ほとんど触媒を使って作られている．触媒作用で重要な役割を果たすのは化学吸着である．分子内の原子と原子との結合力より吸着力の方が強い場合には，分子が分解して図 3.13 のような吸着する解離吸着が起こる．平坦な金属表面には $1\,\mathrm{cm}^3$ 当り約 10^{15}（1,000 兆）個の原子が並んでいる．もし，この金属原子全てに分子（または原子）が吸着したとすると，その密度は数千気圧のガスの密度に相当することになる．すなわち，そのような超高圧な圧力を掛けることなく，反応を進めさせることができるのである．これが触媒の役割で，まさにインキュベーションポイントの役割を果たしていることが分かる．

さて，以上のように無機質な機械や自然と異なり相互依存しながら社会を構成する人間や動物の集団行動などについては，システムを動かすものは構成要素各々の特性の総和などではなく，線形システムが無視し続けてきた"相互関係"，"相互連携"こそが重要な要素であること

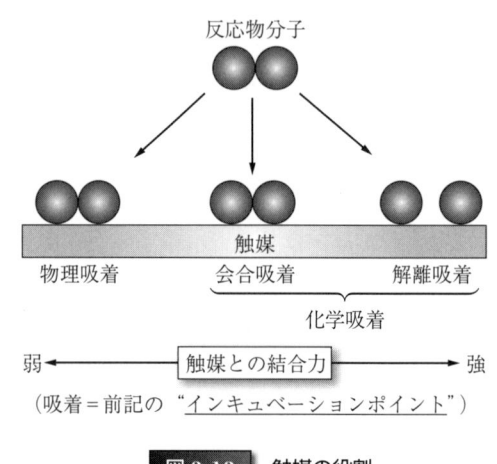

図 3.13 触媒の役割

が示された．

図 3.14 はシステムの構成要素数 n とそれら相互のインタラクション数の関係を示したもので，n が増加するに従いインタラクション数 $_nC_2$ は急激に増加することが分かり，後者こそがシステムの性能，特性を決めるものであることを如実に語っていることが分かる．図 3.15 は家族の団欒の写真であるが，写っている一人一人の行動は相互認識，共感，協調，会話などによっており，およそ"重ね合わせの理"の世界などではなく，この心情が大きな社会秩序，大衆社会現象を下支えしていることをしっかり認識する必要がある．

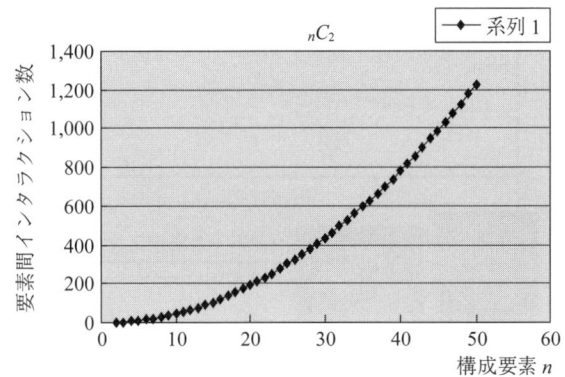

図 3.14 構成要素数 n とそれら相互のインタラクション数

図 3.15 家族団欒は"重ね合わせの理"とは対極の世界

以上の検討を踏まえて，今後重要になる大規模システムに対する基本姿勢を示したものが図 3.16 である．図では横軸にシステムを構成する要素（個体）数 N を，縦軸には，システムの何に興味を持って見るべきかの軸で，下の方は"システム構成要素個々の振舞い"を重視する立場，上の方は逆に"システムを構成する要素の全体的振舞い"を重視する立場を表している．従来の個別天体の運行や新幹線の制御などでは，まさに制御対象の個別対象自身の振舞いが重要な領域で，この領域は古典的にも従来の教育の場面でもこの立場が貫かれていたし，要素数 N が少ないので合理的である．一方，昨今，特にそのシステム的振舞い解析が期待されている社会システム，経済活動，動物の群れの振舞い，インターネット網の進展など膨大なシステム

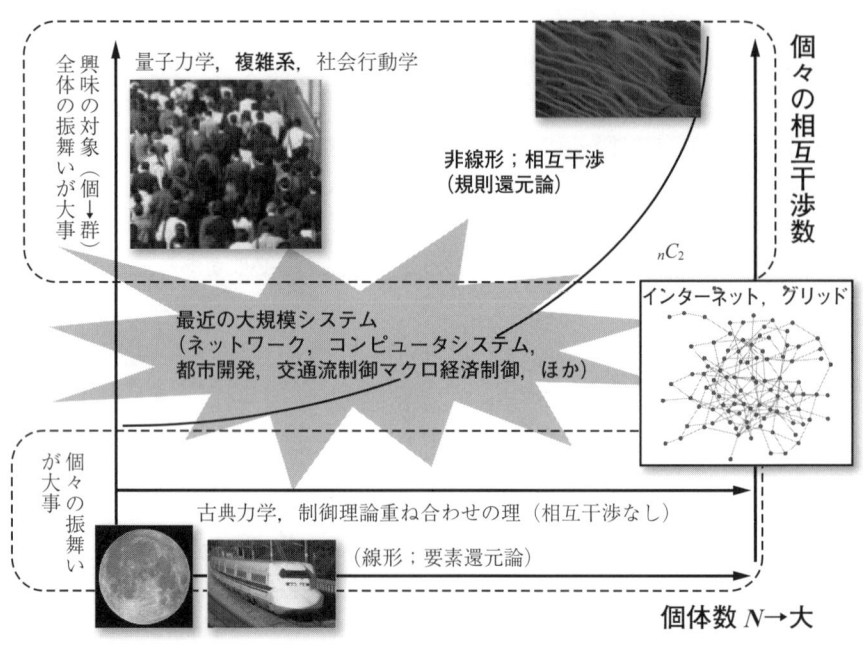

図 3.16 昨今の大規模システム解析における線形システムの破綻

構成要素 N を持つものについては，もはや個々の構成要素の振舞いはどうでもよく，専らそれらの集合的，全体的振舞いこそが興味の対象になるのは当然であろう．

このようなシステムの振舞いを操るのは，3章までに述べてきた"重ね合わせの理"が利く線形系ではなく，要素間干渉が主役を務める非線形システム解析であるべきだというのが本書の立場である．4章以降で詳しく解説する．

4 超巨大システムの社会的安定性の根源を探る

　先の章において，従来の無機質システムを対象にしてきた時代から人間の意思が中心の社会システム解析が重要になり，更にそのようなシステムをダイナミックシステムとしてモデル化して解析を行うという段階に達し，"重ね合わせの理" が行動原理の線形系システムからの脱却が重要との説明を行ってきた．本章では，システムとしての安定性について論ずることにする．人間の進化・発展を含む地球の長い歴史の中で，少なくとも一定の環境において，システムとして安定に存在できなくては歴史上の存在はあり得ない．波打ち際の泡，流れ星の輝きなど瞬時にその存在が消滅してしまうものはシステムとしての安定性がなく，過渡現象のみが存在するわけである．そもそも本書は非線形システムを活用しようという立場を追及することを主眼に書き進められている．そこで，いわゆる非線形システムの安定性とはどのようなものかについて，検討してみよう．

4.1 線形系のシステム安定

　まず，非線形系に考察に取り掛かる前に，そもそも線形系の安定性とはどのようなものであったかについて復習しておく．**図 4.1** は線形システムの特性方程式（システムの振舞いを決定するもので，伝達多項式を考えるとその分母に対応する部分）の極の位置で，システムのインパルス特性がどう変化するかを示したものである．この図から，安定性は極の実部成分の正負によってのみ決定することが分かる．すなわち，極の虚数部分の正負にかかわらず，実部が左半面に存在すれば系は減衰的特性になり，すなわち安定な存在となる．一方，極実部が右半面にある場合には，系は発散的振舞いを示し，不安定なシステムとなる．特殊な場合として，局の実部がゼロ，すなわち，極が虚軸上に存在する場合には，虚軸の位置に対応した周波数で発信する定振幅正弦波となり，安定と不安定の中間の特性を持つことになる．ただし，これは数学上の話で，実際に線形システムで物を作るときは，極を安定的に虚軸上に正確に留め置くことなど不可能な話で，いずれ右半面の不安定領域か，左半面の減衰領域に転げ落ちていくことになるのである．

　線形システムの安定性とは，まさにこのような多様性に欠けた極めて単純無味なものなの

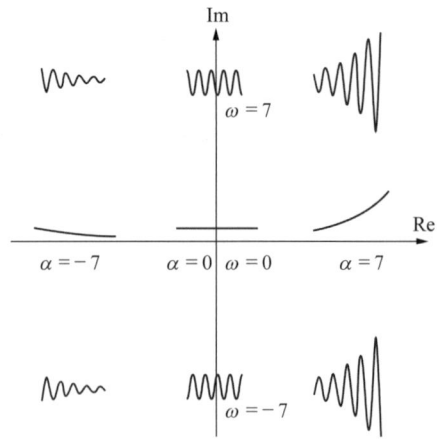

図 4.1　線形システムの極による安定性

である.

図 4.2 には一般的な線形システムを描いたもので，系の安定性を論ずる場合には，入力の項は重要ではないので，単に

$$\dot{X} = A(t)X \quad ;時変形 \tag{4.1}$$
$$\dot{X} = AX \quad ;時不変系 \tag{4.2}$$

と表現したとき，その安定点は

$$X = 0 \quad ;n 要素ベクトル \tag{4.3}$$

のみの殺伐とした世界なのである．もし，この系が安定だとすれば，X の初期状態 X_0 がどのような値であろうと，いつかは $X = 0$ という唯一の平衡状態の原点へ落ち込んでくるというものなのである．

このような単純な系の安定性については，直ちに図 4.3 に示すように"行列 A の全ての固有

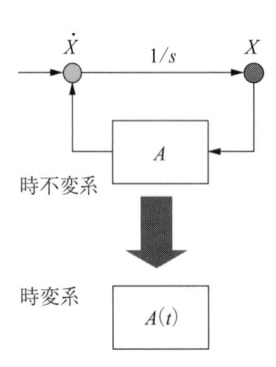
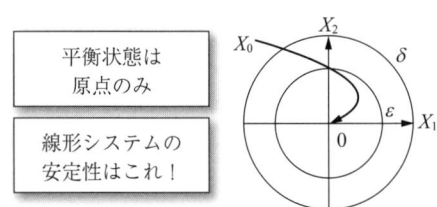

図 4.2　線形システムの表現

安定性の必要十分条件

安定性の必要十分条件を示す.

> システム
> $$\dot{X} = AX + Bu$$
> が安定である必要十分条件は，行列 A の全ての固有値の実部が負であることである.

重要！

「行列 A の全ての固有値が複素平面の左半平面にあること」という表現も用いられる.
　（入力なし線形システムの安定性）≠（入力付き線形システムの安定性）
　（入力なし線形システムの漸近安定性）=（入力付き線形システムの安定性）
である.

図 4.3　線形システムの安定性

値の実部が負"という結論が先ほどの図 4.2 からも分かる. 具体的な判別方法としてはラウスの安定判別法やフルビッツ判定法などが古くから知られているので復習頂きたいが，次数が小さい場合を除き，実際のパラメータ最適化などには直接的に有効な手法とも言い難く，最近では（本書もその立場を取っているが），システムダイナミクスを数値解析により直接求め，要求される諸環境における安定性を直接観測することが可能になり，実用性が高いことからこの方向が強まっている.

　線形系のシステムの安定性については，多くの検討が既になされているが，一言でいえば"安定な高次システムの存在は極めてまれ"ということであろう. 例えば制御系についていえば，ステップ応答が求められる一次系，ランプ入力応答が求められる二次系，そして加速度応答が求められる三次系などが有用とされているが，これら高次制御系で増加するパラメータの安定設定の幅はどんどん狭まり，四次系以上は実用的には利用のチャンスは少ない.

　一例を示そう. **図 4.4** は最も単純な一次線形の制御系のステップレスポンスを示した図であ

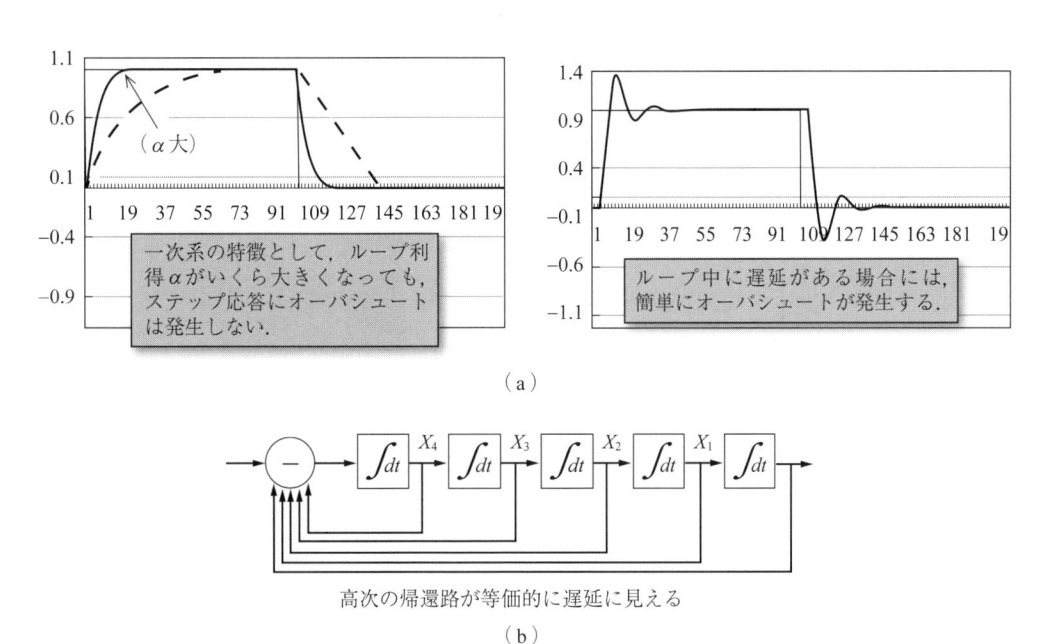

（a）

一次系の特徴として，ループ利得 α がいくら大きくなっても，ステップ応答にオーバシュートは発生しない.

ループ中に遅延がある場合には，簡単にオーバシュートが発生する.

（b）

高次の帰還路が等価的に遅延に見える

図 4.4　一次線形系のステップレスポンスに見るループ遅延の影響

り，上図はループ遅延がない場合の応答で，この場合ループ利得をどんなに上げても，収束時間はそれに応じて幾らでも短くなるが，決してオーバシュートを起こすことも，ましてや不安定になることもない．これが，安易に一次線形制御系が用いられる所以である．ところが，ループ制御に遅延 τ が存在する場合を見てみると，これが同図(a)右のもので，$\tau = 0$ では決して発生しなかったオーバシュートがいとも簡単に発生することを示している．

このように，系に何らかの帰還路が存在するときに多少なりともそこに遅延要素があると，いとも簡単に不安定になるものなのである．高次の帰還路がある場合，人為的な遅延などは存在しない場合でも，次数分の積分動作が介在することになり，これが図 4.4(b) のように等価的に実効遅延として働くのである．これにより，高次線形系の安定度は四～五次程度でも不安定になることは容易に想像されるのである．

4.2　非線形システムの安定性

では，相互干渉のある非線形システムの場合はどうなのであろうか？　今，極めて簡単な例を示そう．**図 4.5** には旅が好きな自由人 X_1 とごく一般的会社員 X_2 の振舞いを本当に簡単な形でモデル化したものを示してある．まず，X_1 は帰還路が二つあり，内側が弱い安定な負帰還，外側が利得が正で発散的な一次ループが対応させてある．X_1 にほんの僅かの旅に出たいという入力が加えられれば，たちまち発散的性質の火がつき，どこまでも飛び出してしまうのである．右図の太線でその様子が描かれている．

さて，一方 X_2 は，常識的日常生活を送っている会社員であるので，例えば出張などを申し付けられても，それが終われば必ず自分の家に帰ってくることが習慣付けられている．このような習性をまた最も簡単に負の帰還路を持つ一次ルールでモデル化した．右図の破線では，必ず家に帰る様子が示されている．

図 4.5 左図に示すように，この X_1 と X_2 の二人が全く他人で，お互いを意識することなく，生活を送っている場合を考えると，まさに線形の世界で，X_1 は X_2 がどう振る舞おうとそれには全く関係なく，したい放題の日々を送ることになる．同じく X_2 にとって X_1 の存在も同じよ

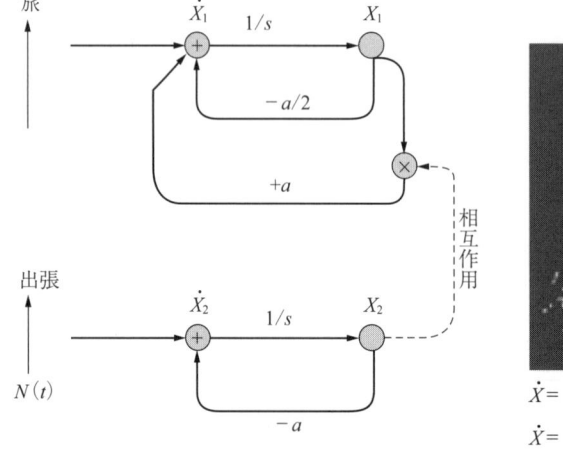

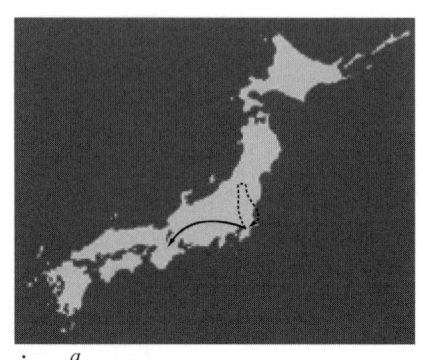

単純な相互作用でも暴走は止まる！

$$\dot{X} = -\frac{a}{2} \cdot X + aX_1 \cdot X_2$$
$$\dot{X} = -aX$$

図 4.5　事例一人旅と二人旅

4.2 非線形システムの安定性

うに自己の活動に何の影響も与えない…．まさに，線形の本質が現れているのである．

ここで，自由人 X_1 が突然 X_2 に恋心を起こし，X_2 の存在に重大な関心を寄せ始めたとしたらどうだろう．この恋心を極めて単純なモデルとして表現したのが図 4.5 左図の，X_1 と X_2 の間に破線で示した $X_1 \cdot X_2$ の相互干渉項であり，これを実現するために，X_1 の正帰還ループに X_2 の値を掛け算した仕掛けを導入してみる．

図 4.6 において，各々独立の二人旅の場合が左図，互いを意識した後の軌跡が右図である．左図では，二人は相互干渉なく全く独立に旅をするわけであるから，X_1 は発散的にどこまでも突き進む（系列 1）直線で，会社員 X_2 は出張の旅に小まめに自宅に帰っている様子（系列 2）が現れている．次に，X_1 が X_2 に恋心を抱いた後の場合はどうなるであろうか？ X_1 は X_2 が自宅にいるときは，必ず傍の自宅に帰るようになったのではないだろうか？（系列 2） X_1 は相変わらず旅好きで出かけたがりの性格を残しながら，X_2 の挙動に大きく影響されて，日常性を回復しているのである．

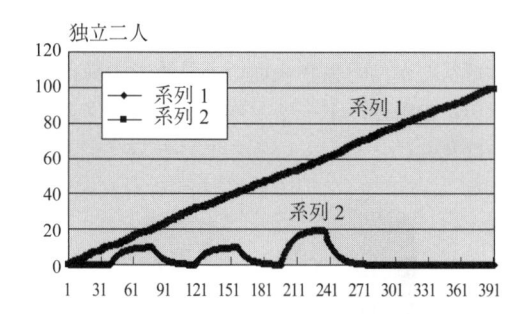

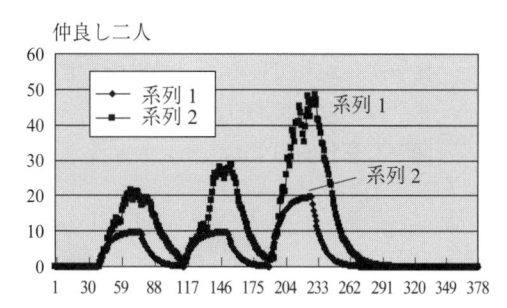

図 4.6 一人旅と二人旅の軌跡の変化

これこそが，相互干渉がシステムの振舞いを主導的に決定する非線形システムの安定性なのである．**図 4.7** にその違いを示している．線形系の場合の安定性とは，同図左上の器の底へボールが転がり落ち，一番下の底で静止するようなイメージであるが，非線形の安定性とは，これと全く異なった安定性の定義をすることができる．すなわち，構成要素自身は全く静止するこ

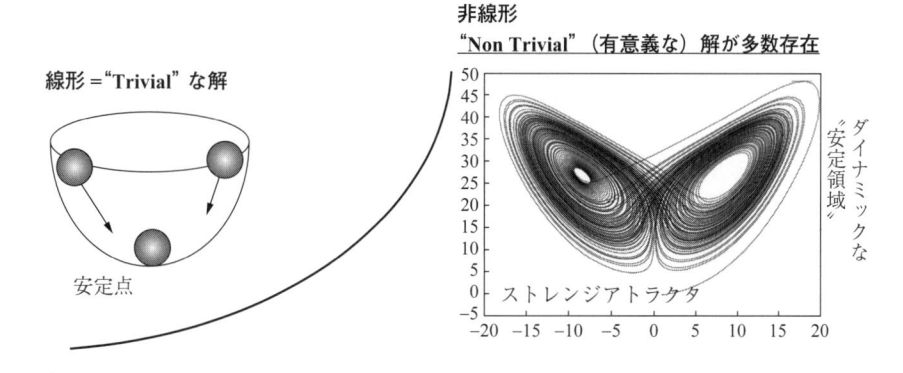

- 自己増殖，自己成長，自己組織，しかし安定化
- 流行，投資，積極，投機（ポジティブフィードバック：線形では否定用語）
- 啓発，強力，チームワーク，ボランティア
- 耐環境的変容，時変（チェンジ）

図 4.7 安定性：線形系と非線形系の違い

とはないが，ある閉じた空間 S の内側から決して飛び出さないことが分かった場合には，これをもって安定性を定義することができる．

4.3 構造安定の世界

自然現象をモデル化するときに，その現象が自然界で安定して存在してきたということは，そのダイナミクスが安定であるということを示唆している．このときの安定の定義は，ある微分方程式の解が有界振動現象を呈しているときに，その微分方程式に含まれるパラメータが少しだけ変化してもその有界振動現象の解のままであるということである．これをもって"構造安定"と定義し，もし引き続きあるパラメータを変化させ続けた結果，別の解に移ってしまった場合，この現象を"分岐"と呼んでいる．このように，力学系がある限られた解空間において，質的に同じ振舞いをすることを安定と定義したいが，このとき"質的に同じ振舞い"をどのように捉えたらよいだろうか？　この表現として位相同形という概念が便利である．位相同形の例を**図 4.8** に示す．図では真ん中に穴が開いたドーナツがしだいにマグカップに変化している様子が描かれている．二つは明らかに異なる形状だが，対象物表面のある点での隣接関係（位相）は保たれており，あるダイナミックシステムの解が，ドーナツ内空間からマグカップ内空間へと変化したとしても，解としての振舞いは質的には不変ということになる．

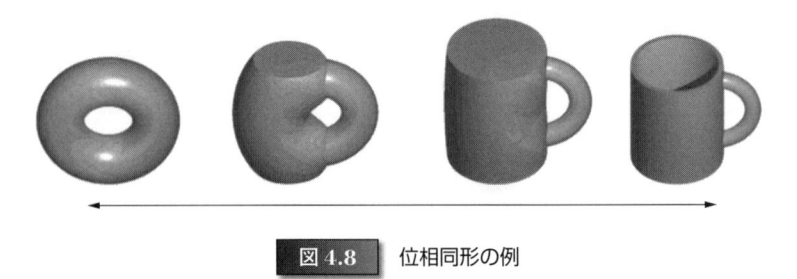

図 4.8 位相同形の例

4.4 非線形系における正帰還（Positive Feedback）の有用性

線形システムの場合にも，構造安定のようなことが実現できれば同じように新基準での安定性を定義できるが，図 4.7 で示したとおり，そのような振舞いは線形系にはできないのである．

線形の世界では，発散的要素は例えどんな萌芽的時期の出来事であっても，それは間違いなく，将来は破壊的爆発を惹起する悪の芽でしかない．逆にそのような目で全てを見ていかなくては，将来のシステム安定性は保証されないのである．

一方，非線形の場合には，安定性の定義は多様である．有名なものに**図 4.9** にあるリプシッツ（Lipschitz）条件などがある．これを簡単にいえば，意味のある時間帯，初期条件においてシステムの振舞いがある有限の空間内に留まるということである．新しい芽はどんどん伸ばして，新たな価値空間を作らせることを許せる．それらが将来，暴走しないような仕掛けは，要素間の相互干渉に任せればよいのである．このような包容力が経済活動の投資，流行，チームワークなどを自己増殖，自己成長，自己組織化させるのである．もちろん，期待した相互干渉がうまくいかない場合もある．日本でもアメリカでも発生したバブル経済，投機が良い例である．しかし，これとて正しく実経済要素とリンクさせれば，暴走は止められるはずではあるが，

4.4 非線形系における正帰還（Positive Feedback）の有用性

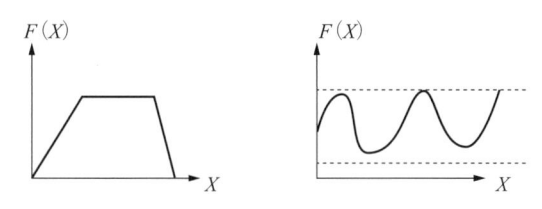

$F(X)$ が領域 U でリプシッツ条件を満足しているとは，
$$[F(X_1) - F(X_2)] \leq M[X_1 - X_2]$$
なる M が存在することである．

リプシッツ条件を満たしている例．
⇔ "連続" & "有界"
⇔ $\dot{X} = F(X)$ なる微分方程式は大域的に一意な解を持つ．

図 4.9 リプシッツの安定条件

そこが人間社会で，このルールで儲けていた人々は新たな制約をなかなか受け入れないのが現実であろう．この社会は，秩序ある社会だけを好む人ばかりではない．激しく動揺する社会の中で利益をすくい上げることをビジネスとする集団，国がある．そこが，地球的規制の難しいところなのである．この問題は，本書の非線形システム制御の更に上の問題として残しておきたいと思う．

以上，いろいろな例を挙げて線形と非線形システムの安定性の違いを述べてきが，それをまとめたのが**図 4.10** である．

線形系は，"重ね合わせの理" という性質が，解析の容易性という意味では長けて見え，近代科学の金科玉条的存在となり，昨今は，この原理と表裏一体の "相互作用なし" という特徴をつかんで "要素還元主義" と揶揄されていることも確かである．線形システムはその安定性

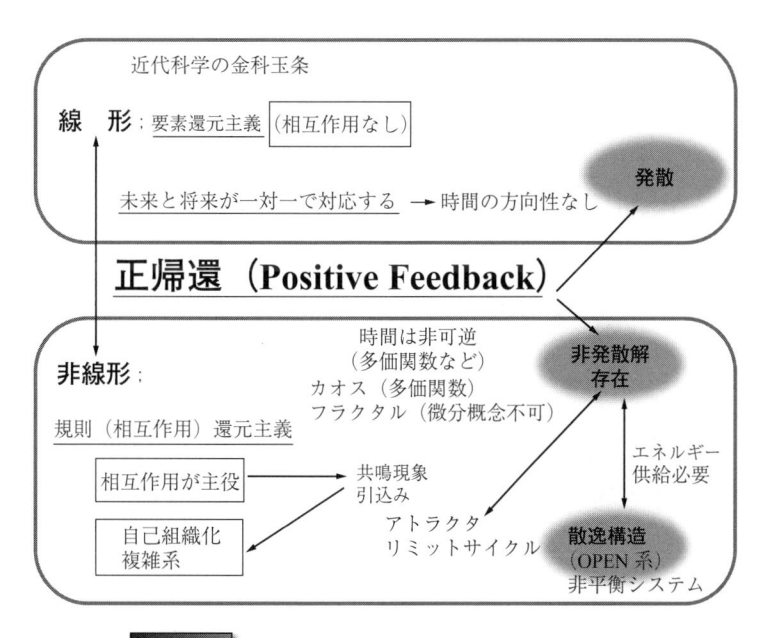

図 4.10 線形システムと非線形システムの本質的違い

に多様性が存在せず，系の正帰還（Positive Feedback）はすべからく，発散以外の解を与えないことから，起業，投資，流行など経済社会発展を促す現象にうまく対応できない側面を持つのである．

さて，非線形システムでは，正帰還は必ずしも悪ではなく，有用な非発散解が多数存在し，実社会や生物系，複雑系の様々な自己組織化，共鳴，引込みなどは"相互作用"が主役で発生することを明らかにしてきた．主役がシステム要素から要素間相互作用であることから，この立場を"要素還元法"に対峙して，呼び名を付けたいところであるが，著者はこれについてふさわしい呼び名を見たことがなく，とりあえず"（要素間の）規則還元法"と命名することとした．

4.5 規則還元法による巨大システムの安定性の例

今，原稿を書いている窓の外は晩秋真っ只中で，多くの落葉樹の紅葉が美しく目に映っている．夏には目に触れることのなかった樹木の枝の作りが良く見える．木にとって，太陽の恵みをいかに多く受けるかが最大の関心事だと考えると，その基本は枝の張出しが重要になる．

では，この枝の張出しは誰が作っているのであろうか？　各々の木に神様がいて，全てを最適化して指図しているという答えが最も理解しやすいが，どうであろうか？　もちろん，正解を持ち合わせているわけではないが，"規則還元法"でこれを検討してみよう．**図 4.11** に二つの簡単なルールを提起する（このルールは，どこかの本に既に掲載されていたものである）．

ルール 1：各枝は日の当たらない方（太陽から見て裏側）を，より早く成長させる．
ルール 2：各枝は日の当たる方（太陽から見て表側）を，より早く成長させる．

こんな簡単なルールで枝は互いにうまく重ならないで分かれて生育するものかという疑問も残る．木は，太陽の光がより多く欲しいわけであるから，ルール 2 が良さそうに見える．

しかし，全ての枝がルール 1 に従うと，各枝が作る立体角の中心に太陽光（実際に太陽というより，日陰側でいえば，反射光を含めての太陽光）を捉えることになるようだ．

すなわち，木全体としては太陽を求めてその方向へ伸びるのであろうが，枝のレベルでは，

枝の成長ルール：

ルール 1：日の当たらない方（将来投資）をより早く成長させる．

↓

木の葉全体が日の当たる方向へ向く（成長戦略）

ルール 2：日の当たる面（追認）を更に成長させる！

↓

全体が日に背を向ける（凋落）

全体と部分の規範は異なる！

図 4.11　樹木の枝はどう作られる？

4.5 規則還元法による巨大システムの安定性の例

その逆のルールが有効となるのである．逆に，ルール2を適用したらどうなるか？ この場合には，各枝は何と，下を向いてしまうことになる．まさに"全体と部分の規範は異なる"ということになる．そして，各木はそれぞれ専属の神様を必要としないで，目的を果たすことができそうなのである．

次に，会社の組織についての例が図4.12に示されている．"規則還元論"で説明すると，会社の組織に対するルールとして，ルール"上司は二人の部下を直接指導監督する"を適用したものがこの図になる．まさに，現在の会社組織そのものである．

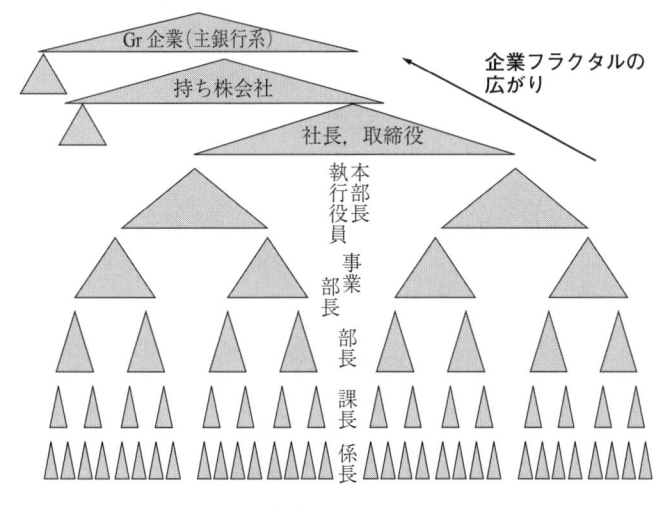

図 4.12 会社の組織化

実は，あるとき，会社組織の硬直性を打破すべく"フラット組織"なるものがもてはやされたことがあった．一人の有能なリーダの下に部下は同列に従う形の組織図である．しかし，このような組織は，特殊な例を除いて廃れてしまった．なぜであろうか？ 図4.12の構成を見てほしい．主任も，課長も，部長も，役員も，社長も全て直接の管理スパンの規模はルールに従い不変である．組織維持のためのエネルギーが薄く広く全体に亘って埋め込まれており，しかも組織がどんなに大きくなっても，その原理は変わらない．一方"フラット組織"の場合は，組織が大きくなるに従い，管理エネルギーは唯一のリーダ周辺で膨大なものが必要となり，実際的には"スケールしない"仕組みなのである．事実，図4.13に示すように，町内会から地

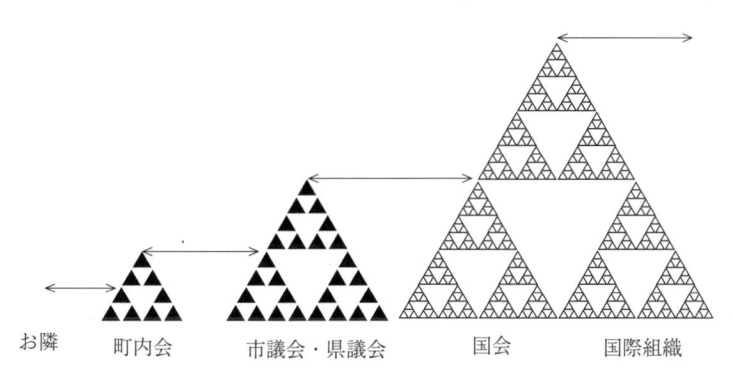

図 4.13 国政フラクタル

方自治，県議会，国政，国際組織などもほぼ同じような構造になっているのもこのためである．動物を含む自然界は様々な競争の中で厳しく生き抜く必要があり，管理だけに膨大なエネルギーを割くことなど許されないというわけである．

さて，図4.12，図4.13から見えることは"規則還元論"がもたらす組織の多くが，フラクタル的構造を作るということである．すなわち，スケールフリーな構造を好むことが見て取れる．構造的分布としては，よく知られた"べき乗分布"になることが知られている．ところが，通信ネットワーク，特にキャリヤネットワークのようなある種の階層構造を持ったものの構造（例えば局当りの加入者数の分布）を見てみると，図4.14のように分布の形状は理想的なスケールフリーのような一直線ではなく，真ん中に屈曲点を持つ2種類の傾きを持つ特性になることが知られている．これは，ネットワークの構成が大きく分けて，中継系とアクセス系に分かれ，それらが求める最適化規範が信頼性と経済性とのトレードオフで異なるルールを持つことによると考えると理解できるのである．

・**階層構造的ネットワーク**
  例）無線系　　：耐干渉性
  　　アクセス系：信頼性≪経済性
  　　中継系　　：信頼性≫経済性 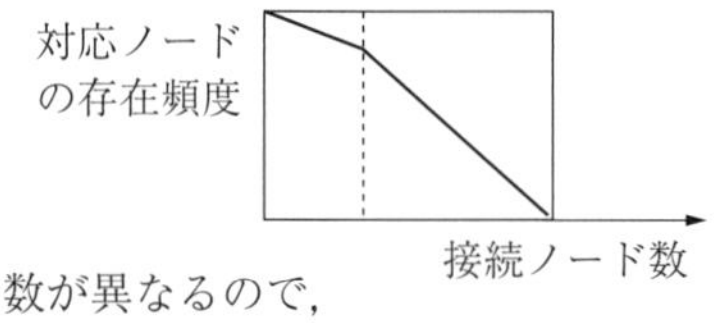
  の場合，上下の順位体で求められる評価関数が異なるので，同一の構築ルールを適応するのが難しく，一般的には"べき乗分布"にはならない．
  一方，オーバレイネットワークはローカルネットワークにつき，単一ルールの受入れ可能：インターネット！

・**スケールフリー則の有界性**
  全ての優位体に同一のルールを適応するには，環境自身の粒度がスケールフリーになっている必要がある．しかし一般には，環境自身も細部においてはある種の自然法則により頭打ちになる．

図4.14 ネットワークアーキテクチャとスケールフリー則

4.6 社会システムにおける予見評価と非線形性の必要性

社会システムにおいてそのシステムの安定性を論ずるときに，システム環境の将来予想が重要である．特に2011年3月11日に発生した東日本大震災を契機として原子力発電所の設置基準について様々な論議がなされている．その代表例が活断層の評価である．新設の原子力規制庁近辺の議論によれば，活断層の定義として過去数十万年の間に移動の可能性があるということが定義のようであり，そのような活断層の近傍～直上には原子炉を構築してはならないということのようである．数値の根拠は不明であるが，システム論的にいえば原子炉の寿命を数十年と仮定したときにその駆動中に直下の活断層の移動により直接的被害を受ける確率を例えば10^{-4}とすると，当該活断層が動いた場合には確実に致命的被害を原子炉へ及ぼすということであれば，必要な活断層の必要安定性については容易に数十万年という値が導出される．

全く別の例を挙げよう．2013年7月の参議院選挙に向けて"改憲"論議が本格化している．本書はもちろん，この問題についての賛否を議論する場ではなくそのような正当な準備も持ち合わせていない．ここで，取り上げる点は"改憲"反対を唱える方々の危惧の多くが，先に挙げた活断層論議に極めて似ている点を指摘したい．

4.6 社会システムにおける予見評価と非線形性の必要性

　昨今，様々なセンサの低廉化・高度化によって，多くの現象の前兆現象を捉えることが容易になった．また，それらのデータ解析から危険に対する発生メカニズム解明も進み，ただ単に将来災害の危険性予知についての項目を列挙することはその道の専門家でなくてもインターネットで用語を検索するだけで得られるようになった．一方，議論された危険項目の確率的・数値的評価となると，これが極めて難しいということを指摘したい．

　北朝鮮のミサイルが日本領土に落下する危険性を指摘することは容易だが，それを他のどの程度の危険性と等価に捉えるべきかを考えてみれば，危険性の指摘とその評価の難しさの非対称性に気が付くはずである．米国都市における犯罪率・殺人件数を日本と比較すれば前者がいかに危険性が高いかは統計で示されている．ところが，ニューヨークでは夜遅くの劇場，映画，ライブにと，人々はナイトライフを楽しんでいる．米国で頻発する"銃の乱射事件"を聞くにつれ，進まない銃規制に首を傾げるわけではあるが，その一方我が国でも刃物や自動車による無差別大量殺害事件は後を絶たない．危険性においては何ら変わらないのである．そうは言っても生物に限らず，ものとして出来上がったからには，その瞬間から破壊・故障という不具合・危険は付きまとうことになり，全てのものはそのような危険と無縁で存在することはできず，また自らがその原因に心ならずも関与してしまうこともあるという覚悟が必要なのである．その覚悟を曖昧にするとどのようなことが起きるかを幾つかの例で示し，非線形性がどのように役立つかを示してみたい．

　図 4.15 は，あるスキー場のゲレンデを示している．ゲレンデは上級者〜初心者までそれぞれに楽しんでいる一般的なゲレンデを考えてみたい．スキー場での事故といえば転倒などによる打撲・骨折などが代表例であるが，致命的な事故につながるのは，何といってもスキーヤ同士の衝突であろう．特に，高速で滑降する上級者が絡む事故はその可能性が高い．図 4.15 では図上部からオリンピック選手と上級者がまさに込み合うゲレンデの中央に差し掛かろうとしている．選手たちは衝突を回避するために的確な"視野"を備えて滑降している．もちろん初心者にもそれなりの"視野"は存在するが，彼らは自らの滑りへの注意が大部分で他人への注意は上級者と比べればかなり短く，狭いものと考えられ，衝突回避の義務は上級者に課せられ

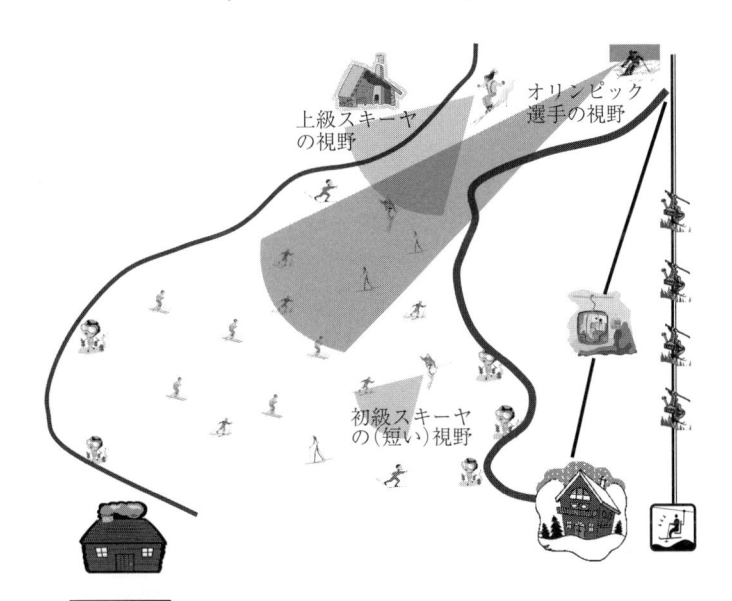

図 4.15 混雑スキーゲレンデにおける上級者と初心者の振舞い

ると考えるのが普通であろう．

　もし，ゲレンデが空いていれば上級者は自己の最高スピードで思いのまま，思いきり滑ることができる．ところが，ゲレンデは多くのスキーヤで混んでおり，特に初級者が多く混じっている場合，彼らはゲレンデを横に滑ることが多くなり，衝突の危険も増加する．そのために，より他のスキーヤに対する注意が必要となり，超高速で滑降してくるオリンピック選手には十分長い"視野"が誰よりも求められる．

　図4.16は"視野"を拡大したときに意識すべき他のスキーヤ数を検討するモデルを示したものである．ここでは，簡単のためにゲレンデ内のスキーヤの分布は一様で，その密度ρは

$$\rho = \frac{\lambda}{m^2} \tag{4.4}$$

と仮定する．

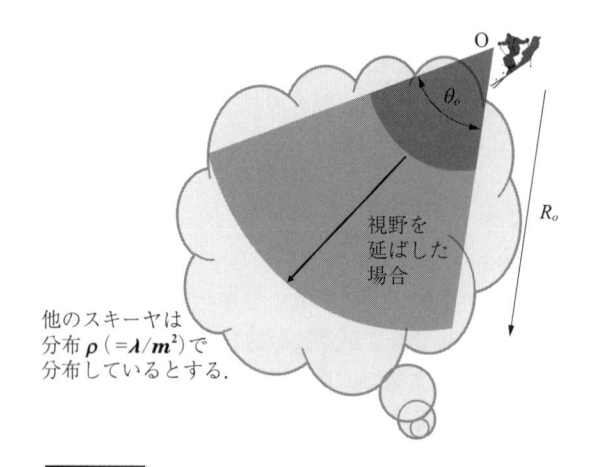

図4.16 視界改善における障害事案の増加（$\propto r^2$）

　次に，衝突に対する警戒心をダイレクトに，"視野"に入った他のスキーヤの数とすると，この警戒心Wは

$$W = \int_0^{\theta_o} \int_0^{R_o} \rho(r)\,dr\,d\theta \tag{4.5}$$

で表現できる．式（4.5）のWは，視野角度θを一定にしても，$r \to \infty$とすると，容易に**図4.17**の破線のように∞になってしまうことが分かる．しかし，我々の経験則に従えば，確かに$r \to$大になれば危険因子の増大を認識はするが，それによって際限なく危険が増大していくという経験はない．なぜなのであろうか？　すなわち，我々は近くの障害物については確かにその存在自身に警戒するが，ある程度離れた障害物については，それとの距離r，自己の制動距離r_0，その速度，移動方向などを的確に勘案して$r \to$大に対してrの何乗かで減ずる危険軽減係数$C(r)$を経験的に会得しているのである．したがって，この場合の処理あり警戒心W_cは

$$W_c = \iint \rho(r)\,C(r)\,r\,dr\,d\theta < \text{一定値}\ \mu \tag{4.6}$$

となり，いたずらに警戒心をあおるようなことが起こらないのである．この$C(r)$こそが日常生活で培った信頼に裏打ちされた危険因子に対する軽減係数なのである．

　言うまでもなく，今回の東日本大震災の発生以後，自然災害に対する警戒心が高まり，将来

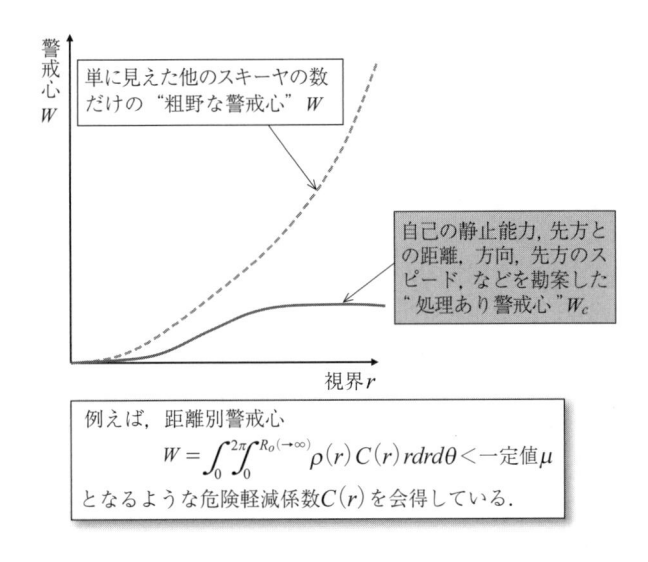

4.6 社会システムにおける予見評価と非線形性の必要性

図4.17 障害事案恐怖心の有限化

例えば，距離別警戒心
$$W = \int_0^{2\pi} \int_0^{R_0(\to\infty)} \rho(r)C(r)rdrd\theta < \text{一定値}\mu$$
となるような危険軽減係数$C(r)$を会得している．

の災害発生の危機のみが大きく取り上げられるようになり，原子力発電所は止まり，防波堤の高さは10数m，活断層の活動暦は数十万年といわれるようになった．そこにはその他あらゆる危険との相対比較の結果としての評価がある．

更に，仮定を進めると各スキーヤが自分で安全だと理解できる最高スピードV_mを

$$V_m = \frac{V_0 (\text{自己の無条件最高速度})}{W} \cdot k \tag{4.7}$$

ただし，$W > \varepsilon$：εは任意の正の値，kは警戒心係数で，$0 < k \ll 1$が仮定される．

とすると，スキーヤの視野距離rとスキーヤの最高速度V_mとの関係は**図4.18**のように表せる．ここで，一点鎖線は単純なWを表しており，原理的にはr^2に比例して増大していく．図4.18では，点線は飽和曲線で示したが，現実的には遠くは霧で見えにくくなったり，コースが曲がったり起伏があったりで単純には∞には向かわないとの実感を込めたものだが，モデルを実直に

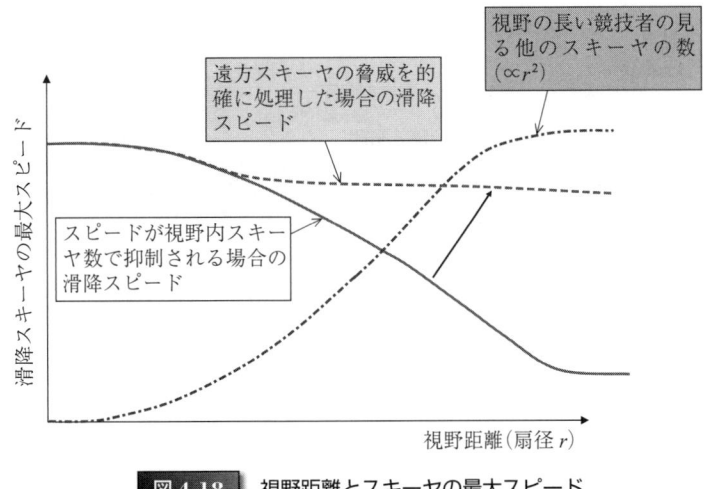

図4.18 視野距離とスキーヤの最大スピード

当てはめればもちろん∞へと増大する．

このように，$r \to$ 大，に従い警戒心 W が増大していくので，スキーヤは，むやみに視野だけを敏感にすると彼らの滑降速度 V_m は図中の実線のようにどんどん下がっていくのみで，ついにはスキーの面白ささえ失われることになる．ところが，経験者では先ほどの危険軽減係数 $C(r)$ が発達しているので，視野が延びても彼の滑降速度 V_m はある一定値よりは下がらなくなるのである．この変化は破線で表されている．

本書ではページ数の関係で具体的な数値例を示すことはしないが，簡単なシミュレーションを行ってみれば，ただ単純に視野だけを改善させると，肝心のシステムクオリティがどんどん下がっていくことは容易に示すことができる．

話を初めの問題提起に戻そう．我々，あるいは人類の長い長い歴史の中では比較的頻繁に起こる台風による風水害，火災などから，中期的には新型病原体蔓延，異常気象，竜巻被害，などから長期的な火山活動，津波，それに伴う破壊など，更に超長期的には大隕石衝突，超新星爆発などを考えたら危険因子に枚挙の余地はない（**図 4.19** 参照．図中，同一の絵柄の数は発生頻度の多さを表す）．これら，多くの危険の中で我々は日々暮らしていかなくてはならないのである．このような環境において，我々の生活の質を必要以上に下げず，まさにポジティブに生きるために，非線形な軽減係数 C が必要なのである．これは単純なネガティブフィードバックから考えると，まさにその抑制を解き放つポジティブフィードバックの姿なのである．

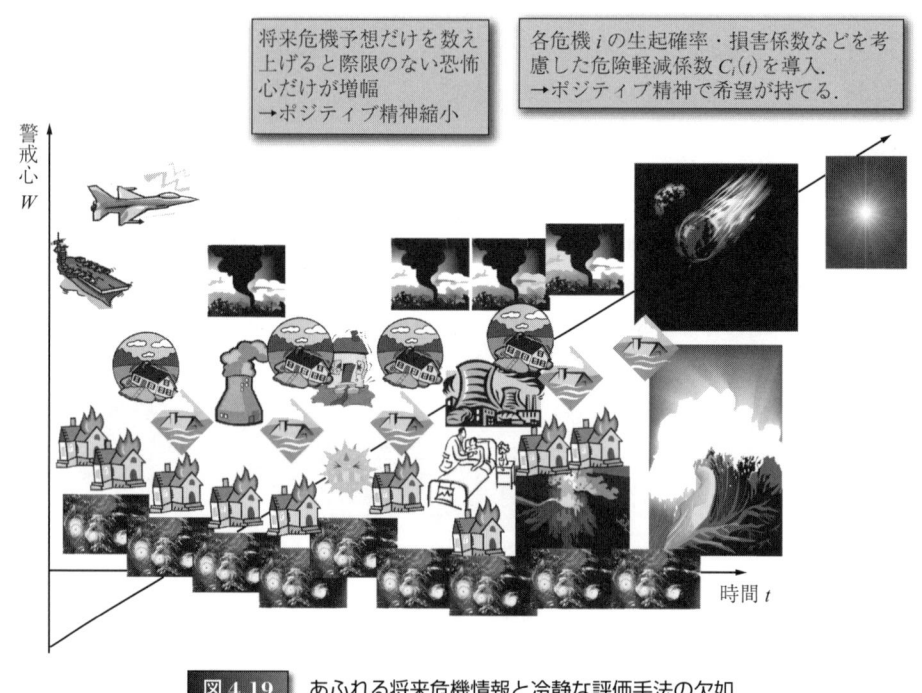

図 4.19 あふれる将来危機情報と冷静な評価手法の欠如

5 古典的非線形システムを読み解き制御へつなぐ

本章では，従来様々な文献で取り上げられてきた非線形ダイナミックシステムを取り上げ，そのモデル化を議論する．

5.1 飽和特性

非線形現象で最も単純かつ，日常的なものが飽和である．どんなに美味しいものでもお腹が一杯になれば食欲は減退し，ついには食べることをやめてしまう．コップに水道の蛇口から水を注いでいると，初めは時間と共に水量は増加するも，最後は溢れてもうコップの水は増えない．太っているので減量を始めた．初めは順調に減っていった体重も，ある程度痩せてくると，そのペースはどんどん減速し，先の例と同じようについには現状維持ということになる．これらの現象は，我々が日常当然のこととして経験する現象であるが，驚いたことに，長い間義務教育で習ってきた理科や数学ではこのような現象をほとんど扱わない．理由は，これまで述べてきたように，それが線形表現ではないからである．線形表現以外のモデルは，エレガント，かつシステマティックな線形数学の領域外で，大げさにいえば無視すべき異常現象として扱われてきたのであろう．

ところが，生き物の営みや地球環境保全などに大きな興味が移ったときに，それらの振舞いを非線形現象こそが説明できるものだとの認識から，非線形への興味が高まってきた．その意味では，奥深い非線形現象への入口，登竜門として，この分かりきった"飽和現象"から説明を始めていく．

図 **5.1** は飽和現象を説明する図で，同図(a)には，人口増加モデルでこの飽和現象を説明する．昨今，日本では少子高齢化などといって人口減少に歯止めが掛からず，大きな問題になっているが，世界レベルで見れば人口はまだまだ増加基調である．日本でもかつて，何度か人口増加と飽和現象を繰り返しながら現在の一億超の人口規模にまで達したのである．同図 (a) には二つの帰還路が存在する．内側のものは，人口増加要因を示すもので，人口 X はその増加係数 N（出生率 − 死亡率）によって

$$\dot{X} = N \cdot X \tag{5.1}$$

(a) 人口増加モデル

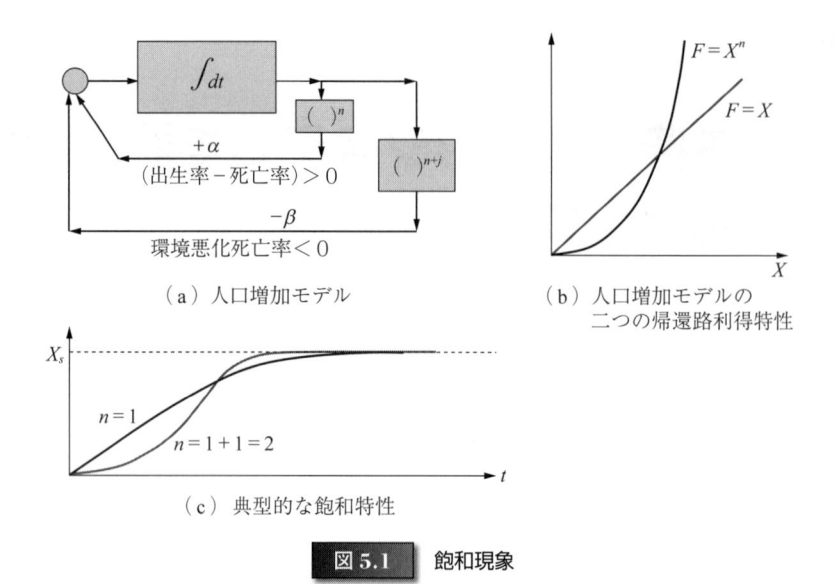

(b) 人口増加モデルの
二つの帰還路利得特性

(c) 典型的な飽和特性

図 5.1 飽和現象

と表すことができる．X が小さいときに N が負であるシステムはそもそも存在しない．N が正であったからこそ，ある程度の規模の集団として存在してきたのである．その意味で，X の増加数（dX/dt）が，その存在 X の大きさに比例するというのは極めて自然かつ合理的なモデル化なのである．

さて，飽和現象とは X があるしきい値 X_s に対して十分に小さい領域，すなわち $X \ll X_s$ ではその存在すら感じさせない点が重要である．そして X が X_s に近づくにつれその現象がじわじわと顕在化してくるのが特徴である．このような現象を作り出すためには，図 5.1 (b) のような 2 組の関数を導入する必要がある．同図では

$$f_1 = X^n \tag{5.2}$$

$$f_2 = X^{n+j} \quad （図 5.1 では n=1, j=1） \tag{5.3}$$

の 2 組である．とりあえず，まず，前者は X の増加と共に単純に増える現象を表現していく．それに対して，後者は $X \ll X_s$ なる X の小さい領域では $f_2 \simeq 0$ で目立たず，X が X_s に近づくに従い急激にその存在が顕になるというもので，一般的には $f_2 = X^n$ の形が適している．このような二つの関数を図 5.1 (a) の内側正帰還路には f_1 を，外側の負の帰還路には f_2 を適応するのが飽和の典型モデルとなる．

図 5.1 (c) の太い曲線が，$n=0$ の場合の 2 組の関数を用いた X の典型的飽和特性を示したもので，X は線形に立ち上がり，X がある値 X_s に近づくとその増加係数は減少し，ついには $dX/dt=0$ となるのである．このときの X は

$$\frac{dX}{dt} \simeq \alpha X - \beta X^{n+j} = 0 \tag{5.4}$$

で求められ，特に $n=1, j=1$ の場合には

$$X(\alpha - \beta X) = 0$$

$$\therefore \quad X_s \simeq \frac{\alpha}{\beta} \tag{5.5}$$

となり，式 (5.5) が X の飽和値となる．

同図 (c) の細い線に $n=1$ とした場合のグラフを示すが，より一般的には

$$\frac{dX}{dt} \fallingdotseq X^n(\alpha - \beta X^{n+j}) = 0$$

$$\therefore \quad X_s \fallingdotseq j\sqrt{\frac{\alpha}{\beta}} \tag{5.6}$$

となり，j が大きくなるに従い，X_s はどんどん原点 $t=0$ に近づいていくことが分かる．

すなわち，飽和の効果は j の値が大きいほど早く顕在化するということである．

非線形現象をうまく操ることを目的に書かれた本書であるが，その原理の第一に当たるものが，この飽和現象であり，安定な非線形システムは注意深く検討すれば多くの場合，この仕掛けが利用されていることが後に示される．

5.2 リミットサイクル

非線形システムで動的安定（例えばリプシッツ安定）の四つのカテゴリーは，図 5.2 のように，固定点，周期（リミットサイクル），準周期（トーラス），ストレンジアトラクタに分類されている．そのうち，周期（リミットサイクル）は動的安定姿態として最も基本的なものである．リミットサイクルの基本は，5.1 節の飽和特性と基本は全く同じで，$X \fallingdotseq 0$ の領域では，自励的に発散を起こす特性を示し，$X \to \infty$ を目指す方向ではあるしきい値にまで収束していくのである．飽和特性との違いは，システム自身が周期解を有するように二次以上のシステムである点である．

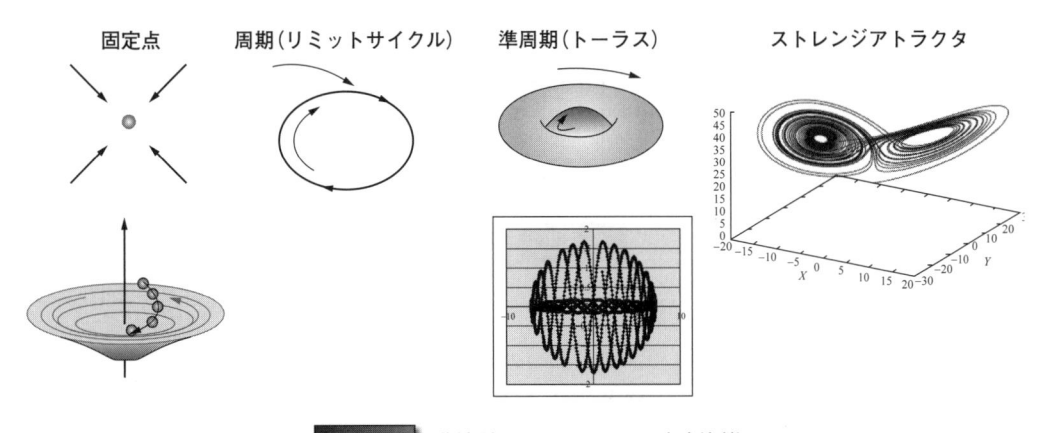

図 5.2 非線形システムの四つの安定姿態

さて，線形システムの場合は $X \fallingdotseq 0$ で発散的ならば，$X \to \infty$ でもシステムとしての特性は変わらず発散的のままで，ついには無限大にまで発散し，システムとしては破綻してしまう．非線形システムのリミットサイクルは，そうではなく，ある軌道を安定姿態として永続し続ける点で非常に意味深いものなのである．

その仕掛けを図示したのが**図 5.3** である．まず X が（初期値 $X(0)$）リミットサイクルの外側にあった場合は，5.1 節の飽和特性で示したメカニズムと全く同じように，あるしきい値に向かって収束していく．逆に，$X \fallingdotseq 0$ の近傍に X があるときは，発散的にシステムが振る舞えばよいのである．すなわち，帰還路の極性を正にして発散特性を作ればよいのである．

図 5.4 が従来から知られているリミットサイクルの典型例

図 5.3 リミットサイクルの本質

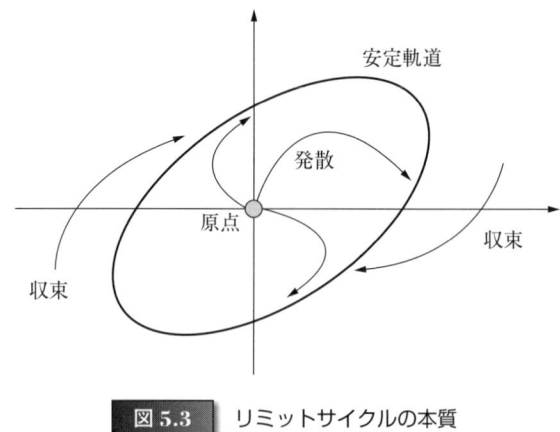

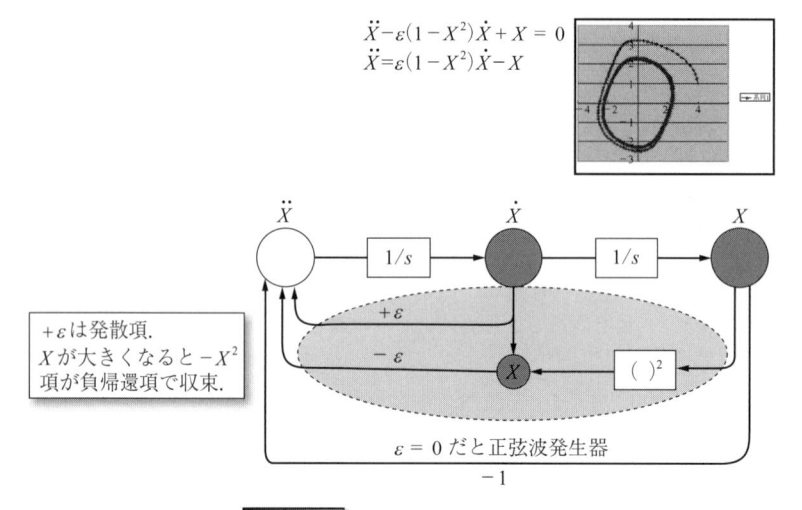

図 5.4 典型的リミットサイクル

$$\ddot{X} - \varepsilon(1 - X^2)\dot{X} + X = 0 \tag{5.7}$$

を図示したものである．この図では二つの積分器が直列になっているので，まず二次系であることが理解でき，大外の帰還路とこの二つに積分器により，正弦波発生器を構成している．つまり，運動エネルギーと位置エネルギーを二つに状態変数（二つの積分器）によって，それらの値をやり取りするシステムである．ここで，破線で囲まれた最内側の帰還路はプラスなので振幅を増幅させる役目を果たすものである．その外側の帰還路は逆にマイナスであるので，発振正弦波の振幅を縮小させる役目を果たしており，先ほどの振り子を例に取れば，振り子の摩擦に対応し徐々に振幅を小さくする役目を果たす．この減衰係数にシステム出力 X のパワー X^2 の大きさが掛けられているのは，5.1 節と全く同じメカニズムである．要約すれば，**図 5.5** で $\varepsilon = 0$ とすれば，単純な正弦波発生器となり，その第一番目積分器に二つの帰還路を付加し，一つは発散系，もう一つは減衰系として，そのバランスをシステム出力 X^2 に調整する形になっているのである．

図 5.6 は先の図のシステムの実際の軌跡を示したもので，原点近傍の発散領域とその外側の収束領域が示されている．この図から X の初期値 $X(0)$ が $X = 0 \sim \infty$ のどのような値が与えら

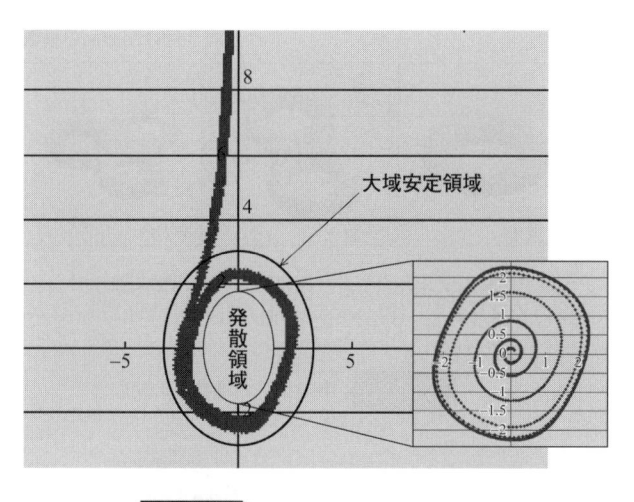

図 5.5 リミットサイクルの収束軌跡

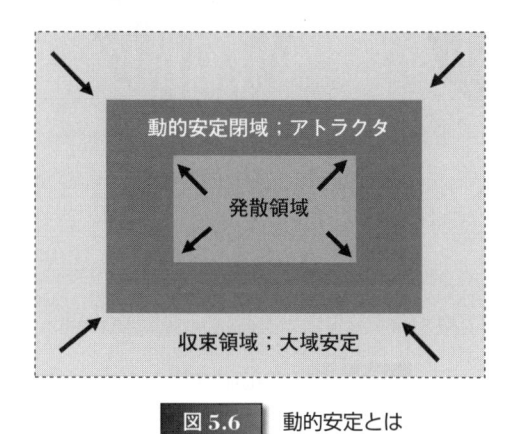

図 5.6 動的安定とは

れても，安定にリミットサイクルに収束してくることから，このシステムは大域的安定なものであることが示されている．

5.3 準周期（トーラス）

　トーラスとは，ある閉局面の切断の結果生じる多様体が連結のままとなるよう埋め込まれた円盤に沿ってなされる切断の最大数を表す整数を n とすると，そのような閉局面を"種数 n の向き付け閉曲面"（n 個穴トーラス）と呼び，$n=1$ の場合を特にトーラスと呼んでいる．

　このようなトーラスがなぜ特別に取り上げられるのかいうと，5.2 節で示したリミットサイクルでも明らかなように，この一軌道を図 5.6 のようにある広がりを持った閉空間を定義できれば，その範囲がダイナミックシステムの安定軌道群と定義できる．すなわち，そのような解を持つダイナミックシステムは安定なものということができる．

　図 5.7 には種数 $n=0, 1$ の閉曲面の例を示す．中央が $n=1$ のトーラスである．

　トーラスの例は古来無数にあり特に例を挙げて説明するまでもないが，例えば図 5.8 に著者が辻褄を合わせたものが三点，そのシステム方程式を添えて挙げてみた．さて，実在する様々

向き付け閉曲面の種数

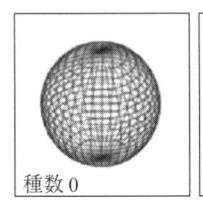

種数 0　　　種数 1　　　種数 2　　　種数 3

切断の結果生じる多様体が連結のままとなるよう埋め込まれた円盤に沿ってなされる切断の最大数を表す整数を n とすると，そのような閉局面を"種数 n の向き付け閉曲面"と呼び，$n=1$ の場合を特にトーラスと呼んでいる．

図 5.7　トーラスと種数 n の閉局面

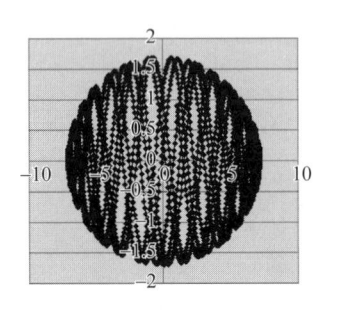

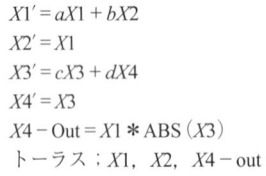

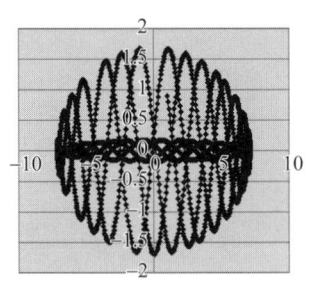

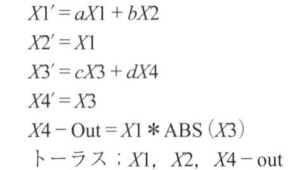

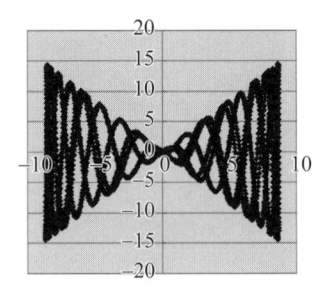

$X1' = aX1 + bX2$
$X2' = X1$
$X3' = cX3 + dX4$
$X4' = X3$
$X4 - \text{Out} = X1 * \text{ABS}(X3)$
トーラス；$X1, X2, X4-\text{out}$

$X1' = aX1 + bX2$
$X2' = X1$
$X3' = cX3 + dX4$
$X4' = X3$
$X4 - \text{Out} = X1 * \text{ABS}(X3)$
トーラス；$X1, X2, X4-\text{out}$

$X1' = aX1 + bX2$
$X2' = X1$
$X3' = cX3 + dX4$
$X4' = X3$
$X4 - \text{Out} = X1 * \text{ABS}(X3)$
トーラス；$X1, X2, X4-\text{out}$

図 5.8　閉局面の実例（並木トーラス）

な非線形システムを操る立場でいえば，トーラスはあくまでも特殊解の集合と考えられ，そこに存在する連立する数式間の辻褄が厳密に永続することはなく，制御の面からは余り意味のある存在ではない．次節で一般的なシステム安定性の説明をすることにする．

5.4　三次元システムのストレンジアトラクタ（ローレンツアトラクタ）

非線形システムでカオス性を持つ代表的例が図 5.9 に示すローレンツアトラクタと呼ばれる下記のようなものである．

$$\left.\begin{aligned}\dot{X} &= -10X + 10Y \\ \dot{Y} &= 28X - Y - XZ \\ \dot{Z} &= -\frac{8}{3}Z + XY\end{aligned}\right\} \quad (5.8)$$

与えられた微分方程式（5.8）が，「カオス解を持つかどうか」を判定する一般的な方法はまだないようであるが，ある連立時間微分方程式がカオス解を持つためには，少なくとも，「3変数以上の自律系の非線形1階連立微分方程式」か「2変数以上の非自律系の非線形1階連立微分方程式」である必要がある．例示したローレンツ方程式は，3変数の自律系非線形1階連

5.4 三次元システムのストレンジアトラクタ（ローレンツアトラクタ）

ローレンツ方程式のシグナルフローフラグ（SFG）

$$\frac{dX}{dt} = -10X + 10Y$$
$$\frac{dY}{dt} = 28X - Y - XZ$$
$$\frac{dZ}{dt} = -\frac{8}{3}Z + XY$$

各一次系：安定
二次系；Y のみ発散
　　　他は安定

要素間干渉項

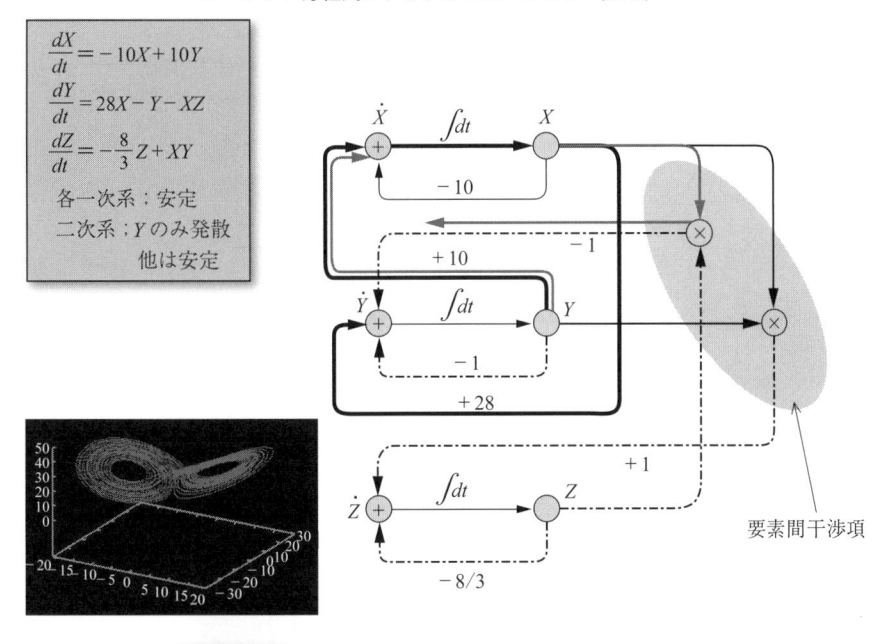

図 5.9　ローレンツ方程式のシグナルフローグラフ

立微分方程式である．そして，下記のジャパニーズアトラクタと呼ばれている方程式

$$\left.\begin{aligned}\dot{X} &= Y \\ \dot{Y} &= -kY - X^3 + B \cdot \cos t\end{aligned}\right\} \quad (5.9)$$

が後者の代表例であろうか．式（5.9）のシグナルフローグラフを**図 5.10** に示すが，動作については別途解説する．

さて，ローレンツ方程式のシグナルフローグラフは図 5.9 のように表すことができる．構造

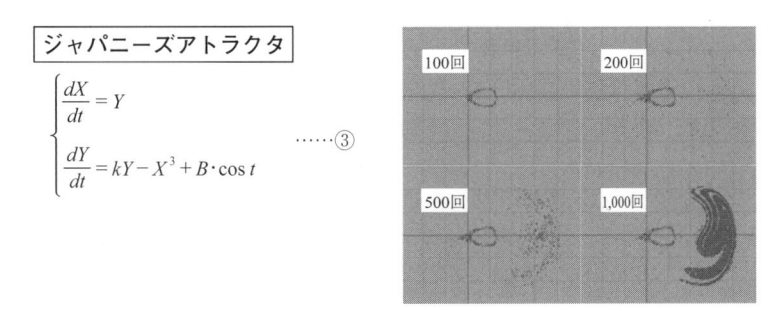

ジャパニーズアトラクタ

$$\begin{cases}\dfrac{dX}{dt} = Y \\ \dfrac{dY}{dt} = kY - X^3 + B \cdot \cos t\end{cases} \quad \cdots\cdots ③$$

100回　200回
500回　1,000回

高次の帰還；$X \to 0$ に近づくにつれ
帰還量が激減し，収束が停滞する．

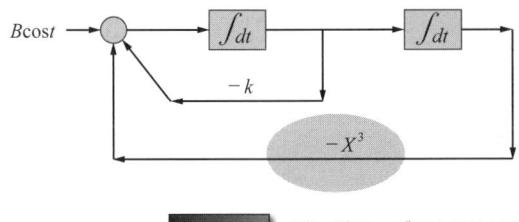

$B\cos t$ 　　$\int dt$ 　　$\int dt$
　　　　$-k$
　　　　　　$-X^3$

図 5.10　ジャパニーズアトラクタ

的に安定性を有するこのグラフは，以下のように解釈される．
(1) 3 変数各々の一次ループは全て安定な負帰還で構成されている．
(2) 発散項は X & Y で構成される二次ループが正帰還により構成される（太線）
(3) 上記 (2) の対抗として X & Y に負帰還の二次ループが併設（アミ線）
(4) 上記 (3) の負帰還のゲインを調整するべく $X \cdot Y$ の平滑値が存在（一点鎖線）
　注）上記 (3), (4) の項は，図中の破線で囲んだ要素間干渉項として表記されている．

　これらの事項を順次，説明したい．まず，(1), (2) について X, Y だけについての振舞いを観察するために図 5.11 を準備する．ここでは，α_1, α_2 は負帰還を実現するために負の値を取り，β_1, β_2 は二次ループとして正帰還を実現するために正の値が設定されている．ここで，この四つのパラメータの絶対値を等しく取った場合には，X, Y 各々が作る小ループが平衡して，どのような初期値を設定しても，同じ値に収束することが分かる．これを X, Y の随伴性と呼ぶことにする．

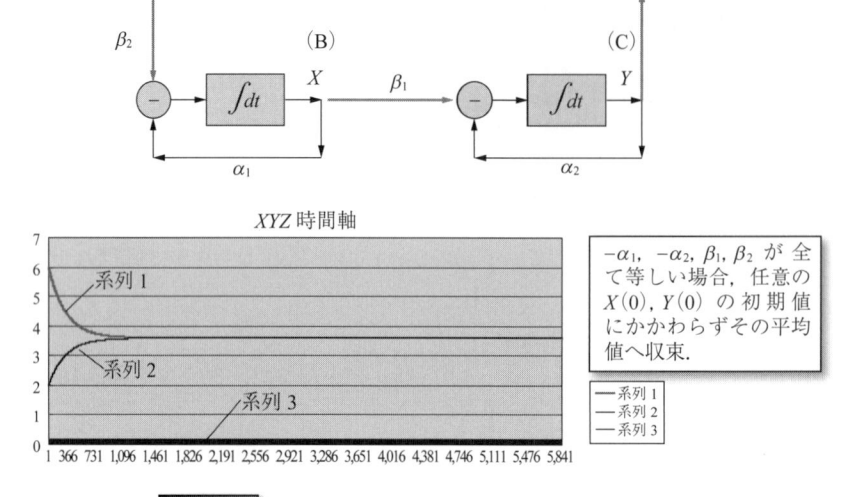

図 5.11　X, Y が作る平衡ループ（X, Y の随伴性 1）

　次に，この平衡状態から図 5.12 のように，四つのパラメータのうち，任意の一つだけを他の値と比べて，増減させてみる．同図上では，その任意の一つを増加させた場合，X, Y は共に発散することが分かる．次に，同図下では，逆にその一つを減少させた場合には，X, Y は同じように減衰していく．

　いよいよローレンツ方程式全体の構成の説明に移る．今までの説明から X, Y の随伴性からそれに関わるパラメータの任意の一つにより，システム全体の安定性を制御できることを示してきた．そこで (3), (4) を実現するために β_1 の利得をキャンセルできる負値 β_3 を付加する．そして，その係数は $X \cdot Y$ の平滑値を実現するために設けられた安定小ループ Z の出力で制御される．すなわち，Z の値が大きくなれば，β_3 が β_1 を凌駕し X, Y は随伴して減少していく．逆に Z が小さくなれば，β_1 が優勢になり，X, Y は増加に転ずる．この図を更にモデル化したのが図 5.13，図 5.14 である．これによりシステム全体の安定性が図られていることを説明したが，肝心のローレンツ方程式としての自律性，ストレンジアトラクタ性を実現するためにはどうすればよいか．それは，今まで仮定してきた α_1, α_2, β_1, β_2 の絶対値を等しく置いて検討してきた枠を外せばよいのである．

5.4 三次元システムのストレンジアトラクタ（ローレンツアトラクタ）

	A	B	C	D	E	F	G	H	I	J	K	L
1	dt				α1	β1	α2	β2	α3	β3	α4	β4
2	0.001				-2	3	-2	6	0	0	0	0
3	時間T	X	Y	Z	W	P	Q			48	<	
4	0	6	2	0	1	1	1			53	<	

XYZ 時間軸

— 系列 1
— 系列 2
— 系列 3

$-\alpha_1, -\alpha_2, \beta_1, \beta_2$ が全て等しい場合から，上4係数のうち，どれかを増加 → X, Y は共に発散

	A	B	C	D	E	F	G	H	I	J	K	L
1	dt				α1	β1	α2	β2	α3	β3	α4	β4
2	0.001				-2	1	-2	6	0	0	0	0
3	時間T	X	Y	Z	W	P	Q			48	<	
4	0	6	2	0	1	1	1			51	<	

XYZ 時間軸

— 系列 1
— 系列 2
— 系列 3

$-\alpha_1, -\alpha_2, \beta_1, \beta_2$ が全て等しい場合から，上4係数のうち，どれかを減少 → X, Y は共に減衰

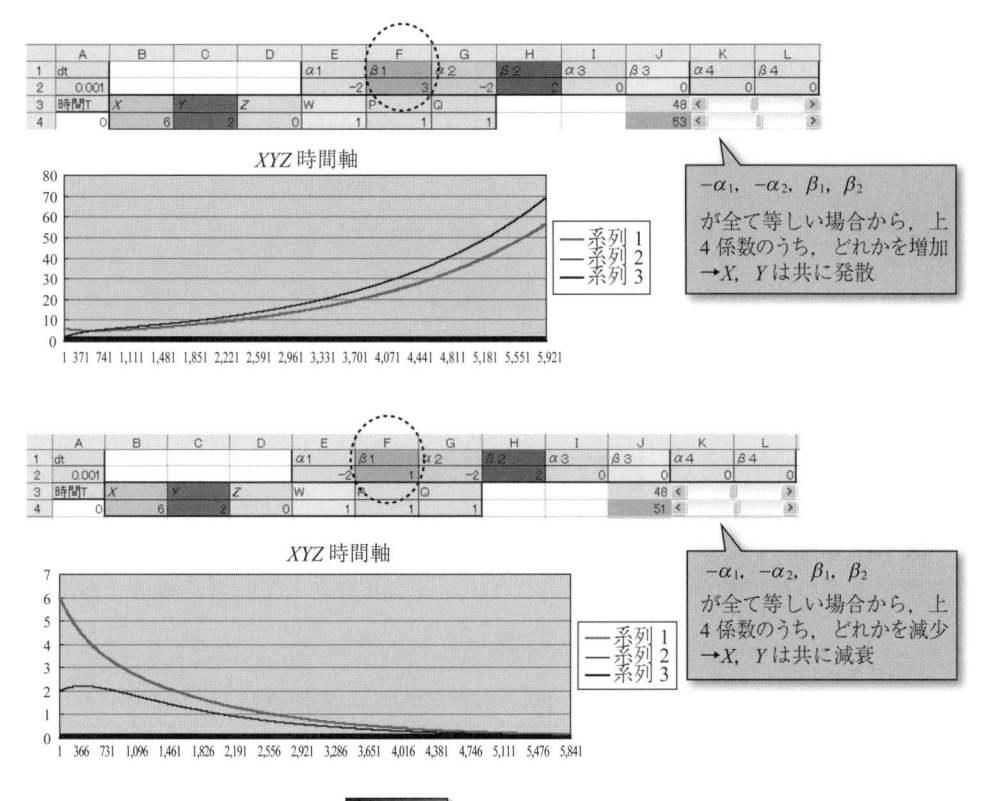

図 5.12 X, Y の随伴性 2

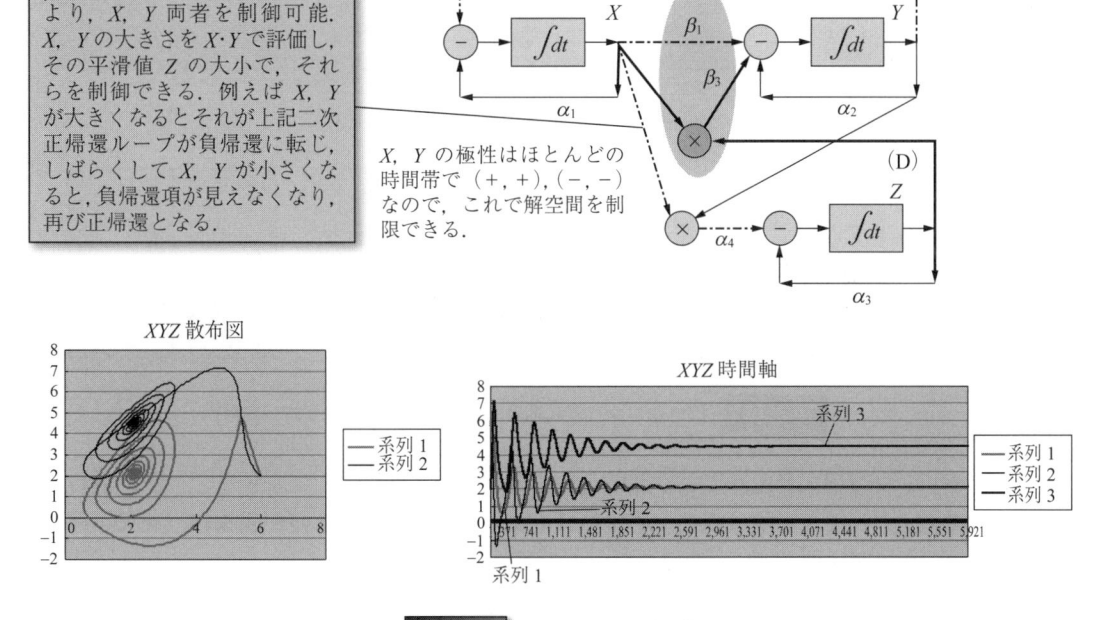

X, Y の随伴性から，$\alpha_1, \alpha_2, \beta_1, \beta_2$ の何れかを制御することにより，X, Y 両者を制御可能．X, Y の大きさを $X \cdot Y$ で評価し，その平滑値 Z の大小で，それらを制御できる．例えば X, Y が大きくなるとそれが上記二次正帰還ループが負帰還に転じ，しばらくして X, Y が小さくなると，負帰還項が見えなくなり，再び正帰還となる．

X, Y の極性はほとんどの時間帯で $(+, +), (-, -)$ なので，これで解空間を制限できる．

XYZ 散布図

XYZ 時間軸

図 5.13 X, Y の安定性制御

図 5.14 ローレンツ方程式のモデル化

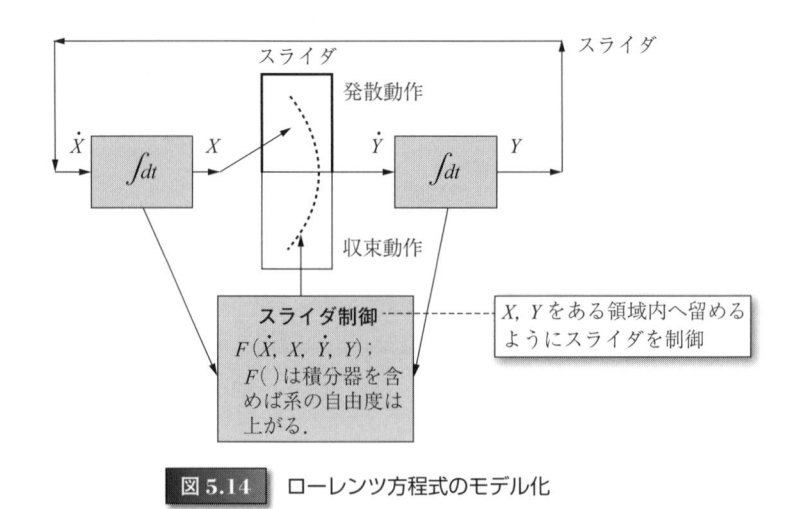

図 5.15 はその例を示している．この例では β_1/β_2 を約 7 倍程度で少しずつ変化させた場合の X, Y, Z の軌跡を示したもので，パラメータ変化に対してかなり敏感であることが分かる．

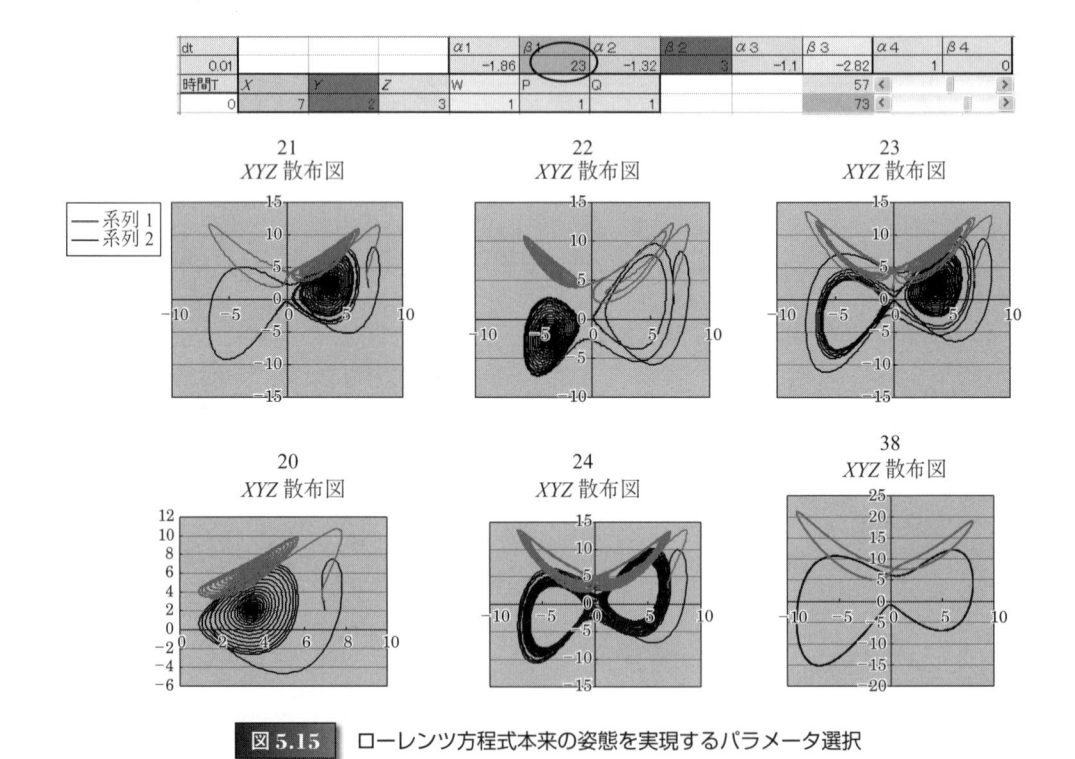

図 5.15 ローレンツ方程式本来の姿態を実現するパラメータ選択

ローレンツ方程式と並んでよく出てくるのがレスラー方程式というもので，その SFG は図 5.16 で表され，それを更に構造が明確になるように形を整えたものが図 5.17 である．本書ではページ数の関係で詳細に説明できないので要約のみを記す．

この構造の要点は，上側の二次ルールの α_2 がマイナスとなり安定系，一方，下側の二次系は α_1 がプラスであるので発散系である．この二つが並列になっているのでどちらが有意にな

5.4 三次元システムのストレンジアトラクタ（ローレンツアトラクタ）

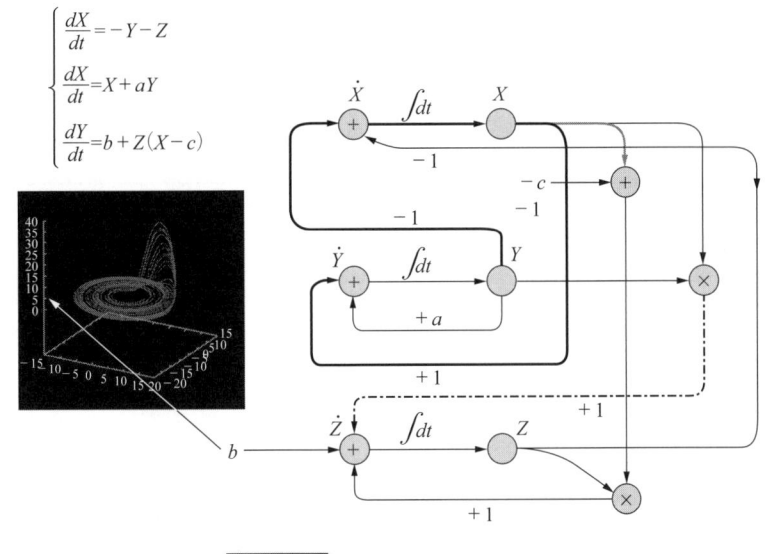

$$\begin{cases} \dfrac{dX}{dt} = -Y - Z \\ \dfrac{dX}{dt} = X + aY \\ \dfrac{dY}{dt} = b + Z(X - c) \end{cases}$$

図 5.16 レスラー方程式の SFG

$$\dot{X} = -Y - Z$$
$$\dot{Y} = X + \alpha_1 \cdot Y$$
$$\dot{Z} = \beta_1 + ZY - \alpha_2 \cdot Z$$

β_1 は Z の減衰項の利き方を決める

Z；安定基準 β_1 に収束

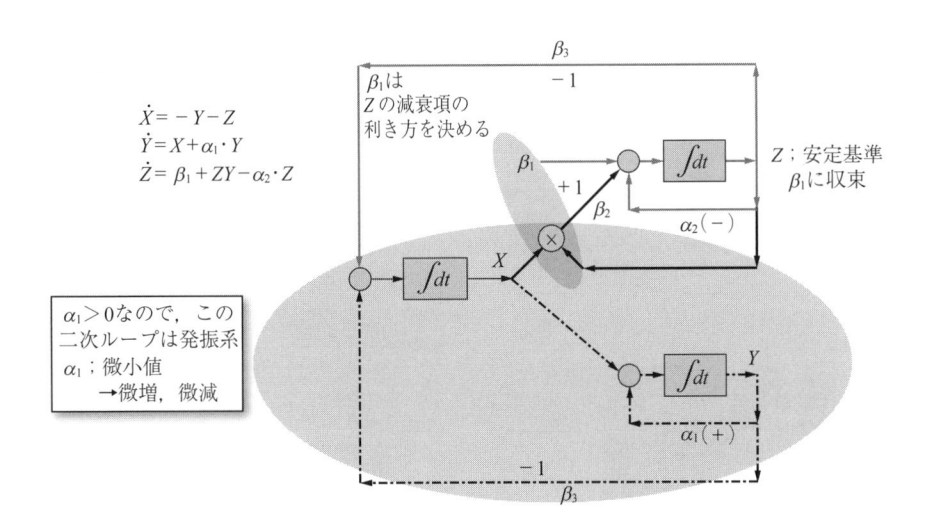

$\alpha_1 > 0$ なので，この二次ループは発振系
α_1；微小値
　→微増，微減

図 5.17 レスラー方程式の解析

るかで全体の安定性が決定される．この割振りを決めている中央の掛け算項が変数 Z で制御され，Z が β_1 の近傍になるように振る舞う．

図 5.18，**図 5.19** において，上側の安定系のループへの入力係数 β_2 を変えてみる．まず，$\beta_2 = 0$ としてその経路を実質的に絶つと系全体は途端に発散していく．逆に，この値を大きくしていくと計全体で安定化されることが分かる．したがって，レスラー方程式の構成をモデル化すると，**図 5.20** のように分かりやすくなる．

図5.18 レスラー方程式における β_2 感度（制御ループ）

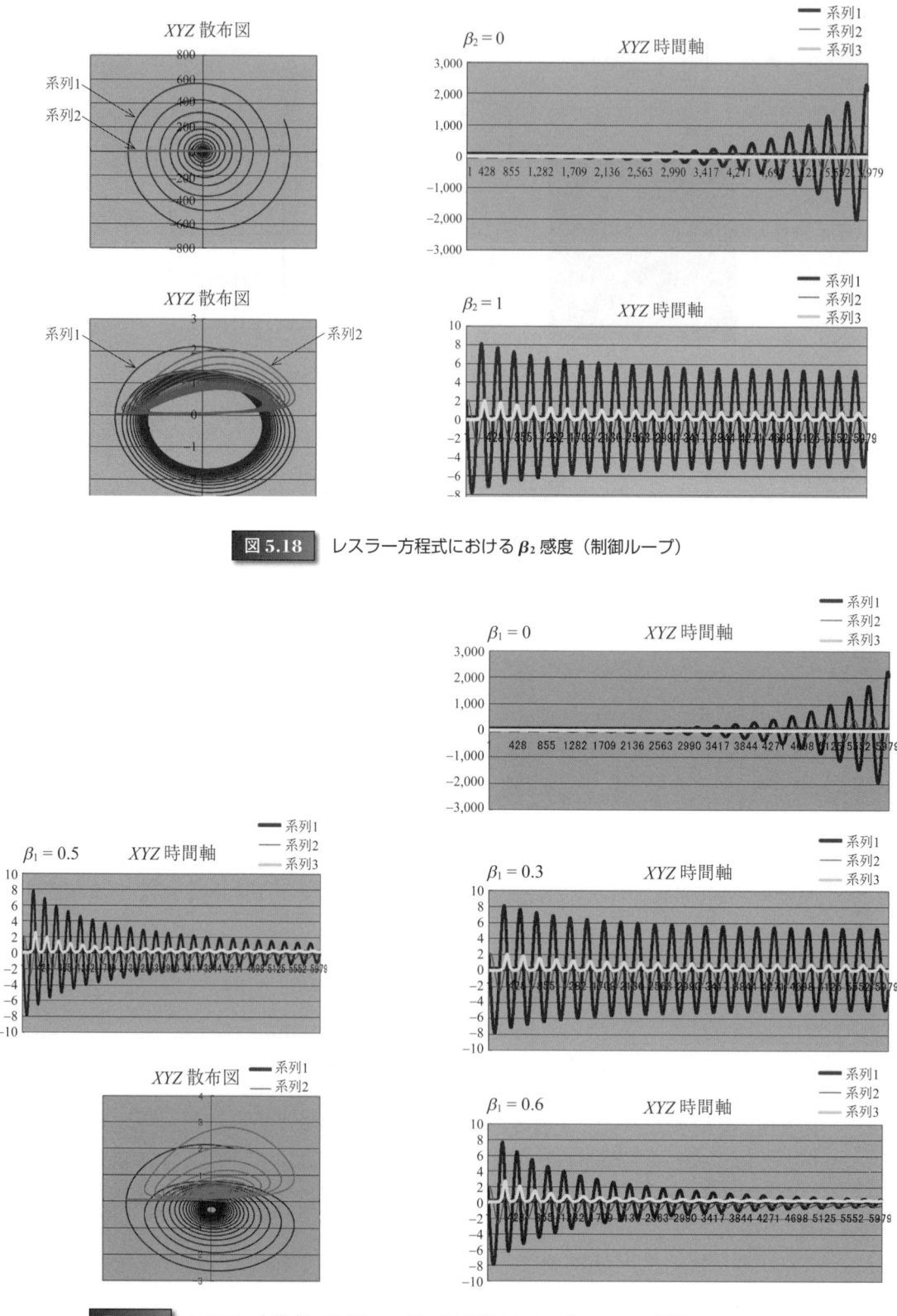

図5.19 レスラー方程式における β_1 感度（外部選定しきい値 $\beta_1 = 0$ で発散，$\beta_1 \to 1$ で収束）

図 5.20 非線形安定系・構成例

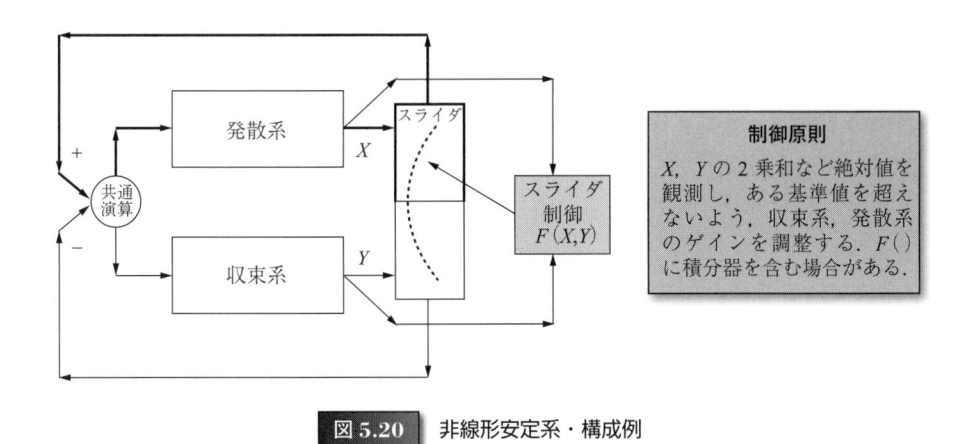

5.5 セルオートマトン

　非線形システムの表現法として，状態の遷移をある種の表で表現したのがセルオートマトンで，セルラオートマトンとも呼ばれる．その広がりから一次元モデル，二次元モデル，三次元モデル，多次元モデルなどが考えられるが，一般的に検討されているのは，一～二次元までであろう．そこでまず，一次元（線上）モデルについて説明したい．

　図 5.21 に示す一次元のセル列を考える．各セルには記号 a が割り振られるが，記号 a は M 個の有限個記号群 V に対して $a \in V$ の制約を持つ．更に時間 t における記号 a を a^t と書くと，次の時間 $(t+1)$ における記号を a^{t+1} と書く．更に同図一次元セル列に左から番号を付けて，k 番目で時間 t における記号 a を a_k^t と書くと，時間 $t+1$ における各セルの記号 a_k^{t+1} は

$$a_k^{t+1} = f(a_{k-1}^t, a_k^t, a_{k+1}^t) \tag{5.10}$$

のように表現できる．式 (5.10) は k 番目のセルの変化がそのセルの左右とそれ自身の値の組合せで，次の k 番目のセルの値を決めるルールを $f(\ )$ で表したものである．図 5.21 から，一番上のセル列に初期値を任意に設定すると，それ以降の時刻のセル列の値はこのルールによってのみ決定される．このようなスキームを"セルオートマトン"と呼んでいる．ここで，当然

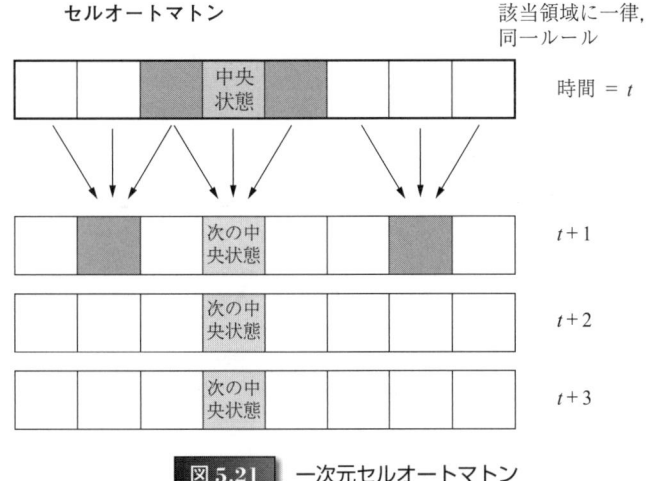

図 5.21 一次元セルオートマトン

のこととして，両端のセルは，右端・左端隣接セルが存在しないので，上記ルール$f(\ )$は利用できない．そこで，一般的には**図 5.22** のように，一次元セル列を丸めてその両端を張り合わせて茶筒のような形を作る．このように変換することにより，左右無限長の一次元セルを模擬できるようになる．

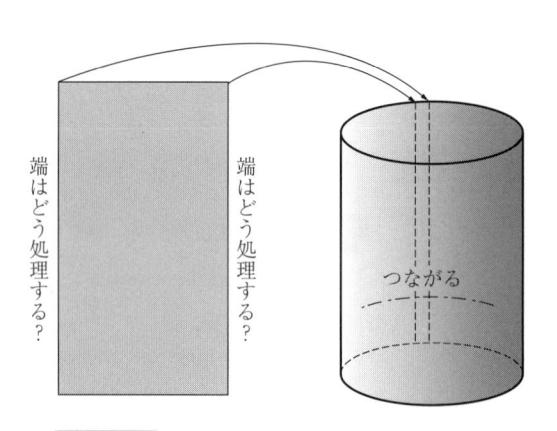

図 5.22 セルオートマトンの両端セルの処理

ルールを式 (5.10) のように表したときに様々なルールに名前を付けて区別することができれば何かと便利であり，従来から各ルールに番号が付けられている．その番号付けのルールは**図 5.23** に示すように$f(\ )$の中の三つの値，すなわち自分自身の値aとその左右隣接値を 0, 1 の 2 値で表現した場合（$M=2$ の場合）には$f(111) \sim f(000)$の 8 種類の関数，あるいはマッピング関数が定義できる．この八つのマッピング値を同図の太枠下段f_iのルール表に 0, 1 で入れるとする．すると$f(111)$の 111 を 3 ビットABCの整数表現とすれば

$$ABC \rightarrow \quad 2^2 \times A + 2^1 \times B + 2^0 \times C \tag{5.11}$$

のように変換される．同様に$f(110)$の 110 は 6 に，それ以降も 5, 4, 3, 2, 1, 0 と変換される．すなわち，ルール表の最左端を 2 進数の再上位桁，右端を最下位桁として各々，2 の 7 乗，6 乗〜0 乗と割り振る．すると，あるルール（$f_7, f_6, \cdots f_0$）は

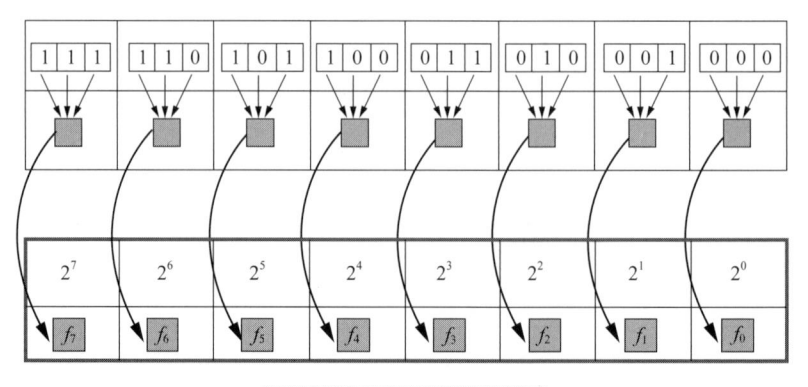

$$\text{ルール名 (10 進)} = \sum_{i=0}^{7} 2^i \times f_i$$

図 5.23 一次元セルオートマトンルール表

5.5 セルオートマトン

$$\text{ルール番号}(10\text{進}) = \sum_{i=0}^{7} 2^i \times f_i \tag{5.12}$$

のように表すことができる．ちなみに，図 **5.24** にルール 30 の例を示す．この場合 1 が立っている桁は 2 の 4 乗，3 乗，2 乗，1 乗の四つだけなので，ルールは上記式 (5.12) に従って

ルール番号 = 16 + 8 + 4 + 2 = 30

となり，ルール番号 = 30 となる．

一次元セルオートマトン
ルール 30

時刻 t での内部状態(左, 中央, 右)	111	110	101	100	011	010	001	000
時刻 $t+1$ での中央のセルの内部状態	0	0	0	1	1	1	1	0

図 **5.24** ルール番号の例 (30 番)

次に，幾つかのルールに従うセルオートマトンのパターンを見てみよう．

図 **5.25** はルール 30 で，有名な巻貝の模様が現れ，図 **5.26** はルール 154 で，イシダイなど魚の模様が現れることから，ローカルルールが魚全体の模様を決める例としても有名なものである．図 **5.27** はルール 184 で，車の渋滞モデルを表したものとして，これまた有名であり，車に模したマークセルは左から右に流れ，前が空いていればそのまま右に進み，前となる右隣が空いていなければここへ留まり，渋滞を作る．作られた渋滞塊はその前方となる右側から解消される．

一次元のセルオートマトンについて，幾つかの例を挙げて説明したが，ルールの作り方によって（その振舞いによって）二つに分かれる．一つは，全てのセルがマークセルで埋め尽くされる場合，すなわち一般ダイナミックシステムでいえば発散の状態に陥るか，その逆に全てのセルが空白セルで一様に埋め尽くされる沈静状態に陥る場合の双対関係のとき一つの状態として認識される．もう一つが，マークセルと空白セルがいろいろな綾を作りながら，継続〜永続される状態があれば，一般ダイナミックシステムでいうリミットサイクルや，アトラクタに対応するのである．

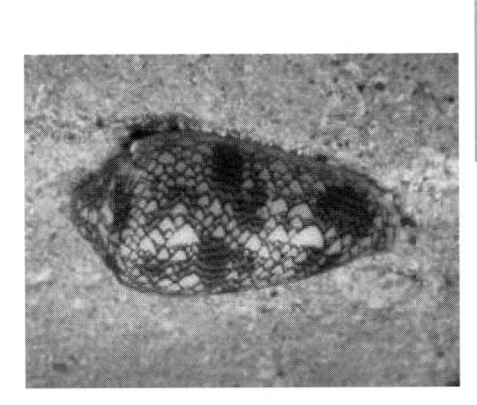

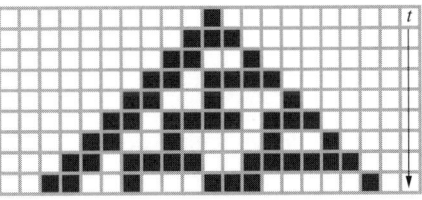

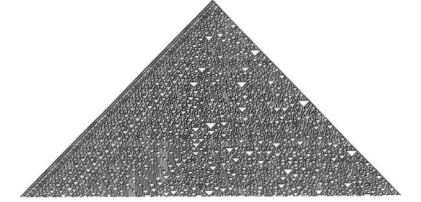

図 **5.25** 一次元セルオートマトンが作る自然界の柄

A	B	C	D	E	F	G	H
1	0	0	1	1	0	1	0

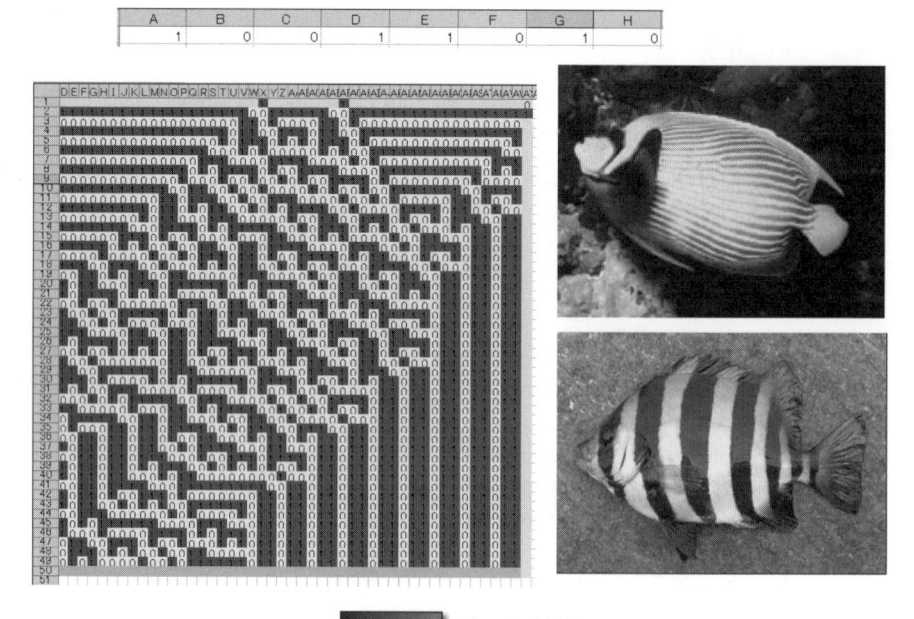

図 5.26 ルール 154

前後関係	111	110	101	100	011	010	001	000
1＝車あり	1	0	1	1	1	0	0	0

・すぐ前に車があるときは止まる：1 を保持．
・すぐ前が開いているときは進む：そのセルを 0 に，前のセルを 1 に．

図 5.27 ルール 184；車の渋滞モデル

　図 5.28 にその例が示されており，同図左側の三つの例が前者で初めが全てマークの場合，後の二つが全て空白の場合であり，一度この状態に陥ると回復できないルールとなっている（短命パターン）．一方，右側の二つは模様が継続する例で，右上が様々に変化する場合で，これがある種のアトラクタに対応しており，右下は一定のパターンに落ち着いてダイナミックな変化が全くないリミットサイクルに対応する例といえる．

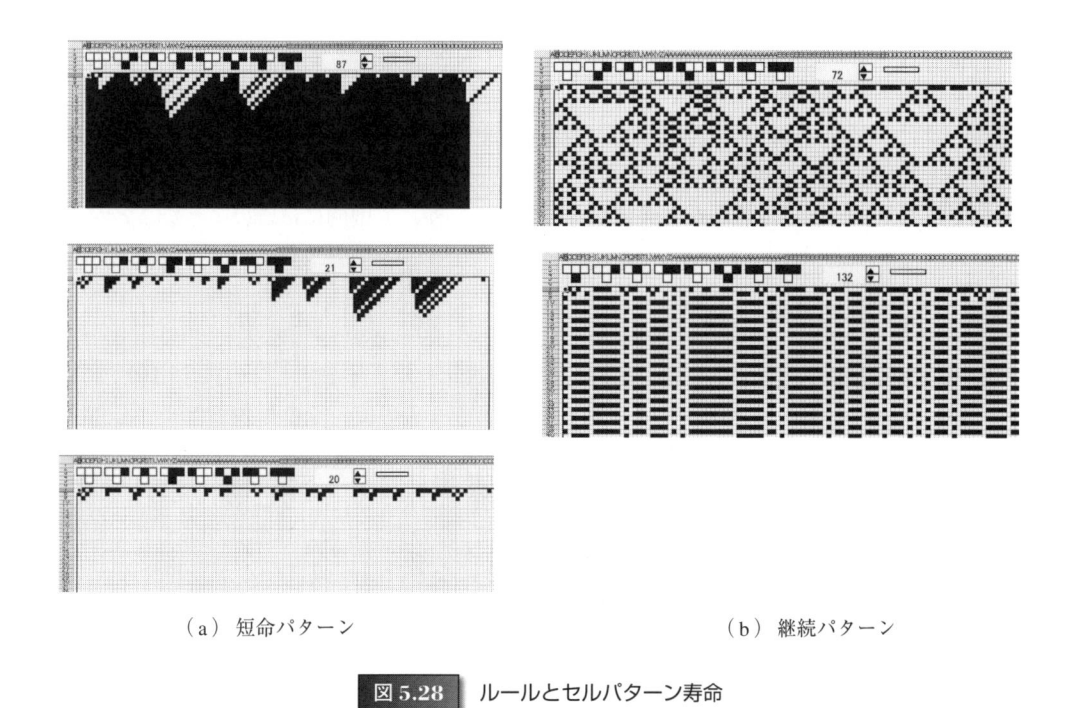

（a）短命パターン　　　　　　　　　　　　　　（b）継続パターン

図 5.28　ルールとセルパターン寿命

5.6　セルオートマトンの解の永続性

一次元セルオートマトンについて，構造安定な状態を実現したいとしても，ルールと初期状態の組合せは複雑で，すっきりした条件の明示は極めて難しいところではあるが，基本は先の図 5.6 に示したような動的安定性を継承して

（1）原点付近では発散特性が必要（原点≈オールゼロを指す）

（2）原点を含む，ある大きさの閉空間の外側では，収束特性を持つ

ということになる．

これらを一次元セルオートマトンのルールでいえば，**図 5.29** に示したように，ルール表の最下位枠のルール値，あるいはその一つ上のルール値は，（1）に従い，中心＆左右セルがオー

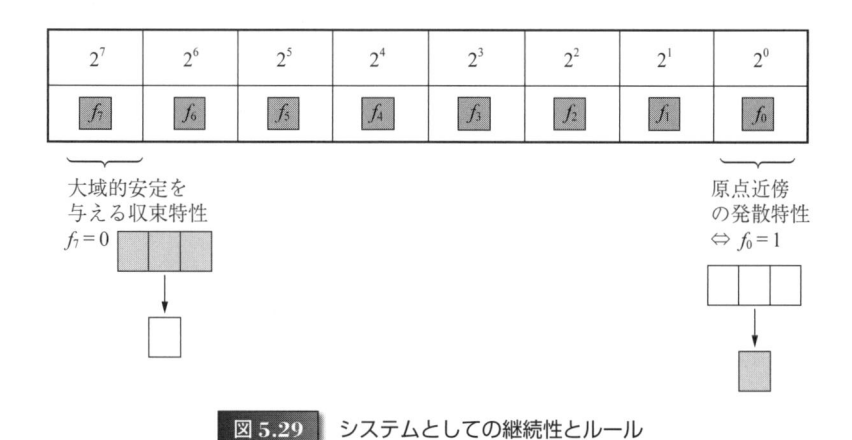

図 5.29　システムとしての継続性とルール

ルゼロ～マークセルが一つの状態（図では $2^0 \sim 2^1$ に対するルール）ならば，必ずそれをマークセルに戻す必要がある．

逆に，ルール表の最上位は（2）に従い，オールマークを必ず空セルに戻す必要がある．この考察に従い，先の図 5.29 を見ると，右の二つの例は共に上述の条件を満たしている．ここで示したルールは当然ながら厳密なものではないが，原則的にはこのようなことがいえる．

5.7 二次元セルオートマトン

二次元セルオートマトンは，原理的には一次元セルオートマトンの式（5.10）を二次元に拡張しただけのもので，図示すれば**図 5.30** のようなもので，その拡張モデルとして 3 セル × 3 セルの 9 セルからなる正方形の領域を定義して，その中央セルの次時間の値は隣接 8 セルの値によって決定させるというものである（遷移ルール 1）．もう一つの代表的な拡張モデルは，中央セルの上下左右の計 4 セルだけを考慮して，斜め隣の 4 セルは無視するもの（遷移ルール 2）で，これにより，ルールの規模は後者が 1/2 になり計算軽減になるが，昨今のコンピュータパワーの急速な進展から考えれば，ルール規模の 1/2 化はあまり意味のないものかもしれない．

図 5.30 二次元セルオートマトン

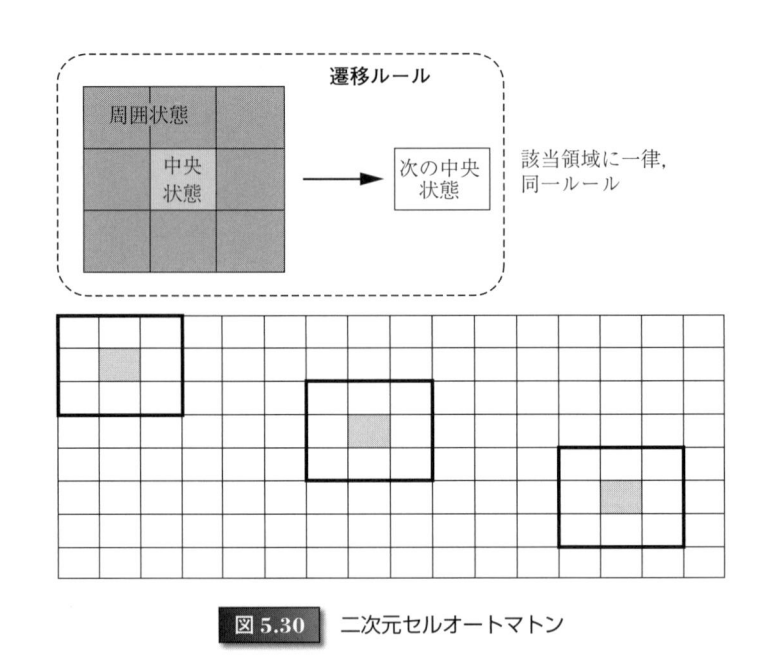

図 **5.31** は二次元セルオートマトンのルールのうち最も簡単で明確なものの例で，そのルールとは，中央セルを中心に周囲 8 セルに含まれる"マークセル（＝1）"の値を引き数に，その数に対して次の中央セルの値を決めるものである．二次元の場合でも不用意にルールを決めると，マークセルがまたたく間になくなってしまう場合や，全てマークセルで充満されてしまう．図 5.31 の場合には，周囲のセルにマークセルが少なくなると，これらが消滅しないように，ルールで 1 を復活させ，逆にマークセルだらけになると，ルールはこれをゼロセルに押し戻すように決められている．ここで示されたルールに従い，適当な初期値からスタートすると，目立った短いパターン寿命はなく，しばらくするとホルスタインの白黒模様に似たものが出現してくる．

5.7 二次元セルオートマトン

	A	B	C	D	E	F	G	H	I	J	K	
1	0	0	1	2	3	4	5	6	7	8	9	周辺セル内の1の和
2	0	0	0	1	1	1	1	1	1	0	0	中心セルの次の値

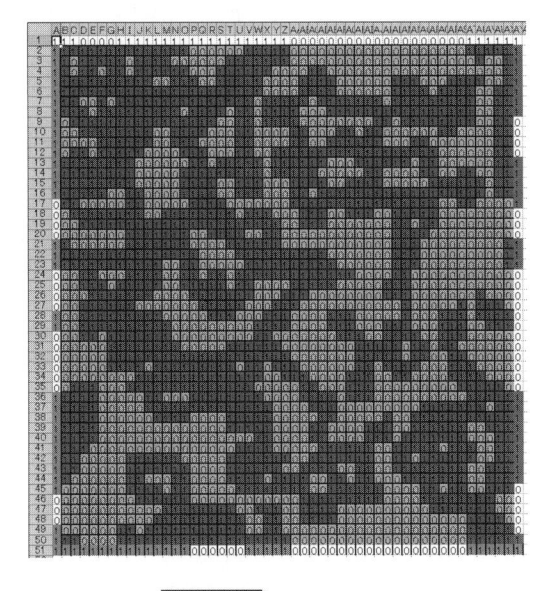

図 5.31 ホルスタインの白黒模様（二次元セルオートマトン）

表ルール	A	B	C	D	E	F	G	H	I	J	K	
1	0	0	1	2	3	4	5	6	7	8	9	周辺セル内の1の和
2	0	0	0	1	1	1	1	1	1	0	0	中心セルの次の値

裏ルール	A	B	C	D	E	F	G	H	I	J	K	
0	0	0	1	2	3	4	5	6	7	8	9	周辺セル内の1の和
0	0	1	1	0	0	0	0	0	0	1	1	中心セルの次の値

図 5.32 二次元セルオートマトン；表と裏ルール

さて，セルオートマトンの各セルの取るべき値を 0，1 の 2 値とすれば，あるルール表の 0，1 を全て逆転させたルール表が得られる．この場合，初期値セルの 0，1 配置も同時に，全て逆転させることにより，ダイナミックシステムとしては全く同じ構造安定結果が得られる．このことから，これら 1 組のルール表を表と裏のルールと呼ぶことにする．**図 5.32** には図 5.31 のホルスタインルールの裏ルールの値が示されている．これら二つの双対的ルールが作り出す二次元パターンの例を**図 5.33** に示すが，当然ながら同じようなパターンが得られることが検証されている．

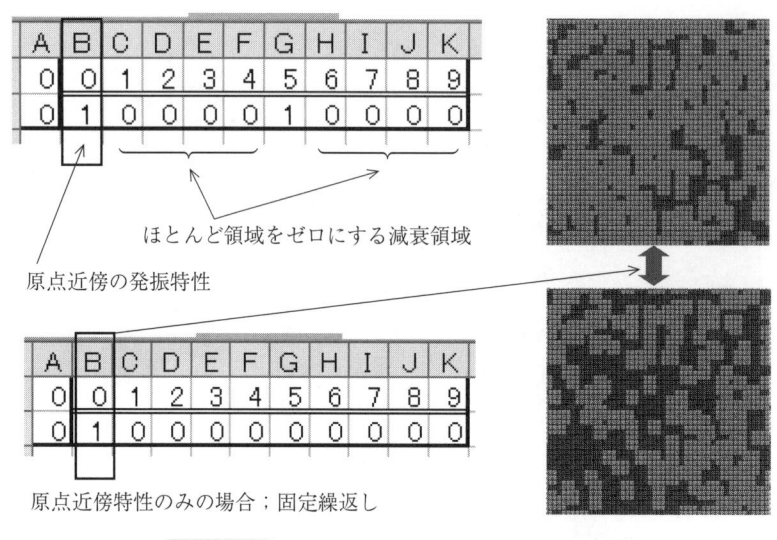

図5.33 二次元セルオートマトンの安定性考察

5.8 ライフゲーム（Life Game）

二次元セルオートマトンで最も有名なのはライフゲームというものがある．ルール表は図5.34に示したように

(1) 周囲8セルの中に三つのマークセルがある場合には，中央に新たなマークセルが誕生する．
(2) マークセルの周辺8セルに2〜3のマークセルがある場合には引き続き生き残る．
(3) 上記（1），（2）以外は中央セルは次世代で死亡（空きセル）する．

ライフゲームの命名の由来であるが，上記（3）のようにある環境において，セルの数が多すぎると種として生き延びられず，環境が整えば（1）のように新たな生命が誕生するというモデルが，典型的な生物群の生き残りルールに例えられるからだろう．

さて，伝統的なライフゲームのセルパターンのごく一部の例を図5.35に示す．図では，固定型や振動型しか掲載していないが，その他実に多くのパターンがあり，"ヨット"の名前で知られている移動型や，長周期型など多くのパターンが研究されている．

ライフゲームのセルパターンに周期性や長寿命性があるのは，実はルールにおいて，5.6節セルオートマトンの解の永続性で述べた二つの原則

(1) 原点付近では発散特性が必要
(2) 原点を含む，ある大きさの閉空間の外側では，収束特性を持つ

が守られているからである．ルール表が図5.34の上に示されているが，(2)に従い周囲にマークセルが増えれば，全体で発散しないように空セルに転換されることが分かる．一方，(1)の原則については，一工夫されていて，新たなマークセルが生まれる条件は少し厳しく制限されている．そのためか，多くの任意の初期パターンの多くは継続せず消滅してしまうのがこのルールの特長である．ところで，当然ながらライフゲームの多様性，長周期性などはそのルールが特にうまく選ばれたというわけではなく，図5.35上のようにオリジナルルールの一部を変えたモデファイ型ライフゲームルールに従ったセルパターンを見てみると，長周期繰返しも，図5.36に示したような固定型，繰返し型などが同じように得られる．

5.8 ライフゲーム (Life Game)

	A	B	C	D	E	F	G	H	I	
1	0	0	0	1	0	0	0	0	0	現在値が0の場合
2	0	0	1	1	0	0	0	0	0	現在値が1の場合
3	0	1	2	3	4	5	6	7	8	周囲セルの1の数

■ルール

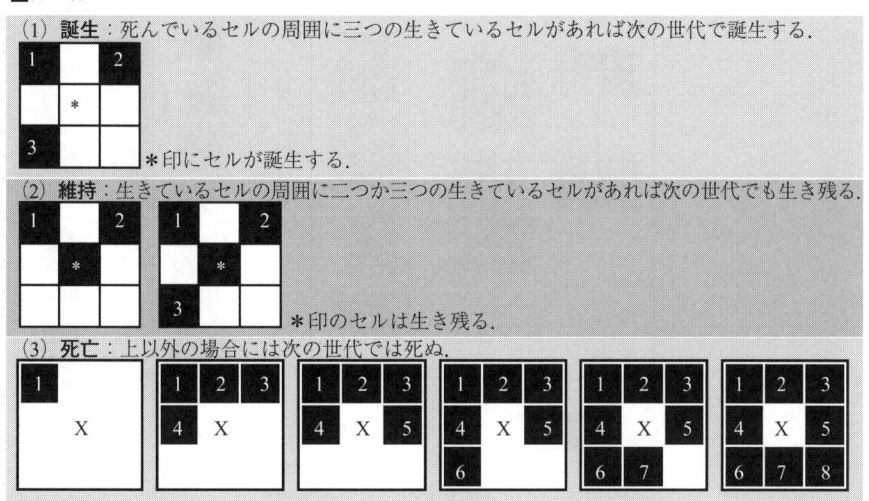

(1) 誕生：死んでいるセルの周囲に三つの生きているセルがあれば次の世代で誕生する．

＊印にセルが誕生する．

(2) 維持：生きているセルの周囲に二つか三つの生きているセルがあれば次の世代でも生き残る．

＊印のセルは生き残る．

(3) 死亡：上以外の場合には次の世代では死ぬ．

ルール要約　『2または3で生き残り．ちょうど3で生まれる．それ以外は死』

図 5.34　ライフゲームのルール表

	A	B	C	D	E	F	G	H	I	
1	0	0	0	1	0	0	0	0	0	現在値が0の場合
2	0	1	0	1	0	0	0	0	0	現在値が1の場合
3	0	1	2	3	4	5	6	7	8	周囲セルの1の数

オリジナルルール表の
C2：1→0
B2：0→1

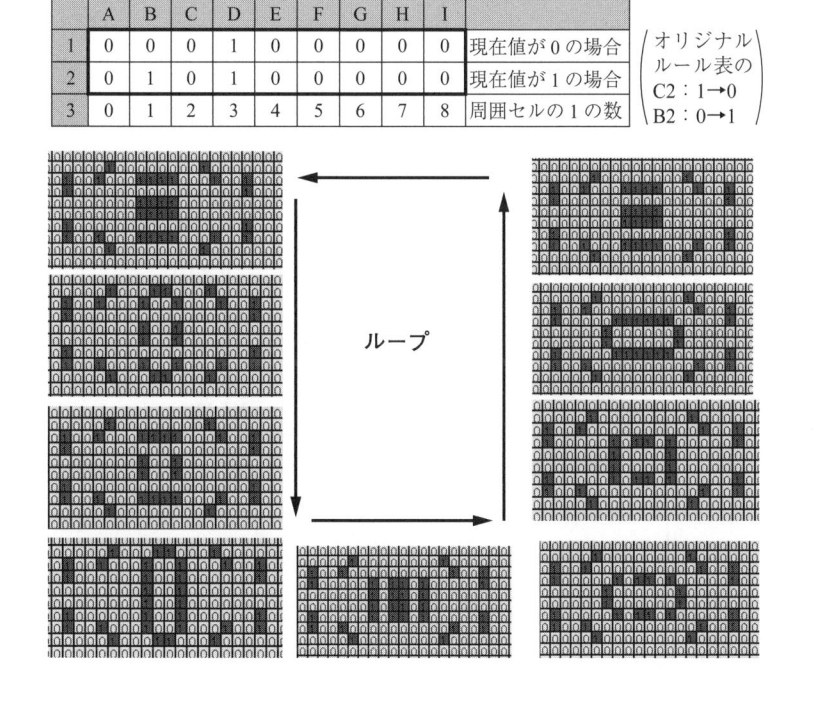

図 5.35　二次元セルオートマトンの周期的パターン

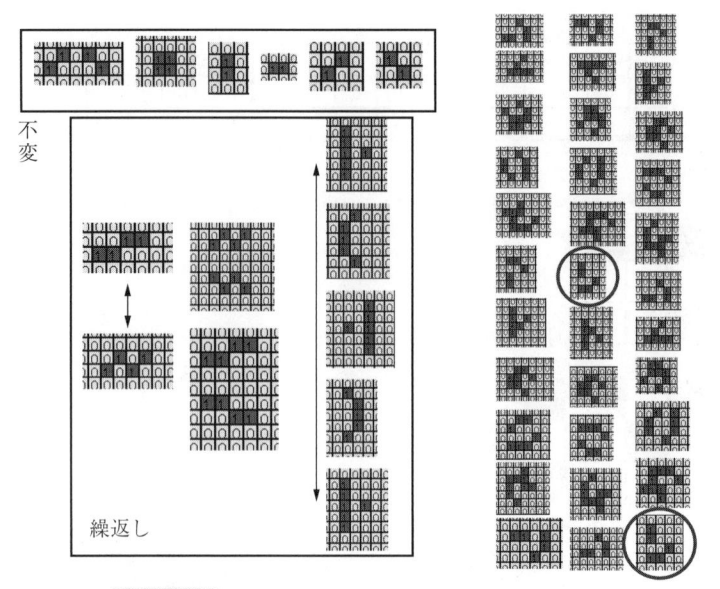

図 5.36 ライフゲームと同じようなセルパターン

5.9 分　岐

　非線形システムが，あるパラメータ推移の中で構造安定姿態が変遷する現象を"分岐"という．その代表例として"フォーク型分岐"の例を**図 5.37** に示す．図 5.37 には二つの例が示されているが，効果としては，その第 2 行目

$$\dot{Y} = -Y - X^2 \tag{5.13}$$
$$\dot{Y} = -Y - |X| \tag{5.14}$$

の二つを見ると，X の Y への変化が，前者も後者も共にその極性が消された形になっていて，本質的には同じであることが分かる．ここで，分岐を起こす"分岐パラメータ"は μ であり，**図 5.38** に示すように $\mu<0$（負の値）の場合には，X，Y 共にゼロに収束する一方，$\mu>0$（正の値）の場合には，X はプラスに，Y はマイナス値となって分離していく．この解釈として，$\mu<0$ の場合は X，Y の作る二つの一次ループは共に負帰還となり，更に X，Y を貫く外側の二次ルールはその中に絶対値関数が含まれているので，常時負帰還として働き，外部入力がないので全体的には全ての要素の値は減衰する．

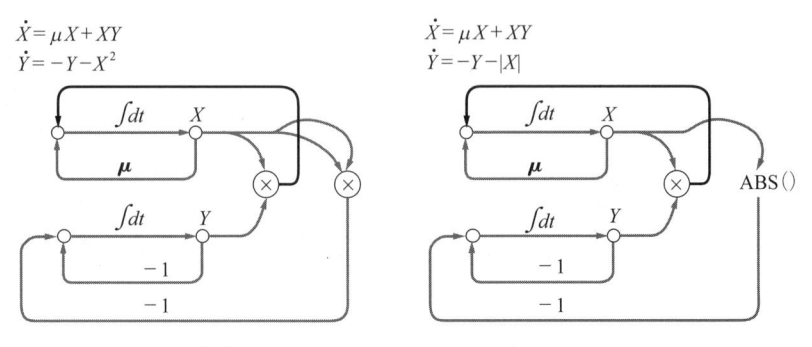

図 5.37 フォーク型分岐；分岐パラメータ μ

5.9 分　岐

図 5.38 分岐パラメータ "μ" と分岐の様子

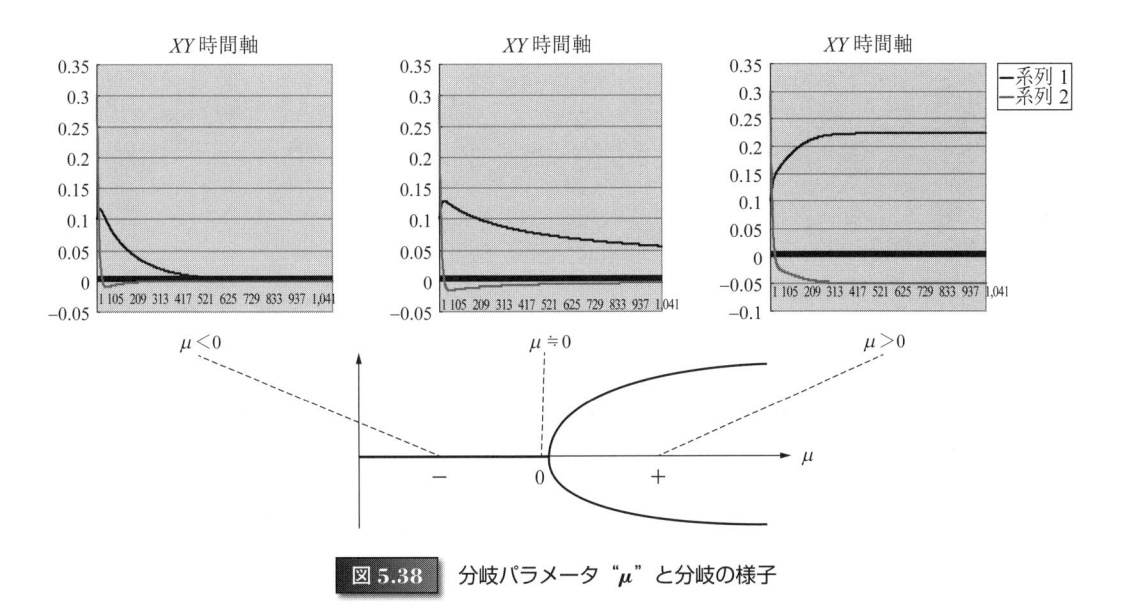

ここで，$\mu>0$ の場合には X の一次ループが正帰還となり，発散基調になり，引きずられて Y の絶対値も逆極性ながら増加していく．このとき，その値は外側二次ループを伝って，大きなマイナス値として X ループに加えられることになり，結局 X は μ の発散基調と逆極性入力値のバランスで一定値に収束することになる．

図 5.39 は別の分岐現象の例を示すものである．基本は二次の発振系であるが，その帰還路が単純な係数 "g" ではなく，$\sin(\theta)$ の項と $\cos(\theta)\times\sin(\theta)$ の二つの項が係数 "$-g/R$" と "$+\Omega^2$" とで加算されている．これは，例えば係数 "g" の大小で二つの係数のどちらかが主成分となるというスイッチング構造をしているのである．そこでこの二つの項の和出力が θ に対してどのような出力を呈するのかを示したのが**図 5.40** である．図中，濃い破線①が第 1 項を，淡い破線②が第 2 項を示し，両者の差で白抜き実線③が $f=(g\times①)-②$ として示されている．ここでパラメータ g が 1 の場合は 1 が優位に，そこから g を 0 へ向かって小さくしていくことにより②が徐々に優位になっていく様子が分かる．ここで重要な点は，図 5.40 最

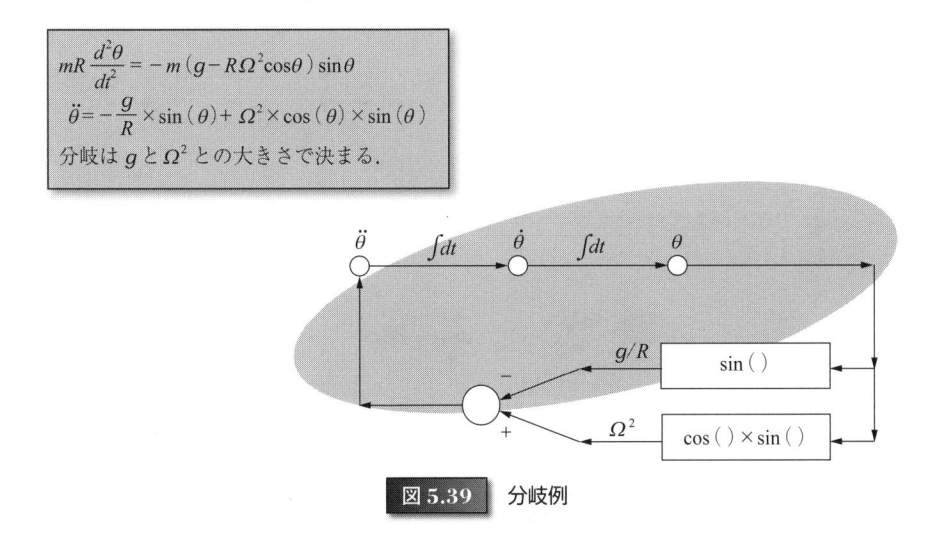

$$mR\frac{d^2\theta}{dt^2}=-m(g-R\Omega^2\cos\theta)\sin\theta$$
$$\ddot{\theta}=-\frac{g}{R}\times\sin(\theta)+\Omega^2\times\cos(\theta)\times\sin(\theta)$$

分岐は g と Ω^2 との大きさで決まる．

図 5.39 分岐例

5 古典的非線形システムを読み解き制御へつなぐ

濃い破線； ① $\sin(\theta)$
淡い破線； ② $\cos(\theta) \times \sin(\theta)$
白抜き実線；③ $f = (g \times ①) - ②$

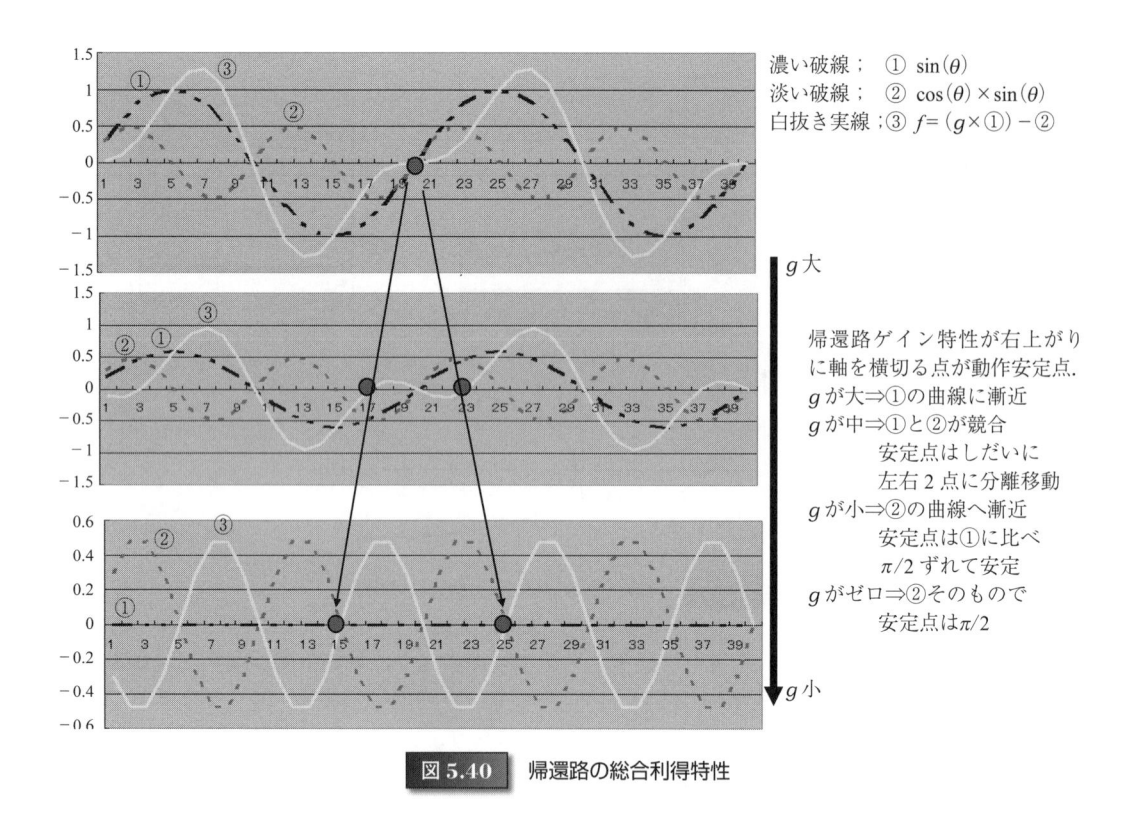

帰還路ゲイン特性が右上がりに軸を横切る点が動作安定点．
gが大⇒①の曲線に漸近
gが中⇒①と②が競合
　　　安定点はしだいに
　　　左右2点に分離移動
gが小⇒②の曲線へ漸近
　　　安定点は①に比べ
　　　$\pi/2$ ずれて安定
gがゼロ⇒②そのもので
　　　安定点は$\pi/2$

図 5.40 帰還路の総合利得特性

上図の③の曲線が右上がりに横軸を横切る近傍が通常の二次発振系の動作点であることを抑えておく必要がある．すなわち$\theta = 0$を中心にそれは発振するのである．次に同図中央に移ると，①が小さくなったので，②がそれだけ優位になり動作中心たる"横軸との交差点"は$\theta = 0$からしだいに$\theta = \pm\Delta\theta$へと移動していくことが分かる．これこそ，発振が$+\Delta\theta$かあるいは$-\Delta\theta$を中心に発振しだすことになる．ここに"分岐"が発生したのである．更にgを小さくしてg

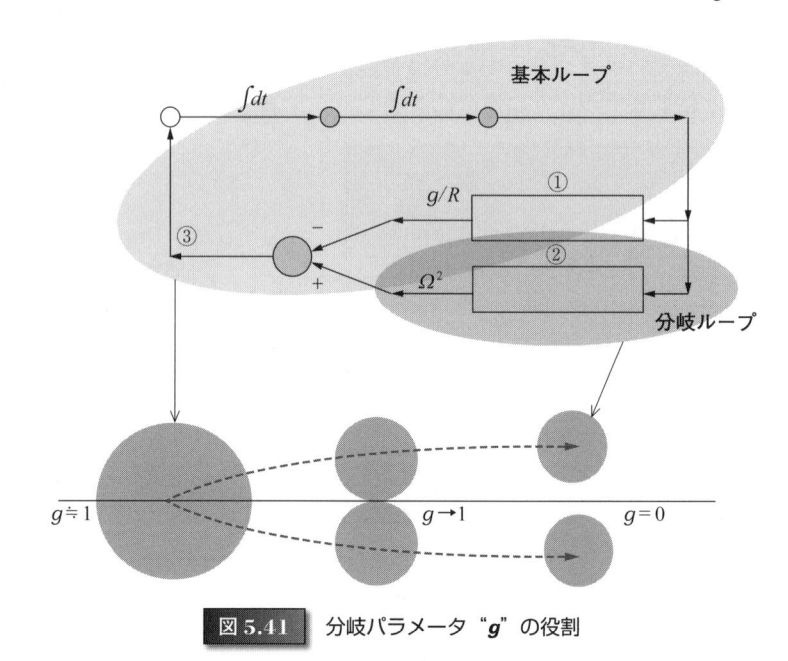

図 5.41 分岐パラメータ "*g*" の役割

=0 とすると $f = -$ ② となり②だけが残ることになり，動作点たる横軸との交差点は $\pm\pi/2$ に移る．ここで分岐の変化は終了する．**図 5.41** が分岐の様子を示した図で，$g \fallingdotseq 1$ 近傍では同図の基本ループ（①）が有意に働き，そのときの帰還路の係数は $\sin(\theta)$ であるが，$\theta \fallingdotseq 0$ 近傍では $\sin(\theta) = \theta$ であるので，平凡な二次発振系として動作する．このときの発振動作の位相図（$\theta - \dot{\theta}$）が同図下の左側の一つの円で表されている．次に $g \fallingdotseq 0.5 \sim 0.6$ 程度になると分岐ループの成分（②）も見えてくるので分岐が起こり，位相図も二つの円に分かれその中心は，$g \rightarrow 0$ に向かうに従って大きくなり同図下右端の位置で安定する．

図 5.42 は実際に Excel で数値計算した結果を示しており，位相図の変化は $g = 1$ 近辺では真円に近い一つの円が解になっている．次に $g = 0.5 \sim 0.6$ 近辺では位相図が真円からかなりひずんだ形になり，$g \fallingdotseq 0$ に近づくとついには二つのひずんだ円に分岐していくことが示されている．

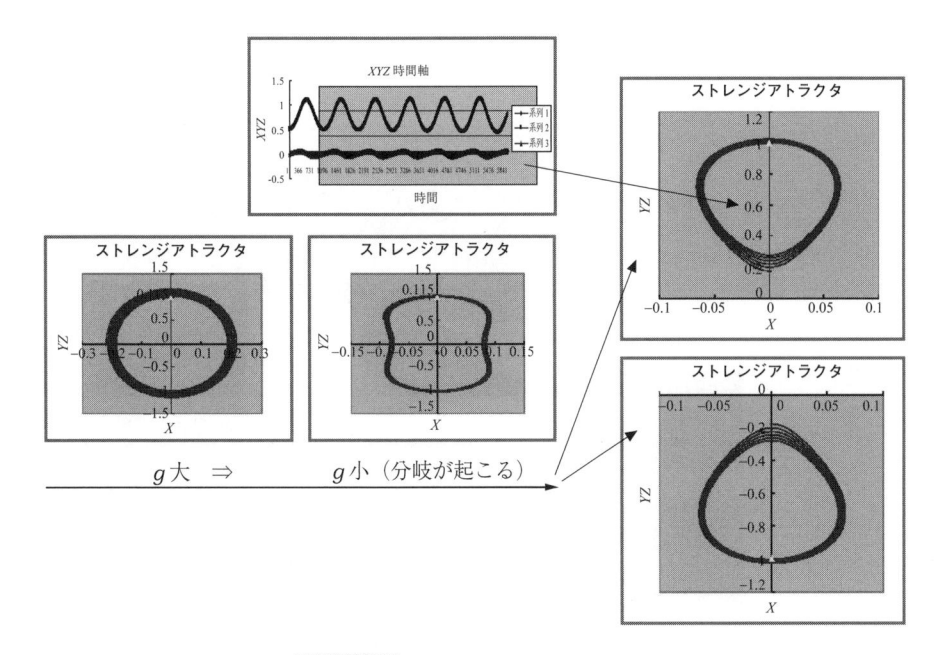

図 5.42 分岐が発生している状態

さて，この例の帰還路の非線形性は周期関数であることを思い起こすと，先の"N 重リミットサイクル"のときに示したように，系の状態変数 θ の初期条件を幾つか変えていくと，別の分岐状態が観察できる．是非，試して頂きたい．

5.10　捕食-被捕食間ダイナミクス；2体問題

長い地球の歴史の中で，食べたり食べられたりする弱肉強食の関係で，今なお続いている例は多い．例えば，**図 5.43** のオキアミとクジラとの関係，小魚とサメ，ウサギとキツネなど一方的に食べられるだけの種とそれをひたすら食べ続ける種の関係が多く見られる．この例では，サメが多くなると餌は減り，餌が減るとサメも減る．サメが減ると餌の旺盛な出生率が活きて個の数は回復する．すると，サメも再び増加するという大きな無限ループが構成される．また，別の形としては"托卵"という不思議な関係もある．**図 5.44** はカッコウがオオヨシキリの巣

● 2 種類の生物の場合

$$\begin{cases} X_{n+1} = aX_n \cdot (1 - X_n - Y_n) \\ Y_{n+1} = bY_n \cdot (1 + cX_n) \end{cases}$$

：餌食
：捕食者（サメ）

サメが多くなると餌は減る！
餌が多いとサメは増える！

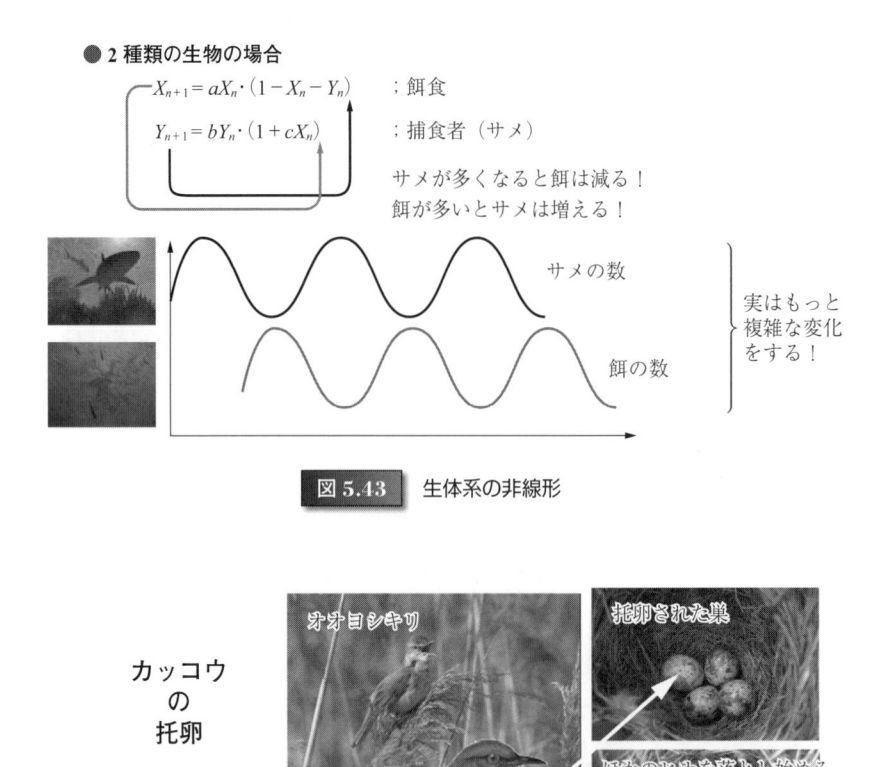

サメの数
餌の数

実はもっと複雑な変化をする！

図 5.43　生体系の非線形

図 5.44　カッコウの托卵

に自分の卵を産み付ける習性で，カッコウのヒナがふ化した後にまずすることは，他のオオヨシキリのヒナを巣の外に押し出して，自分が占領することである．カッコウのヒナはオオヨシキリのそれより大きく，そのような仕業は極めて簡単にできる．カッコウのヒナだけになった巣にオオヨシキリの親はせっせと餌を運んでくる．カッコウのヒナはまたたく間に親よりも大きくなりながらも餌をもらい続け，そしてあるとき巣立っていく．オオヨシキリの努力は自己種族の再生には全く寄与できず無駄骨に終わる．カッコウは次の季節も托卵のターゲットを探す．しかし，そのようにして托卵し続けて，オオヨシキリが減ってしまっては，今度は托卵ができず，自分も滅んでいってしまう．もちろん，自然界では**図 5.45**のようにオオヨシキリの代わりにオナガ，モズ，ホオジロなども托卵のターゲットとなるのである．さて，そのような強弱が明白な関係が延々と続けていけるダイナミクスはどのようなものなのであろうか？

図 5.46には捕食-被捕食関係の一例としての，ウサギとキツネの関係を示したもので，そのダイナミクスは

5.10 捕食−被捕食間ダイナミクス；2体問題

カッコウのその他の標的

かつてホオジロはさんざんカッコウに托卵されていて，その時代にカッコウはホオジロの卵そっくりの卵を産む段階にまで達した．ところが，ホオジロの方が高い卵識別能力を獲得したために，カッコウは托卵できなくなってしまい，オオヨシキリやモズなどに相手を乗り換えたわけである．

図 5.45 カッコウの托卵；更なるターゲット

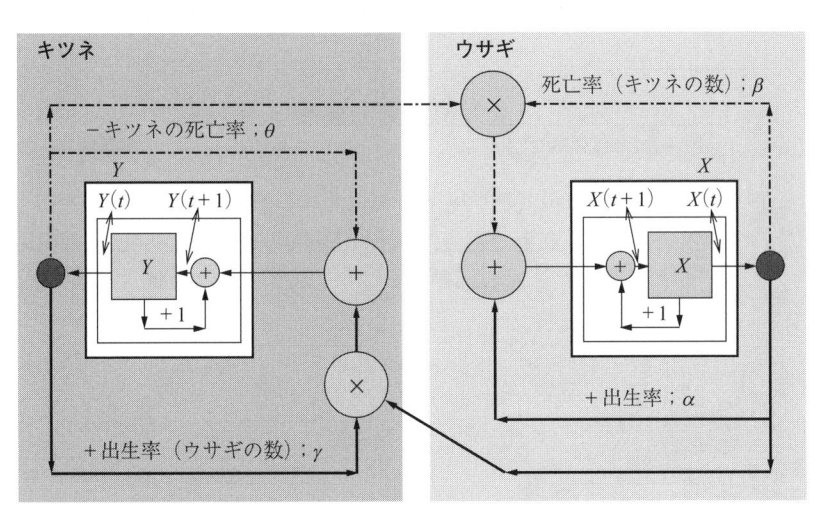

$$X(t+1) = X(t) + (\alpha \cdot X(t) - \beta \cdot Y(t) \cdot X(t)) \cdot \Delta T$$
$$Y(t+1) = Y(t) + (\gamma \cdot X(t) \cdot Y(t) - \theta \cdot Y(t)) \cdot \Delta T$$

図 5.46 ウサギとキツネの生延びモデル

$$X(t+1) = X(t) + (\alpha \cdot X(t) - \beta \cdot Y(t) \cdot X(t)) \cdot \Delta T \tag{5.15}$$
$$Y(t+1) = Y(t) + (\gamma \cdot X(t) \cdot Y(t) - \theta \cdot Y(t)) \cdot \Delta T \tag{5.16}$$

で表すことができる．

ここで，X：食べられるウサギ，Y：食べるキツネ，ΔT は差分時間刻みを各々表す．

X の次世代における数 $X(t+1)$ はその出生率 α で増加し，その死亡率は Y により餌にされることが死亡の最大の要因だとすれば，死亡率は $\beta \cdot Y$ の積で表現される．

一方，Y は誰からも食べられないとすれば，その死亡率は本来の値 θ で決定され，その出生率は餌としての X が多いほど栄養状態，生存環境が改善されて出生数が増加すると仮定すると，Y の出生率は $\gamma \cdot X$ の積で表されるというのが一つのモデルである．式 (5.15) と式 (5.16) に

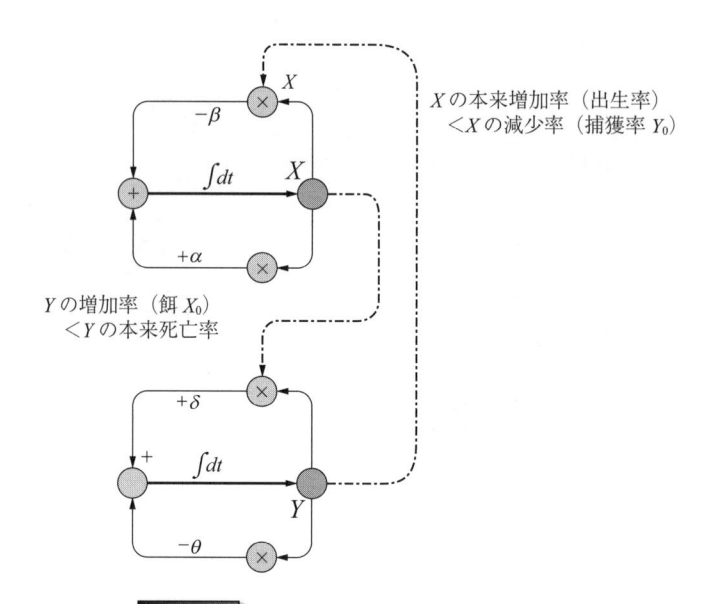

図 5.47 捕食-被捕食間のダイナミック表現

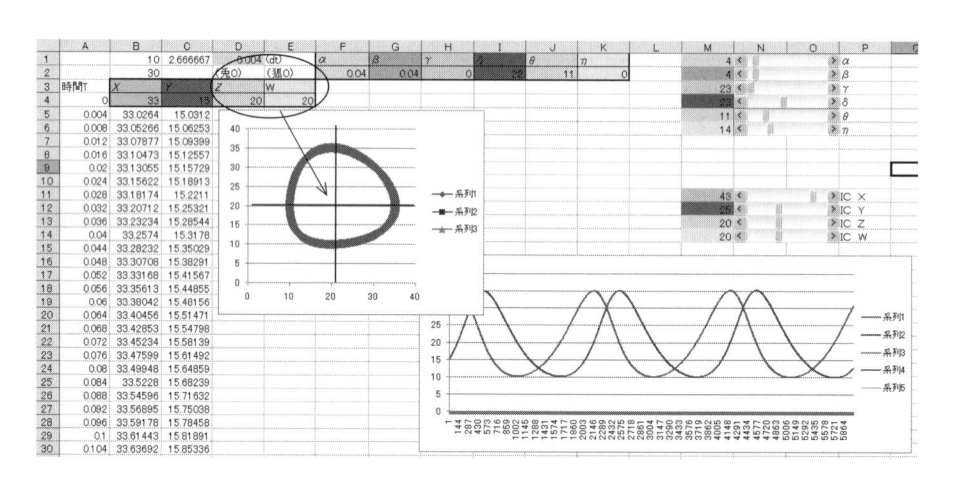

図 5.48 捕食-被捕食の系が作る周期安定

従って時間解を描いたものが**図 5.47** であり，X と Y は互いに増えたり減ったりのループを描き，恒常的な周期パターンを示すことが分かる．これが，捕食-被捕食間の関係が長年続くことの解になっていることが分かる．この問題の特徴は出生率や死亡率が 2 種類の種の数の積となっている点で，最も非線形システムの本質を表しているといえる．

この問題の発展としては
(1) 捕食-被捕食の 2 体問題から N 対問題に拡張する．
(2) X，Y のダイナミクスが実は外部環境の制約を受ける場合
の二つについて，後に考察してみる．

6 これからの非線形システムはこう操れ

　非線形システムが持つ魅力的かつ無限の多様性について記してきた．そこには，線形システムが持つ退屈な静的安定に代わる動的安定解とそこへ至るエネルギーゼロ近傍からの成長，発散，創発過程があり，更にその動的安定も単一姿態だけではなく，状況に応じて幾つもの姿態をとることができ，隣接する別のシステムと干渉し，同期現象さえ起こすことが分かった．

　さて，これからが本書の目的である"非線形システムを意のままに操る手法"について述べることとする．従来，多くの非線形システムや複雑系の著書が出版されているが，それらのほとんどが，様々な非線系システム固有の特性解明が主で，そのシステムのパラメータによる姿態変化や，システム変動に対する感度解析が専らであった．

　本書では，非線形システムへのアプローチを変えて，そのシステム特性がどのような構造に由来しているのか，そして求める特性を得るためにはどのような構造を具備，変更すればよいか，更に，そのための手段としてのオルタナティブについて議論し，システム制御の立場で最も経済的かつ合理的な構造を検討していく．もちろん，非線形系こそその難しさでエレガントに統一的に議論を展開することは不可能なことは自明であるが，ここは著者が門外漢であることを省みず，あえてそのようなアプローチをとってみることとしたい．

6.1　2体問題（環境制限の影響＋ルール制御）

6.1.1　環境制限の影響；システム安定化の一手法

　非線形システムとして昔から親しまれ，多くの文献で検討されてきた"捕食-被捕食ダイナミックシステム"から，ここでは議論を始めたい．まず，そのようなシステムの例としては，
（1）動物界の加害-被害関係の2種間のダイナミズム
　　・サメ-餌の小魚
　　・キツネ-ウサギ
　　・カッコウ-オオヨシキリ，オナガ（托卵）
（2）社会システムにおけるプロモータと一般人（善悪両面あり）
　　・詐欺師-被害者

・吸血鬼-人類

・ファンド-投資家

などが考えられる．(2)の例ではマイナスイメージの系の名前が目立ち，悪しき存在との誤解を与えかねない．確かに，そのような側面を秘めてはいるものの，システムが永続，成長するためには，常にエネルギー増加，維持が不可欠であり，線形系では単純に

・エネルギー極小点への収束

・無限大への発散

の二つしかなく，実際にどこにでもある穏健な社会システムは，上記二者の中間に安定的に存続し続ける姿態が必要なのである．

図 6.1 を見てみよう．(5 章で述べた) カッコウとオオヨシキリとの間の托卵システムに従う 2 種の個体数の変化を表した図であるが，もしオオヨシキリがカッコウの托卵に負けて，種の保存に必要なヒナを育てられない場合には，カッコウがオオヨシキリだけを頼りに托卵をしていたとすると，オオヨシキリが絶滅へ向かうだけでなく，カッコウまでもが絶滅の道を歩むことになり，長い歴史の中で双方とも消え去っていたことになる．ところが，現在も営々とこの托卵が続いているということは，システムとしてある種のダイナミックな安定解が存在するということを表している．

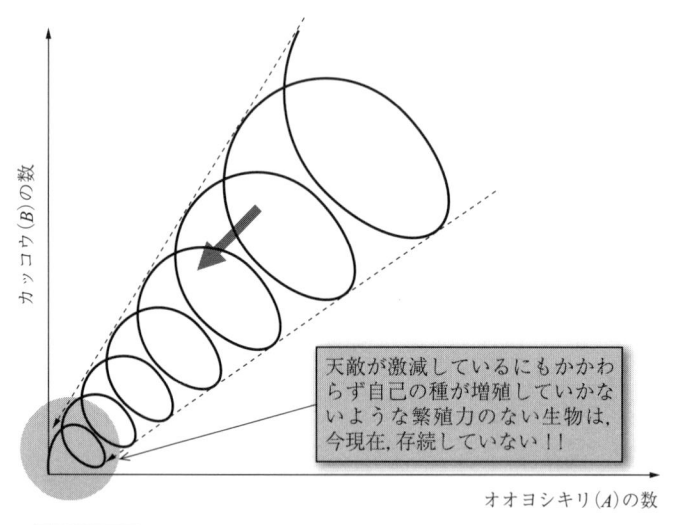

図 6.1 カッコウとオオヨシキリの種数に関するダイナミズム

"捕食-被捕食系"は基本的には系を構成する 2 種 (X, Y) だけの関係を定式化したものであるので，周囲の環境パラメータにかかわらず，その式を満たす限りこれら二者の総和エネルギーがどんどん増加していく過程もあり得る．**図 6.2** は，リーマンショック前後の株価を表したもので，株価は全世界の実需を度外視してどんどん増加していき，ついには余りに実需，実態経済の規模との乖離に不安になった金融システムが，破綻を起こした様子を示しており，品目によっては半値にまで下がったものもある．**図 6.3** はこのようなモデルを図示したもので，当該 2 種 (X, Y) だけであればどこまでもそれらの活動は増加し続けていく可能性を有しているものの，実際の社会では

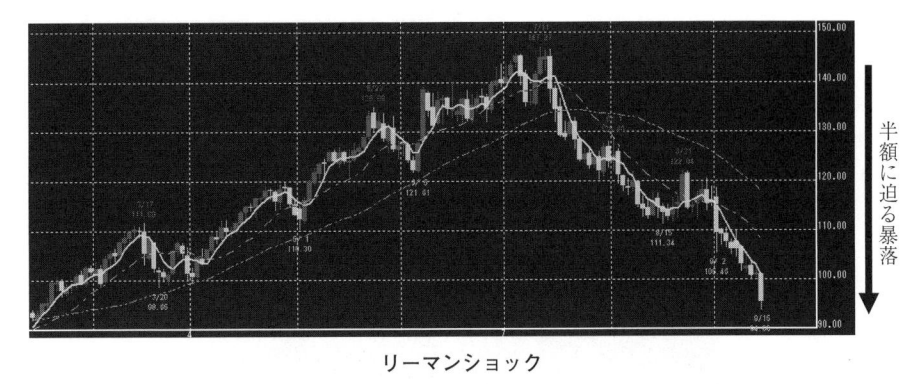

6.1 2体問題（環境制限の影響＋ルール制御）

図 6.2 リーマンショックにおけるある原油価格の暴落

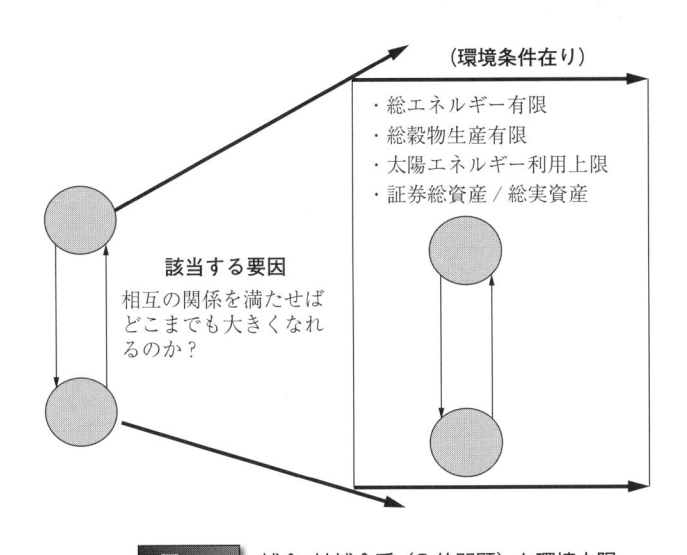

図 6.3 捕食-被捕食系（2体問題）と環境上限

・地球規模での総エネルギー有限
・地球規模での総需要有限
・地球規模での総穀物生産量有限
・地球規模での太陽（再生可能）エネルギー有限
・証券市場における，証券総資産 / 総実資産の割合

など，多くの天井値が存在する．昨今，中国市場の急進を受けて"○○年以内に中国経済規模は米国を抜いて第一になる"というような記事に枚挙の暇もない．確かに，それは絶対的に不可能な事実ではないが，現在，中国経済伸張の源泉たる欧米，他のアジア市場規模に対して中国市場規模がまだ小さく，地球規模での諸要素有限を無視できた時代の線形外挿予測に見え，多少稚拙な市場予測の域を出ない感が強い．

図 6.4 に示したように，ウサギは野にあってはキツネの餌になるかもしれない．その中で現在もその種が存在するということは，その出生率が高いことが背景となっている．ところが，ウサギは地球表面に繁茂する草を食料としている限り，どこまでも増え続けることはできない．

図 6.5 は生態系における種の個体数の飽和現象を説明した図で，ある出生率 k を前提に話を

ウサギは何を食べて生きているのか？

それは，無尽蔵か？

図 6.4　ウサギはどこまでも増え続けられるか？

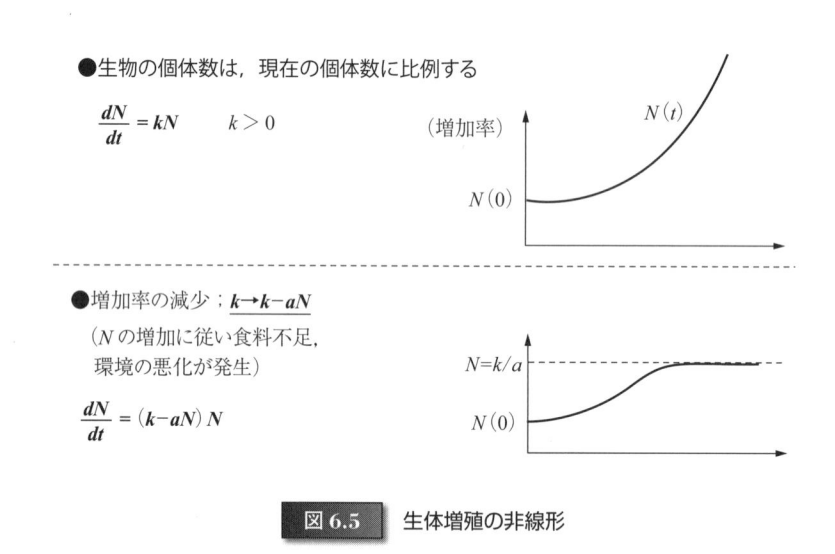

● 生物の個体数は，現在の個体数に比例する

$$\frac{dN}{dt} = kN \quad k > 0$$

（増加率）　$N(t)$　$N(0)$

● 増加率の減少； $k \rightarrow k - aN$
（Nの増加に従い食料不足，環境の悪化が発生）

$$\frac{dN}{dt} = (k - aN)N$$

$N = k/a$　$N(0)$

図 6.5　生体増殖の非線形

進めると，その種の増加数 dN/dt は

$$\frac{dN}{dt} = kN \tag{6.1}$$

で表せる．すなわち，個体数 N の増加は，N 自身に比例するということを示している．これは直感的にも短期的予測の観点からも理解できる．しかし，式 (6.1) から導かれる N の時間関数 $N(t)$ は

$$N(t) = \frac{1}{2}kN^2 \tag{6.2}$$

となり，明確な発散関数である．生物の種の個体数は発散関数で，いずれ破綻をきたすものだと理解すると，今生きている多くの生物がそのような不幸なルールに従ってこなかったからこそ，今まで生存し続けているということが理解できる．

人類も現在は増加の一途ではあるが，その二次微係数は既にマイナスとなり，式 (6.2) の

ような一本調子の発散関数にはなっていない．それはなぜであろうか？

地球上のある種がある規模で存在し続けられるためには，個体数 N が大きくなるに従い，増加係数 k を打ち消すような働きがどこかに仕組まれる必要がある．その一つが N^2 に比例して k を打ち消すというモデルである．すなわち式 (6.1) の k を

$$k \longrightarrow (k - \Omega N) \tag{6.3}$$

のように書き換えることにより，$(k - \Omega N) = 0$ で $dN/dt = 0$ を満たすことから

$$N = \frac{k}{\Omega} \tag{6.4}$$

を上限にして，N の数が制限されることになる．Ω を飽和係数と呼ぶ．

図 6.6 は捕食-被捕食系システムのうち，被捕食の種に対して上記のような飽和特性を付したモデルを示したものである．このようにすると，システムのダイナミズムが一体どう変わるかが最大の興味ポイントである．

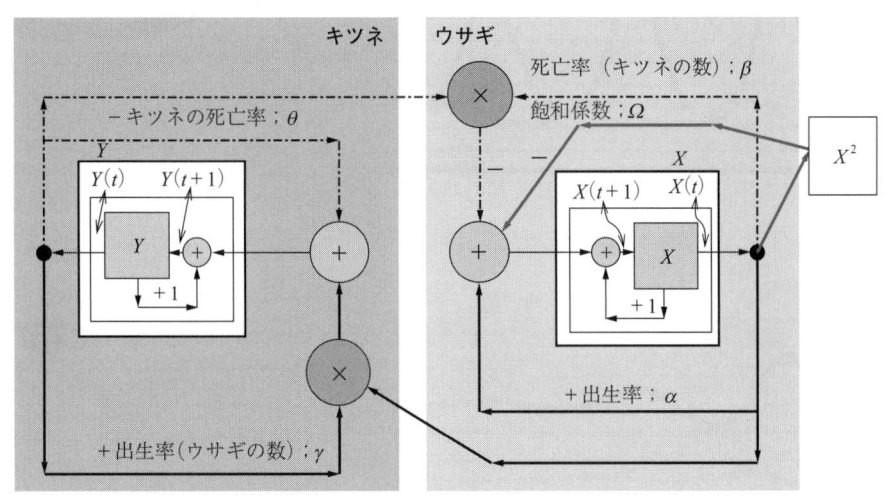

$$X(t+1) = X(t) + \{\alpha \cdot X(t) - \Omega \cdot X \cdot X - \beta \cdot Y(t) \cdot X(t)\} \cdot \Delta T$$
$$Y(t+1) = Y(t) + \{\gamma \cdot X(t) \cdot Y(t) - \theta \cdot Y(t)\} \cdot \Delta T$$

図 6.6 捕食-被捕食系に繁殖飽和条件を付したモデル

図 6.7 がその様子を示している．この図では Ω をパラメータにして，三つの値でシステムダイナミクスが示されている．同図上は飽和係数 $\Omega = 0$，すなわち飽和特性条件なしの場合で，教科書どおりの定周回軌跡を呈している．この状況で Ω に値を入れていくと，まず $\Omega = 0.0072$ と小さな値を設定してみると，今までの定周期性が崩れ，二つの変数 (X, Y) はある平衡点を求めてそこへ向かいつつあることが見て取れる．これを明確にするために，Ω を更に大きくしてみると ($\Omega = 0.053$) 周回軌跡は数回の回転の中で $X \fallingdotseq 2, 5$，$Y \fallingdotseq 1, 2$ の平衡点に収束していくことが分かる．

今まで捕食-被捕食系のパラメータを変化させても，単に周期軌道の形が変わるだけで，平衡点が現れることがなかったが，この系に飽和特性を付加することにより，システムダイナミクスの本質が変化することが重要な点である．

さて，**図 6.8** は定周回軌跡の中心点を図示したもので，これは 2 変数 (X, Y) の微分方程式の左辺をゼロとすることから定周回軌跡の上下左右の 4 変曲点が求まるので，このような図が

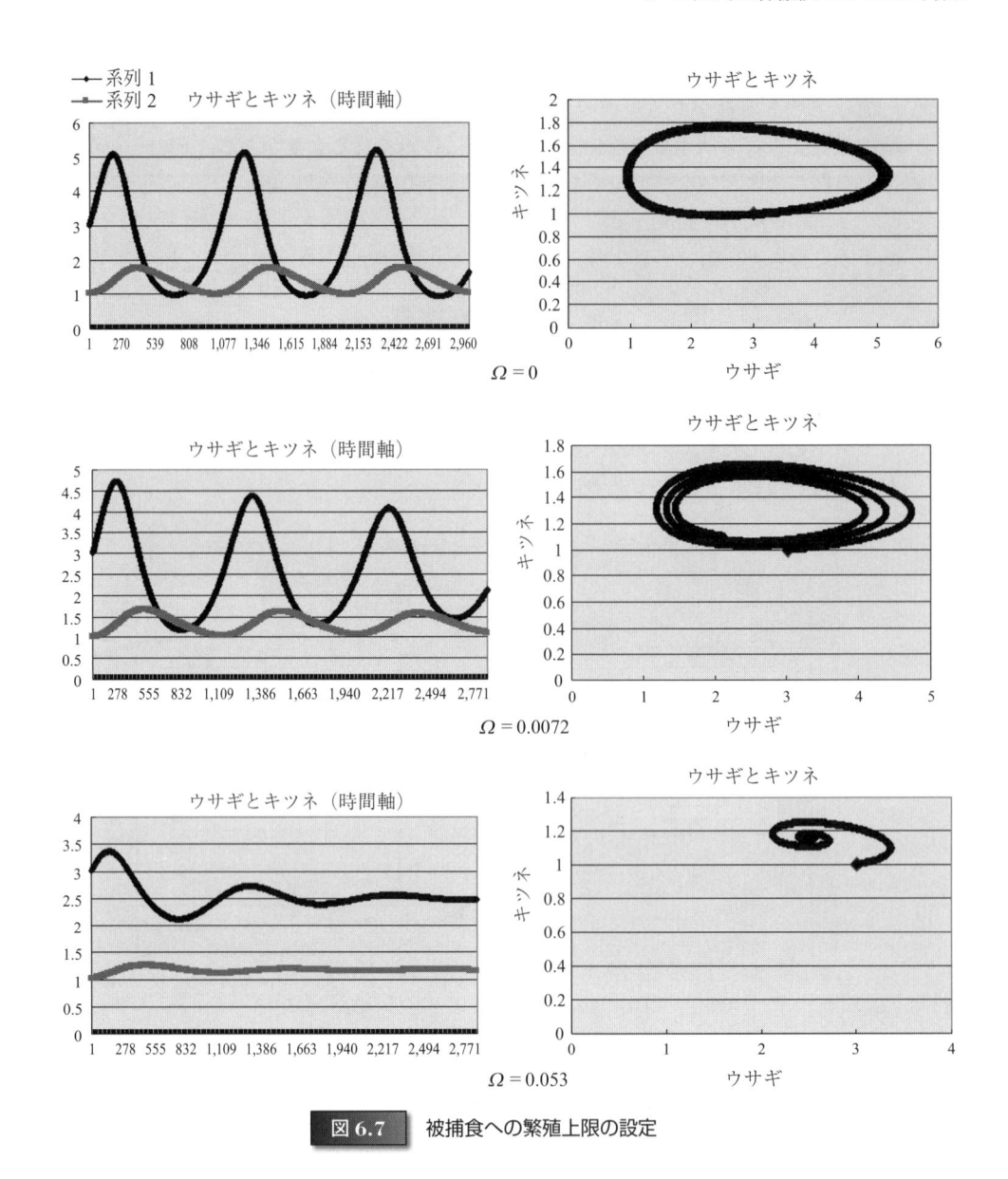

図 6.7 被捕食への繁殖上限の設定

描ける．これから，定周回軌跡の中心点 P は（各パラメータは図 6.6 参照）

$$P ; \left(\text{係数 } Y \text{ のパラメータ } \frac{\gamma}{\theta}, \text{ 係数 } X \text{ のパラメータ } \frac{\alpha}{\beta} \right) \tag{6.5}$$

で決定され，X, Y に対する出生率と死亡率の比率を変えることで中心点 P は動かすことができる（いずれも出生率 / 死亡率の比）．

更に，今回の飽和特性を導入した場合には，その収束点 P_s は

$$P_s ; \left(\frac{\gamma}{\theta}, \frac{\alpha}{\beta} \left(1 - \Omega \left(\frac{\theta}{\gamma} \right) \right) \right) \tag{6.6}$$

となり，飽和パラメータ Ω を大きくしていくと中心点 P_s は Y 軸に沿って下がっていくことが示される．

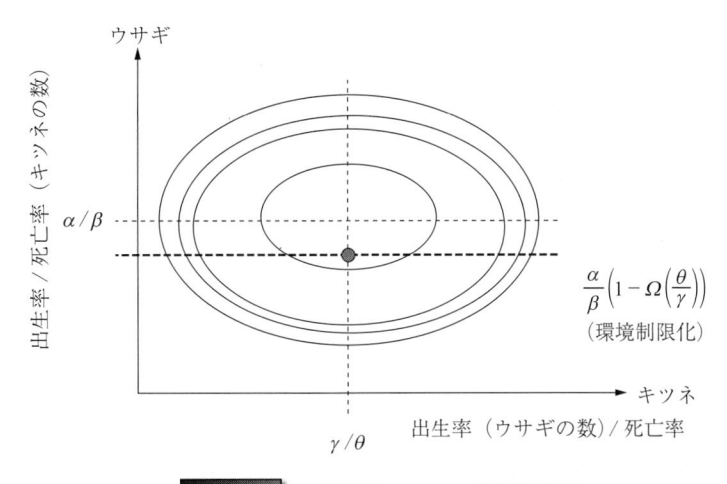

図6.8 ２体問題；X, Yの位相遷移図

6.1.2 ハードリミッタ導入

　飽和特性を導入することにより従来動的安定系として知られていたダイナミックシステムが静的安定系になることが分かった．そこで，この飽和特性は何も式 (6.6) のように滑らかな数式で定義するだけでなく，最も簡単な場合はハードリミッタを入れることも考えられる．図 **6.9** にその例を示す．同図右上のようなハードリミッタを準備し，これを X, Y の変数出力側のどちらかに挿入することにより，入れた側の変数がリミットされるようになる．

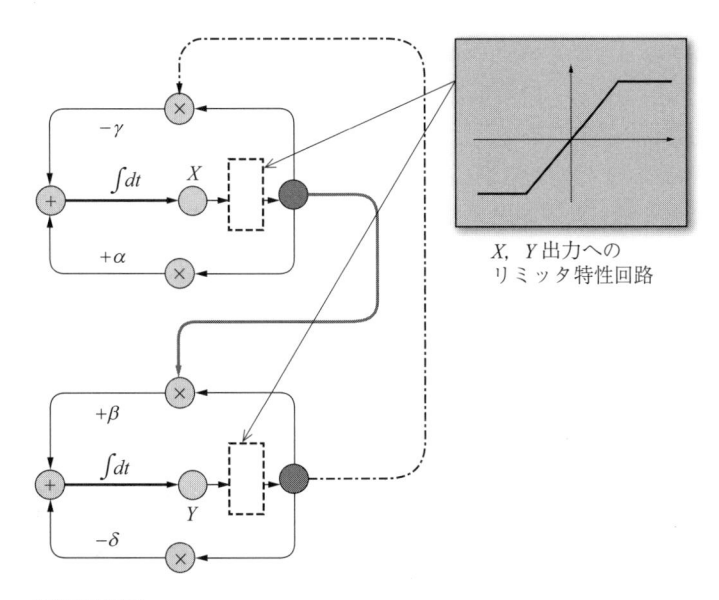

図6.9 捕食-被捕食間のダイナミックシステムへのリミッタ特性導入

　図 **6.10** にハードリミッタの効果を示す．同図上がリミッタなしの場合で，システムダイナミクスの設定は，徐々に周回軌跡が大きくなってしまう場合をベースにリミッタ効果を入れたのがその下の図であり，被捕食側 X にリミッタが入れてあり，図では $5<X$ に設定した．これにより，X は上図と比較すると $X=5$ でリミットされている間に Y が増加していき，ついには

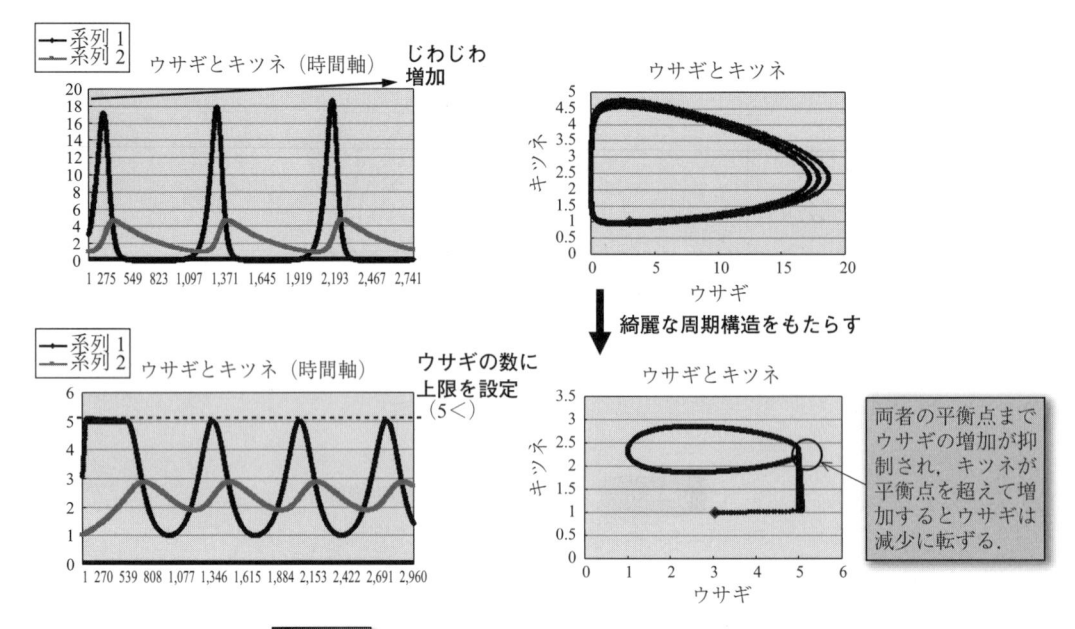

図6.10 被捕食種の数に上限をハードリミットした場合

Xは減少過程に入り，ここからは減少していく．その後はリミッタの影響は全くなくなるので，連続系と同じ滑らかな軌道を描くようになる．リミッタの場合には，本来定められたシステム方程式の中で状態のエネルギーをやり取りしながら新たな平衡点を模索していく連続系と違い，強制的に状態変数がリミットされるため，この強制状態の中で相手側の変数だけの変化の中で新たな平衡点まで推移し，そこから連続系へ戻ることになる．そのためにリミッタでは平衡安定点に双方の変数が収束するという過程はなく，あくまでリミッタ規制下で可能な周回軌道に収まるという過程をとる．これが，連続飽和系との違いである．

リミッタはX，Yのどちら側に入れても，系の安定性実現は満たされることは述べたとおりであり，これを示したのが図6.11の例である．この場合には，先ほどX側へ入れたリミッタがY側に入っている．リミッタ効果が図よりY側に移るもののその効果は先ほどの場合と全く同じであることが分かり，結果的には小さな周期軌道が定常解として現れている．

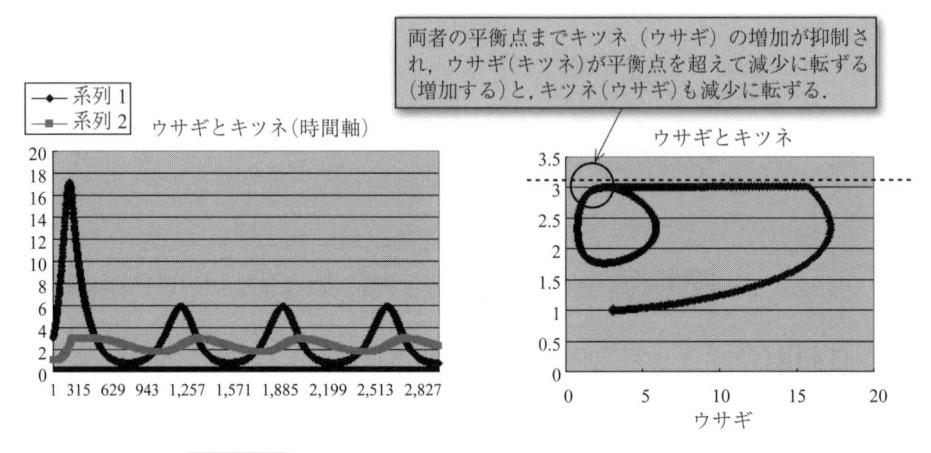

図6.11 捕食種の数に上限をハードリミットした場合

6.1　2体問題（環境制限の影響＋ルール制御）

　環境条件，制限がシステムの安定に大いに関わることを示してきたが，ここでは別の例を示そう．図 6.12 においては野原にヤギとウサギが生息しているモデルである．両者は捕食関係にないので，その生息数は専ら自身の出生率と死亡率で決まる．ただし，両者は同じ野原に住んでいるので，餌の総和は両者の生息を制限する．すなわち，捕食がヤギとウサギの組で，被捕食が草ということになる．ここで草の総和は地勢的条件で上限が存在することが仮定されている．結果は，同じように草とヤギ，ウサギとの三者に平衡点が存在し，そこへ向かって収束していくことが分かる．本書冒頭で記したように，システムを取り囲む環境制限を導入することにより多くのダイナミックシステムはその上限に抑圧された安定解に向かうようになるのである．現在，世界中で混迷を起こしている余剰資金の流れも，実体経済とのひも付きが何らかの形でなされれば，このようなバランス点に収束していくことが十分予見される．しかし，このひも付けは多くの現存するファンドの好むことではないという点が問題である．

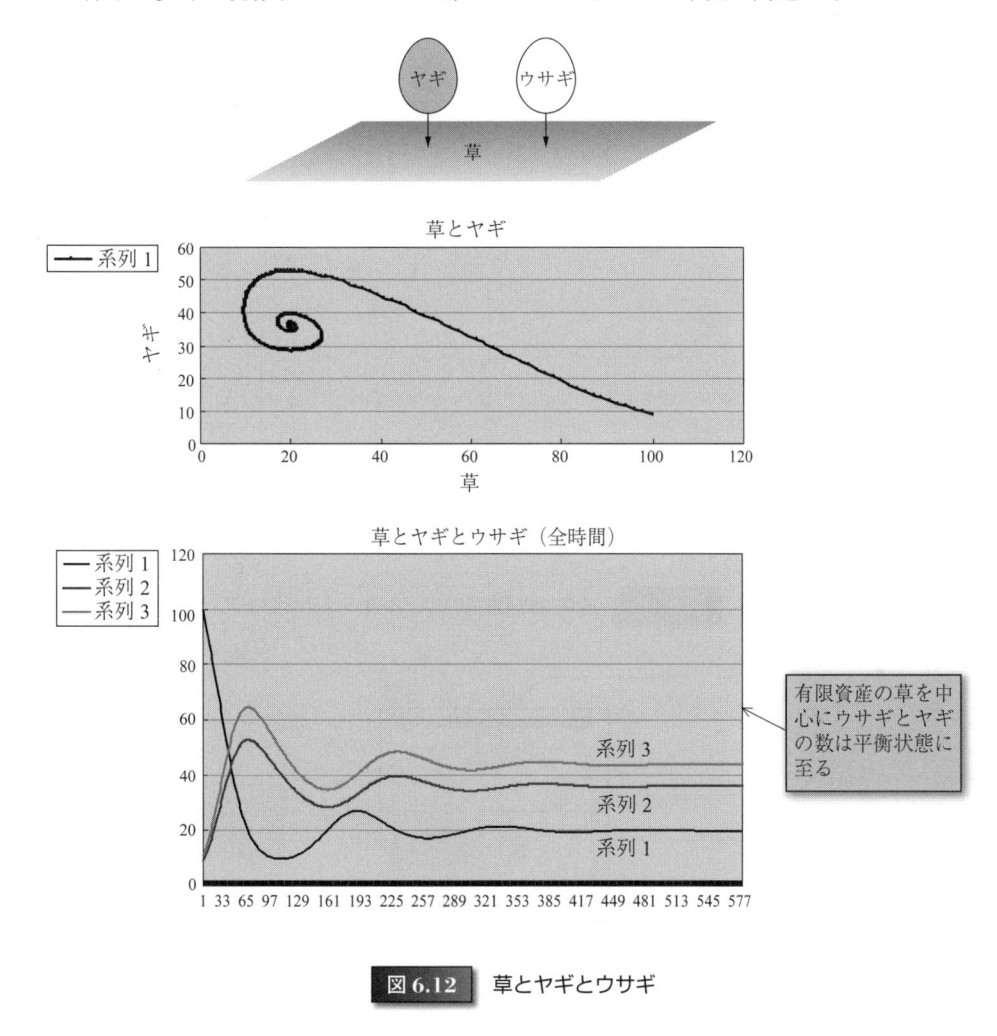

図 6.12　草とヤギとウサギ

6.1.3　ルール表（ソフトウェア）制御

　ダイナミックシステムの一般的表現としては
$$\dot{X} = f(X, U) \tag{6.7}$$

ここで，X：状態変数
$\dot{X}$：dX/dt
U：入力
$f(\ )$：システムダイナミクス

と表せることは既に記してきた．系の解析は $f(\ )$ の時間解を差分方程式などから求めて行うのが普通であるが，この $f(\ )$ は必ずしも式で表現する必要はないことは繰り返し述べてきた．

これを逆の言い方をすれば，あるシステムダイナミクスをルール表や規約，表によって表現し直して制御できるということである．

図 6.13 は"捕食-被捕食系"に応用した例である．この例ではまず定周回軌跡の中心 (X_0, Y_0) を決め，ここを原点に定周回軌道を描くためには，X, Y の微係数を表にすると同図下のように

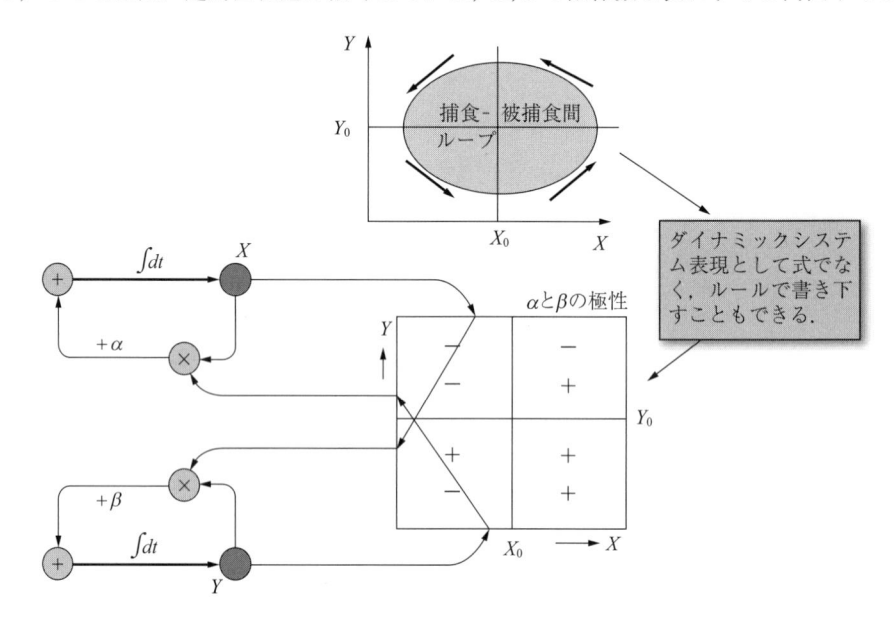

図 6.13 捕食-被捕食系のルール表（ソフトウェア）制御

$X_{t+1} = X_t + X_t \cdot (Y_t - Y_0) \cdot (-\alpha)\, dt$ ……①
$Y_{t+1} = Y_t + Y_t \cdot (X_t - X_0) \cdot (\alpha)\, dt$ ……②

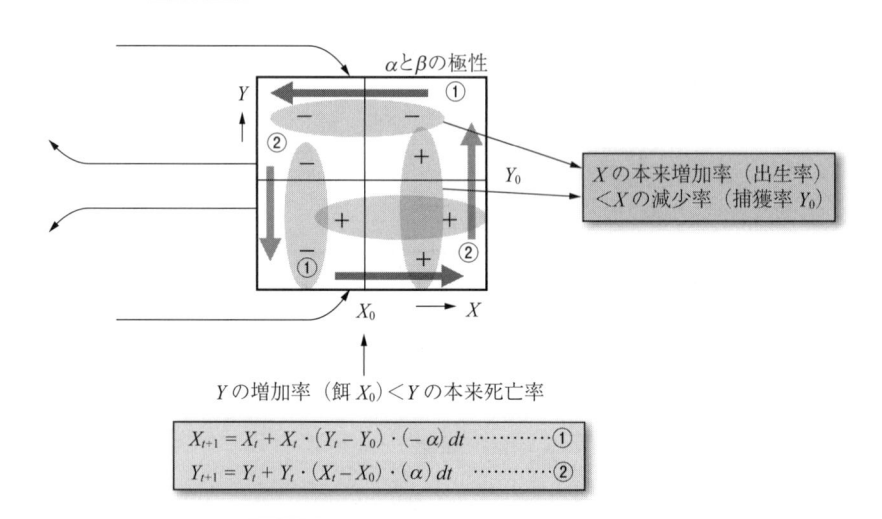

図 6.14 捕食-被捕食関係のルール表

なる.

さて，この表の場合にはルールを表に書くまでもなく，図 6.13 に示すように

$$X_{t+1} = X_t + X_t \cdot (Y_t - Y_0) \cdot (-\alpha) dt \tag{6.8}$$
$$Y_{t+1} = Y_t + Y_t \cdot (X_t - X_0) \cdot (\alpha) dt \tag{6.9}$$

のように，簡単な論理式に置き換えることができる．このように，(X, Y) の座標を制御方向に自由に変換できるわけであるので，例えば周回軌跡の回転方向を逆転させることなどもいとも簡単にできる．図 6.14，図 6.15 がその様子を示したもので，半時計回りの軌道を"正回転"と

正回転
$$X_{t+1} = X_t + X_t \cdot (Y_t - Y_0) \cdot (-\alpha) dt \cdots ①$$
$$Y_{t+1} = Y_t + Y_t \cdot (X_t - X_0) \cdot (\alpha) dt \cdots ②$$

逆回転
$$X_{t+1} = X_t + X_t \cdot (Y_t - Y_0) \cdot (\alpha) dt \cdots ①$$
$$Y_{t+1} = Y_t + Y_t \cdot (X_t - X_0) \cdot (-\alpha) dt \cdots ②$$

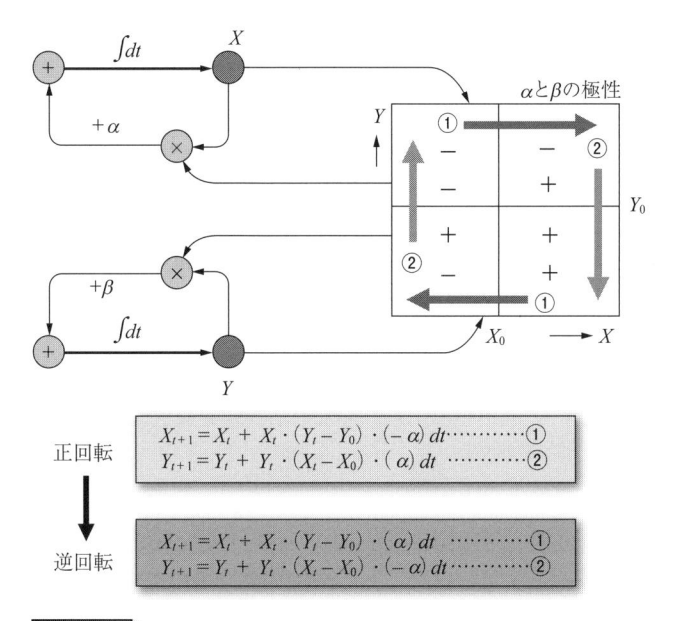

図 6.15 捕食-被捕食間のダイナミック特性を逆回転にするルール

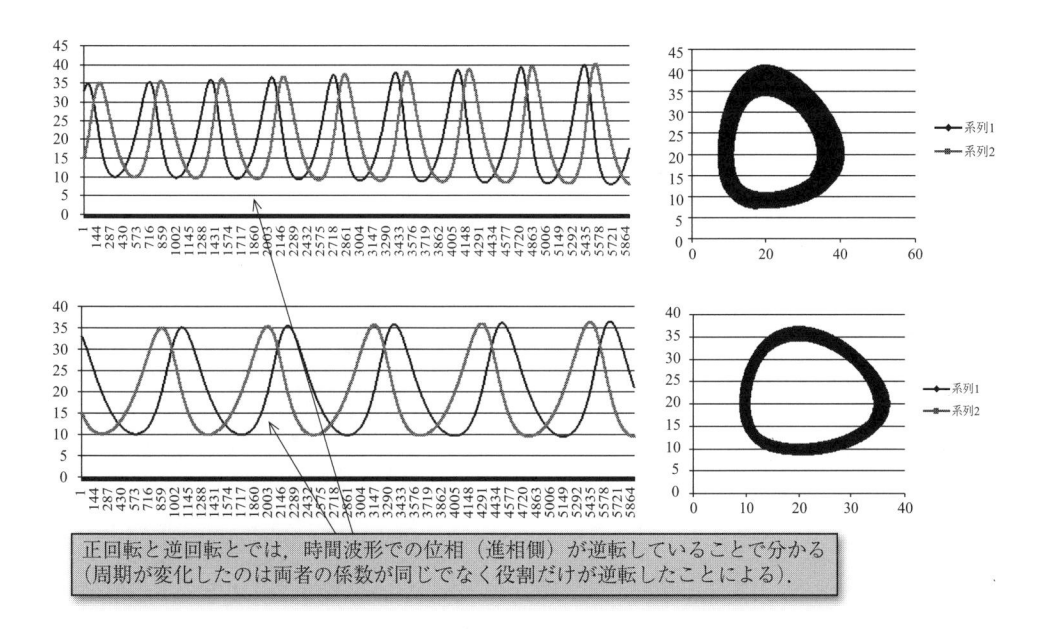

正回転と逆回転とでは，時間波形での位相（進相側）が逆転していることで分かる（周期が変化したのは両者の係数が同じでなく役割だけが逆転したことによる）．

図 6.16 ソフトウェア制御における回転方向の反転

呼ぶと，その反対の"逆回転"は単に係数 α の極性を X と Y とで逆にすればよいだけなのである．

図 6.16 がそのようにして作った"正回転"と"逆回転"の場合の周回軌跡を表したもので，同図の時間波形の位相が両者で反転していることで，回転が逆向きであることが分かる．ただし，二つの軌道が異なるのは，各々のループのパラメータが異なったまま，その役割だけを反対させたからである．両ループのパラメータを同一にして，ダイナミックな安定解があるとすれば，両者の軌道は全く同じになる．

6.2 自 励 飽 和

非線形システムの安定性にとって，飽和特性が極めて重要な役割を占めていることは今まで見てきたとおりである．システムが無限の世界へ発散してしまわないことはシステムが安定継続であって初めて存在価値を生むという観点から，一義的に重要である．それと同時に，あるシステムのエネルギーが原点近傍でうろうろと静止し続けていては，系としての発展のチャンスはない．そのためには，系は大域的安定性を満たしながら，原点周辺における低エネルギー領域からはいつでも自主的に脱出，発散する特性を具備する必要がある．このように相反する特性を併持するためには，正帰還と負帰還を最低一つずつ持たなければならず，しかもシステムの状態が原点を離れて大域空間に至るに従い，負帰還の効果が正帰還の効果を上回る必要がある．

図 6.17 にその具体的実現例を示す．同図では状態変数 X に対して

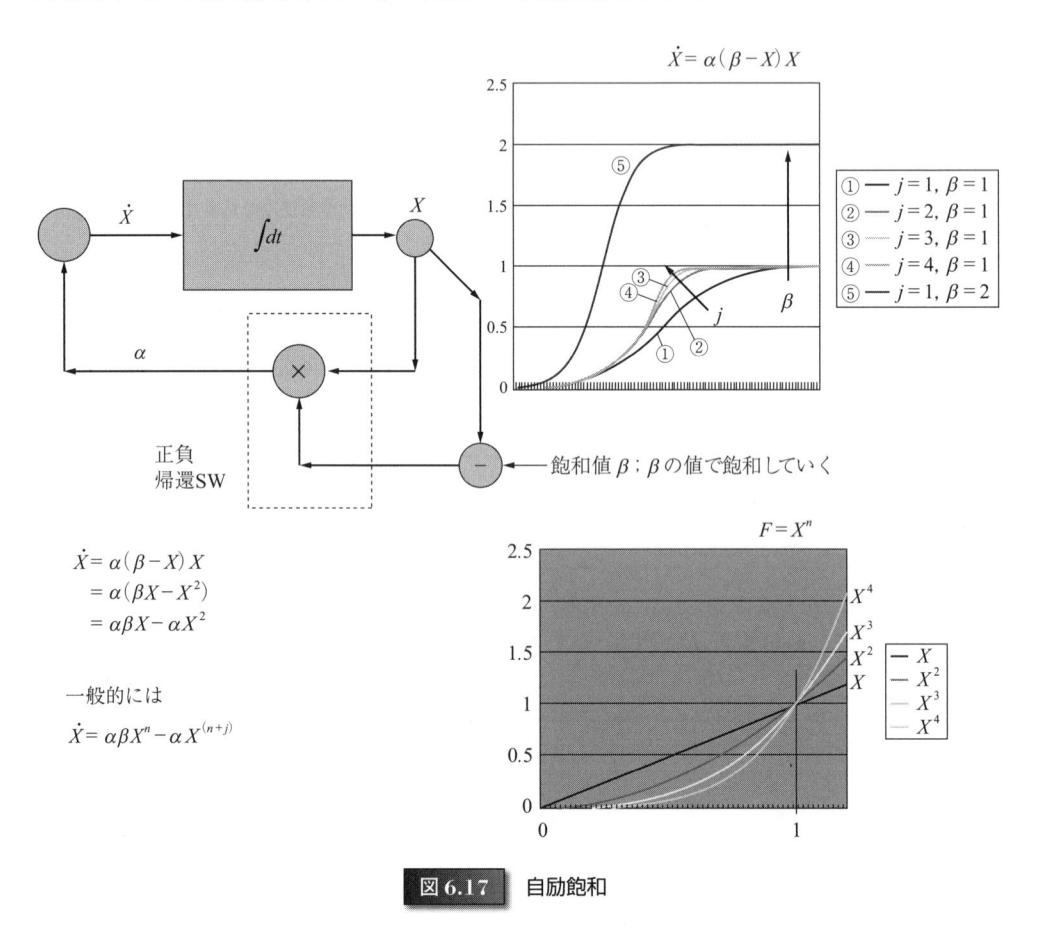

$$\dot{X} = \alpha(\beta - X)X$$
$$= \alpha(\beta X - X^2)$$
$$= \alpha\beta X - \alpha X^2$$

一般的には
$$\dot{X} = \alpha\beta X^n - \alpha X^{(n+j)}$$

図 6.17 自励飽和

(1) X^n 乗の正帰還
(2) X^{n+j} 乗の負帰還 ($j;j>1$ の整数)

から構成されている．$F=X^n$ のグラフを同図右下に示したが，$X\fallingdotseq 0$ の近傍では必ず（1）＞（2）となり，逆に $X\to\infty$ の領域では必ず（1）＜（2）となり，系に対する影響力はある X_0 を挟んで逆転することが分かる．同図右上の図は特に，$n=1,j=1\sim4,\beta=1\sim2$ の場合を示した図で，(1)，(2) の優位性は

$$\frac{d\dot{X}}{dt}=0, \quad \text{すなわち} \quad X_0=\beta\frac{n}{n+1}\xrightarrow{(n=1)}\frac{\beta}{2} \tag{6.10}$$

を境として切り換わることが分かる．

さて，n をどのように選択するかが設計論のポイントになるわけであるが，図6.17右上には"自励発散-飽和特性"を有する系の時間波形を示していることが分かる．$n=1$ の場合 $j=1$ が最も緩やかな飽和特性を示し，$j\to1,2,3\cdots$ と増加するに従い，その飽和特性はしだいに急峻なものになる．日本における携帯電話の普及カーブを見ると，長い黎明期の後に端末自由化で一気に増加傾向に転じ，その後も飽和傾向を匂わせながらじわじわと台数を伸ばしている．このようなモデルでは，おそらく $n>1$ の場合が適切なモデル化になる．$j=1$ のモデルはある時期から時間比例に淡々と普及を伸ばし，その後緩やかに飽和特性に乗るというものである．

6.3 多体問題

実社会における経済活動や動植物の生態においては，実に多くの種の相互依存の下で成り立っているものが多い．というよりも，相互依存なくしておよそ永続性のあるシステムは存在し得ないと言っても過言ではない．

図6.18 を見てみよう．同図 (a) の例は有名な"風が吹くと桶屋が儲かる"という因果関係を示したもので，多くの経済活動が思わぬものがそれらの流れを埋めているという例に昔からよく使われるものである．ただし，この例は原因と結果の因果性を説明したもので，結果が次

風が吹くと桶屋が儲かるか？

風が吹く
→風が吹くと砂ぼこりが舞う
→砂ぼこりが舞うと人の目に入る
→人の目に入ると目の悪い人が増える
→目の悪い人が増えると三味線を弾く人が増える
→三味線を弾く人が増えると三味線が売れる
→三味線が売れると材料のネコが必要になる
→ネコが必要になると捕まえるのでネコが減る
→ネコが減るとネズミが増える
→ネズミが増えると桶をかじられる
→桶をかじられると桶を買わなければいけない

だから桶屋が儲かる

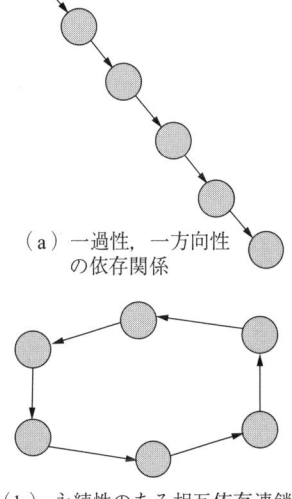

(a) 一過性，一方向性の依存関係

(b) 永続性のある相互依存連鎖

図6.18 社会における多体依存関係

の原因を作るようなループを構成していないことから一過性，一方向性の依存関係であり，上流工程に関与しているものは，その下流工程からの帰還効果が全くないので，ここでの議論の対象外である．ところが，同図 (b) の場合のようにある結果が次の原因となって帰還される場合には，そのループの全ての工程に関心を持つようになり，場合によっては"一蓮托生"の関係を築くことになる．

図 6.19 はそのような永続性のあるループを構成する自然界の例で，一般には"自然界の食物連鎖"と呼ばれており，このループに沿った活動が種の進化論的寿命が尽きるまで続くことになるのである．図では太陽や人間社会からの廃棄物などがループへの外部入力として描かれ，出力としては連鎖から離脱する一部物質が描かれている．これは一般のシステム論でいえば，"入出力ポートのある帰還系"を表していて，系としては"閉鎖系"ではなく，外部とのやり取りが存在する"開放系"を表しているといえる．

先に述べた"捕食-被捕食系"も"食物連鎖"ではないが，それら2種の将来が依存関係にあるという意味では最も連鎖レベルが少ない"連鎖関係"ということができる．

そこで，ここでは連鎖関係の構成要素数 N を $2, 3, 4, 5, 6, 7$ ～ と変化させ，どのような振舞いが営まれるかを考察していく．

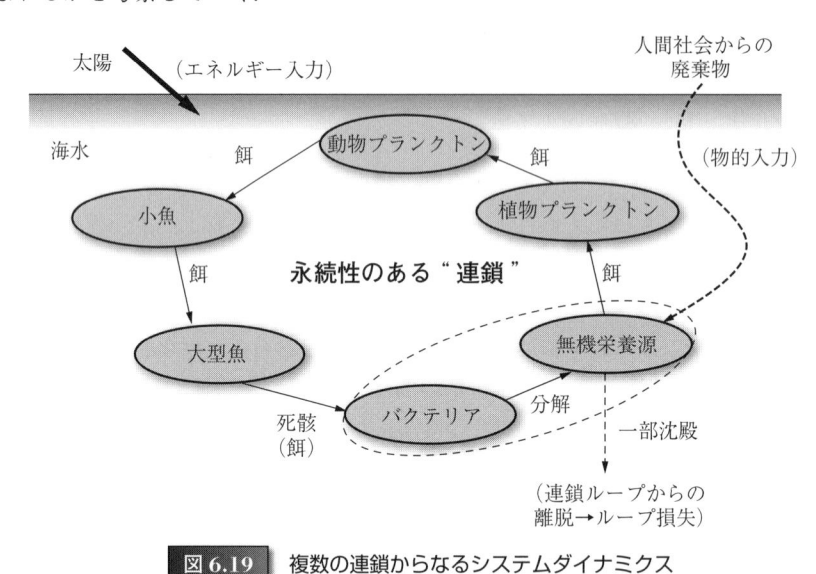

図 6.19 複数の連鎖からなるシステムダイナミクス

6.3.1 3体問題

多体問題の代表は何といっても $N = 3$ の3体問題である．昔から"三すくみ"や"じゃんけん"が有名である．モデルとしては**図 6.20**のようなものを検討する．

図では，X, Y, Z の三つの種から構成されており，各要素は
(1) X については，出生率 α_1，死亡率 β_1
(2) Y については，出生率 α_2，死亡率 β_2
(3) Z については，出生率 α_3，死亡率 β_3

で特徴付けられており，各出生率は X, Y, Z の値が時計回りで掛け算の項として影響している．これは，三者が時計回りに捕食の関係にあることを示しており，餌が豊富のときには出生率が上がることをモデル化している．一方，死亡率は X, Y, Z の値が反時計回りで掛け算の形で影

6.3 多体問題

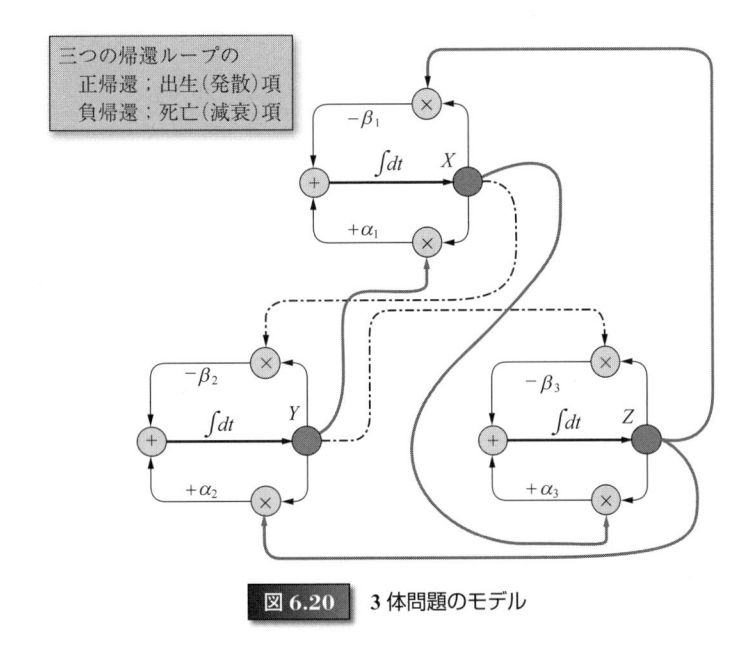

図 6.20 3体問題のモデル

響し合っている．すなわち，これは反時計回りに被捕食関係で結ばれていることをモデル化しているのである．今後，構成種の数を $N=3$ から $4,5,6,7$ へ増やして検討を進めるが，表記方法としてはこの図の規約を踏襲して拡張していきたい．

さて，**図 6.21** は多体問題共通の解であるいわゆる"シビアな安定解"を示したものである．パラメータは

- N 体全ての出生率＝死亡率；現状維持
- N 体全ての初期値が等しい；図 6.21 の場合は $X(0), Y(0), Z(0) = 10$

のように設定されると，この状態は全く動かず，静止状態に見える．ただし，これはパラメータを少し動かしてみればすぐに分かることであるが，この平衡状態はいとも簡単に崩れるものなのである．制御系でいえば"鞍点安定"であり，コンピュータなどの外乱は揺らぎにない非現実条件でのみ発生，観測できるものである．では，パラメータを少し変えるとどうなるのであろうか？ **図 6.22** (a) がこの状態を示している．この図は X, Y, Z のうち Z のみ $+1\%$ 増加させた形を設定した場合であるが，とたんに三者は $2\pi/3$ の位相差で三相正弦波変化に移っていくことが分かる．次に，三者の初期値を再び同じに戻し，今度は各 X, Y, Z の出生率，死亡率のパラメータのうち，たった一つの死亡率をほんの少し上げると，3変数は三相正弦波の姿

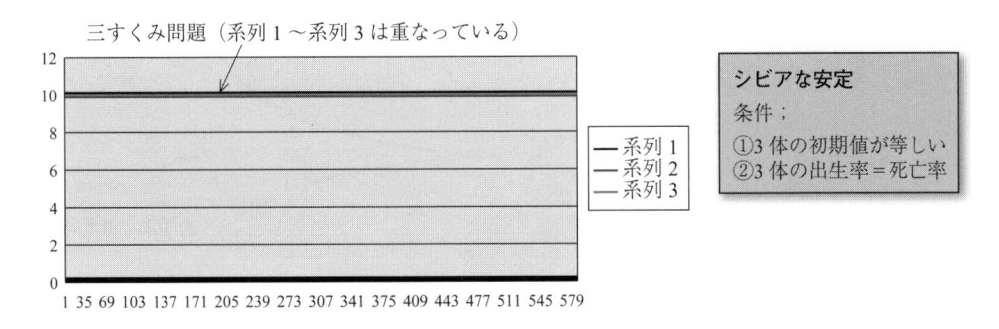

図 6.21 3体問題の振舞い（1）

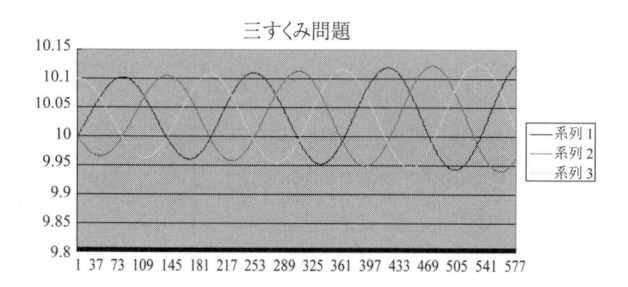

(a) CASE 1；全ての死亡率=出生率 Z の初期値のみ+1%

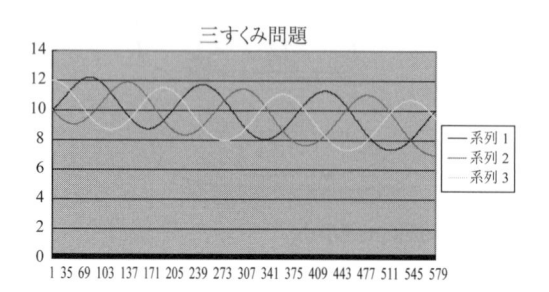

(b) CASE 2；一つの種の死亡率だけが上がった場合

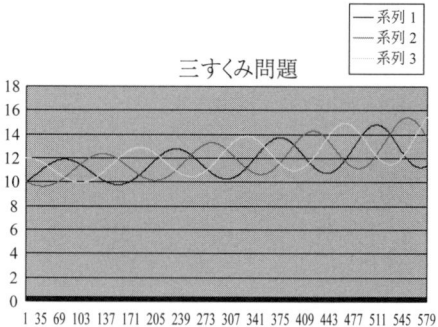

(c) CASE 3；一つの種の死亡率だけが下がった場合

図 6.22 3 体問題の振舞い（2）

態を崩すことなく，全体で減衰していく．今後は，逆にその死亡率を少しだけ下げてみると，三相正弦波姿態は変わらないが，全体として増加基調に移ることが分かる．

これから 3 体問題の全容が図 6.23 のようにまとめられる．同図はある初期条件，パラメータからの X, Y, Z の時間波形の概要を示したものであり，三つのモードが存在する．一つは同図中央はクリティカル安定を示すもので，現実解ではない．この状態は鞍点状態であるので，この線から上は出生率＞死亡率（少なくとも一つの死亡率が小さい場合）で，三相正弦波姿態のまま全体は増加する場合となる．

逆に，中央線から下は出生率＜死亡率（少なくとも一つの死亡率が大きい場合）には，三相

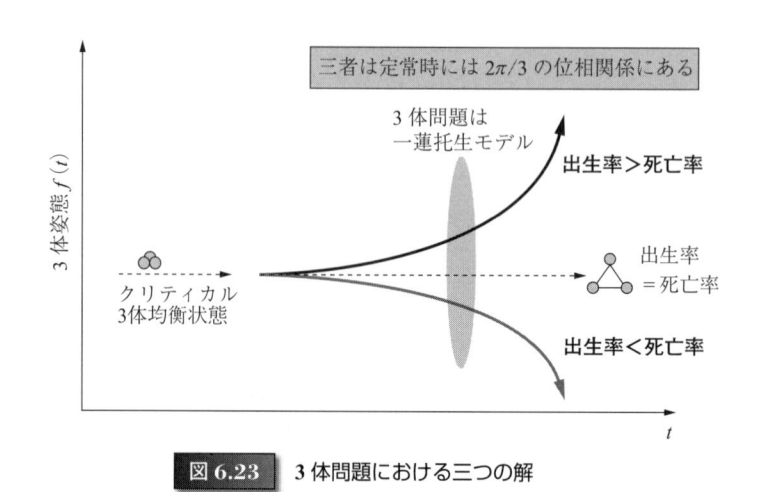

図 6.23 3 体問題における三つの解

6.3 多体問題

正弦波姿態のまま全体は減少していく.

このことは,以下の事実を物語っている. $N=3$ の多体問題の場合には,クリティカル安定を除いて,その姿態とは,3種の栄枯盛衰を分け隔てなく繰り返しながら全体としては増加(発振)するか,収束(減衰)するかのどちらかであることが分かる.

さて,3体問題のシステムダイナミクスを検討してきたが,これから面白いことが分かる. 3種 X, Y, Z は常に連携して増減し,増減の分かれ道は3種のパラメータを各々変化させる必

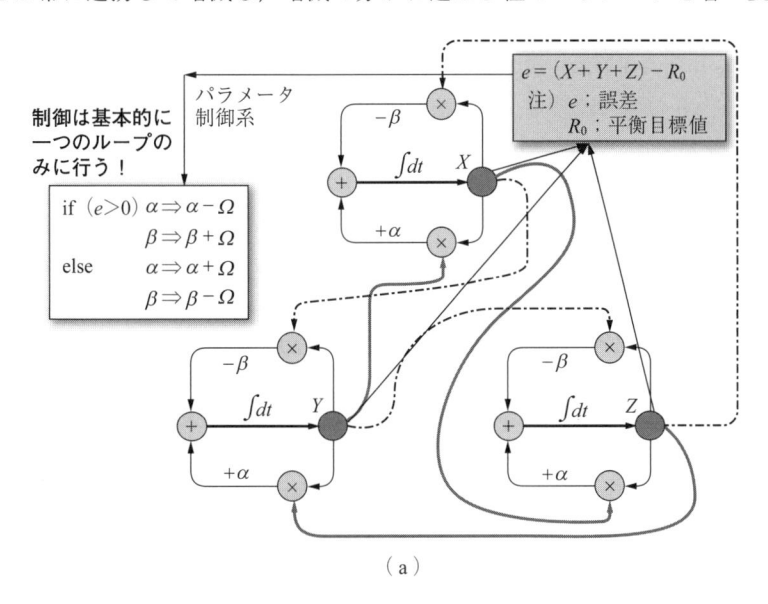

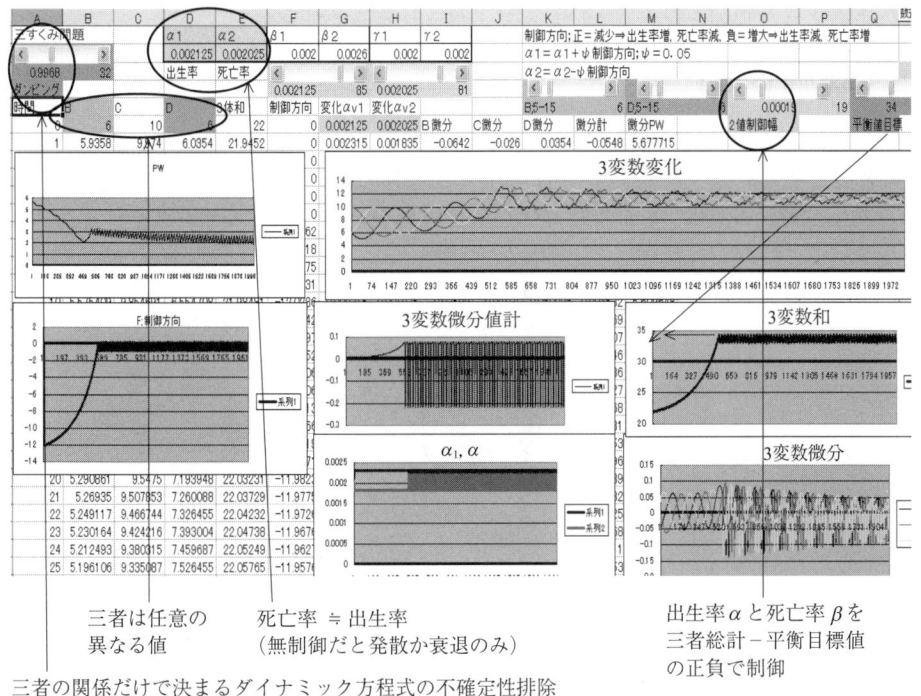

(a)

(b)

図 6.24 3体問題・平衡安定 (a), (b)

要はなく，そのうち一つの変数のパラメータを変えるだけで全体の振舞いを制御することができるのである．この事実を利用して，クリティカル安定状態をある簡単な制御で実現してみよう．図 6.24 がその様子を示したものである．

まず，3種トータルの振幅をモニタする必要があるが，都合が良いことに3種は三相正弦波姿態を持っているので，これらの総合振幅はどの位相に写像しても全く同じ値を示しているので，ここでは単純に $X(t)+Y(t)+Z(t)$ を観測する．目標とする総合振幅値を R_0 と設定すると，振幅制御用の誤差 e の検出は

$$e = (X+Y+Z) - R_0 \tag{6.11}$$

とする．$e>0$ の場合は設定より実振幅が大きいので，全体振幅を下げる必要がある．そこで，出生率 α を減らし，死亡率 β を増やす．もちろん，この場合 α と β を同時に制御しているが，どちらかでも全く問題ない．

逆に，$e<0$ の場合には，実振幅の方が小さいので，この場合にはそれを増加させる必要があり，先ほどの制御とは逆に α を増やし，β を減ずる．パラメータの増減の仕方も様々であるが，この例では最も簡単な2値制御を採用しており，$\alpha, \beta \pm \Omega$ のように定数 Ω を増減している．制御に滑らかさを求めたい場合には，2値制御をやめ

$$\alpha, \beta \pm \Omega \cdot e \tag{6.12}$$

のようなアナログ制御にすることもできる．

制御の結果が図 6.24（b）に示されている．制御は $t=0$ から掛けるのではなく，無制御ではどのような状態になるかを確かめるために，途中から制御が掛けられている．この例では，全体的には増加傾向にあり，各々の初期値から増加傾向を呈し，制御が掛かると $X=Y=Z=R_0$ へ向かって収束していくことが分かる．このように，$X=Y=Z$ のようなクリティカル安定も，このような制御を行うことによって，得られることが分かる．

6.3.2　4体問題

図 6.25 に，今度は $N=4$ の場合のモデルを示している．出生率，死亡率の係数は $2\times4=8$ 個と増えるが，表記は $N=3$ の場合と全く同じである．さて，$N=4$ が今までの $N=2, 3$ と異なる最大の点は，4が素数ではないという点である．システムダイナミクスを見てみよう．

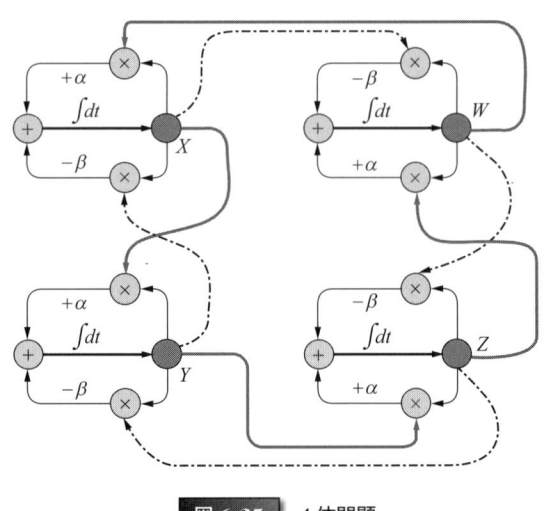

図 6.25　4体問題

6.3 多体問題

図 **6.26** (a) は先ほどの 3 体問題と同じように，全てのパラメータは同じ値に設定されており，しかも 4 変数の初期値も同じ値に設定された例を示している．この場合，クリティカルではあるが鞍点安定で $X=Y=Z=W=3$ の値で静止している．このような静止安定は，今までの 3 体問題では全ての変数が等しい場合以外には存在しない．ところが，N が複素数以外の場合には，別の静止解が存在する．図 6.26 (b) の場合，全ての変数は等しくない．ただし，$X \to Y \to Z \to W$ の順で捕食（被捕食）関係が構成されているところ，$X=Z$，$Y=W$ の一つ離れた 2 組の変数の組を作り，各組の中では同じ初期値を持たせながら，隣の組との間では別の初期値を持たせるような初期値設定をしてみる．すると，同図が示すように静止解が得られる．この例では 4 と 2 が各々の組に初期値として設定されているが，別の値でも，同様に静止安定解が得られる．何やら図 (a) と (b) の二つのパターンが解として許されるようである．このような解の組を "モード" と呼んでいる．

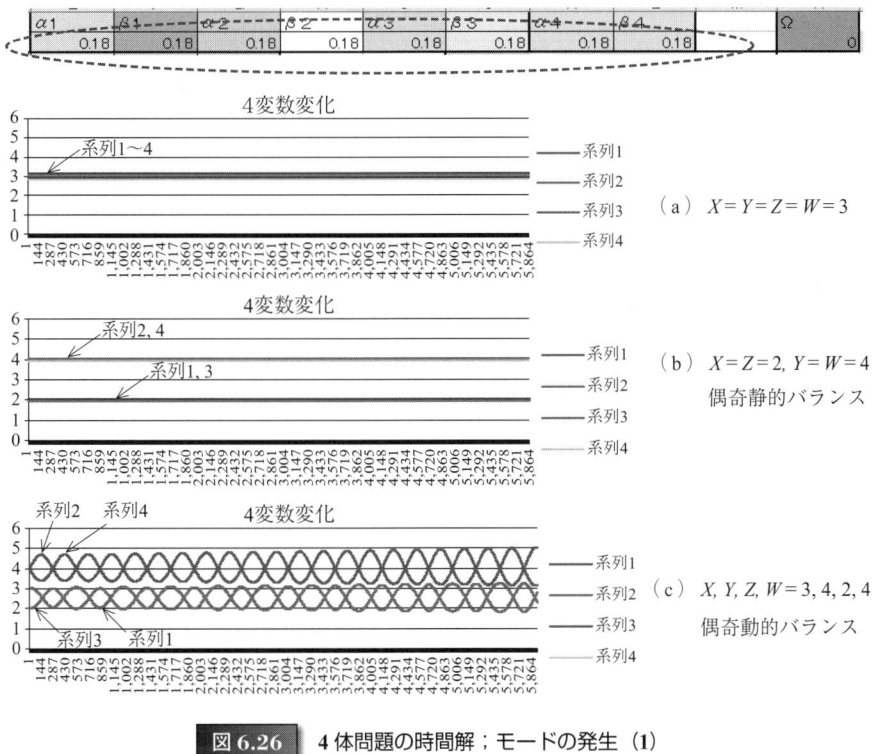

図 **6.26** 4 体問題の時間解；モードの発生 (1)

これを確かめるために，図 6.26 (c) では (b) の，$X=Z=2$，$Y=W=4$ という静止安定の状態から，一つの変数 X を $2 \to 3$ に変化させた場合の解を示している．この瞬間 (b) の静止安定条件が崩れたために，振動解になっていくことが分かる．しかし，注目すべきは振動解の平均値 (X, Z) は $(2, 3)$ の平均値の 2.5，(Y, W) は $(4, 4)$ のままなので，平均値はそのまま 4 を維持しており，そして何より二つの振動解の組はやはり一つ隣同士の (X, Z) と (Y, W) の組合せを維持している点である．すなわち，モードが維持されていることが分かる．それらの位相関係を見てみると，各組の内部では 180° の逆位相で発振し，2 組間は 90° のずれを有している．すなわち，$X \to Y \to Z \to W$ 間で，90°ずつずれながら発振していることが分かる．図 **6.27** (a) に初期条件を変え，4 変数の時間解を示したが，やはり 90°ずつずれていることも，二つ

XYZWPQ

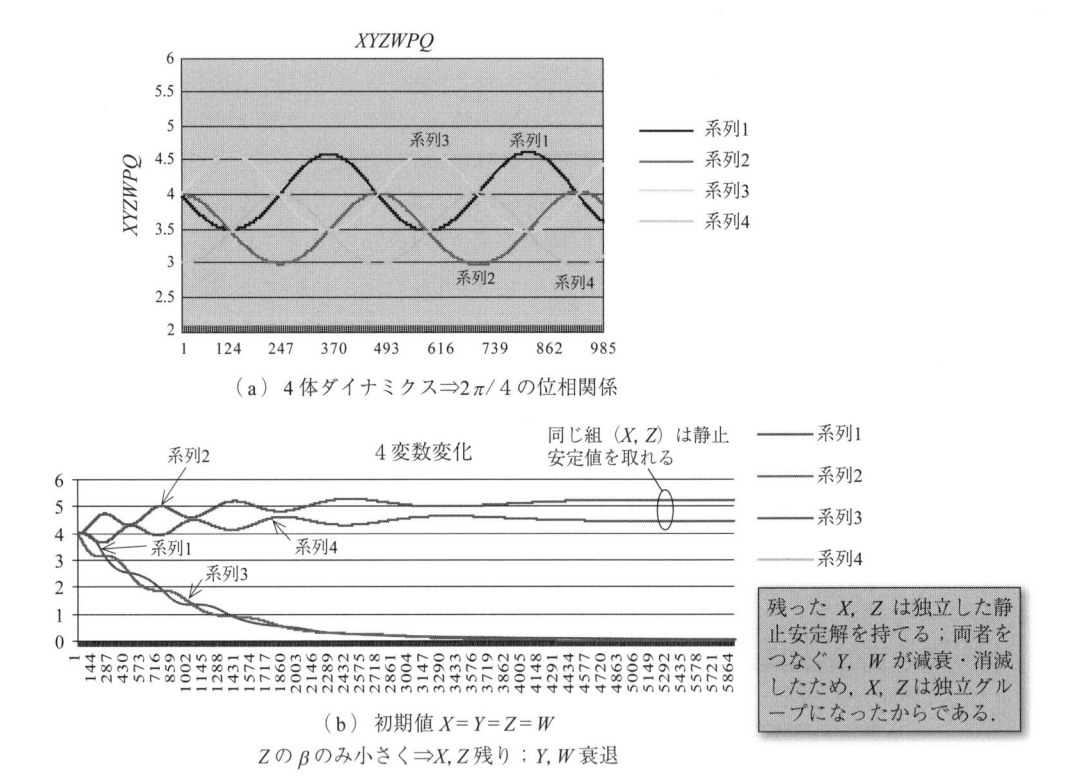

(a) 4体ダイナミクス⇒$2\pi/4$の位相関係

4変数変化　同じ組 (X, Z) は静止安定値を取れる

残った X, Z は独立した静止安定解を持てる；両者をつなぐ Y, W が減衰・消滅したため，X, Z は独立グループになったからである．

(b) 初期値 $X=Y=Z=W$
Z の β のみ小さく⇒X, Z 残り；Y, W 衰退

図 6.27 4体問題でのモードの発生（2）

の組に分かれていることも，更にその平均値も，前者は（4, 4）で平均4，後者は（4, 3）で平均3.5ということも同じである．

さて，ここからが発振モードの最も興味深い例を示そう．図6.27（b）では4変数の初期値を等しく4としてあるので，システムの出生率，死亡率が全て等しい場合にはこのまま静止安定解となる．そこで，変数 Z の β（SFGでは負帰還の係数となっているので"死亡率"に対応）だけをほんの少しだけ小さくしてみる．すなわち，Z だけの死亡率が下がったことになる．Z だけの個体数が増えていくのだろうか？ 結果はそうではない．ここでも (X, Z) と (Y, W) の二つの組に分かれるモードが維持され，相対的に死亡率が増加した後者組 (Y, W) が消滅し，前者組 (X, Z) が生き残るという結末が示されている．更に，生き残った組の振舞いを見ると，その発振周期がしだいに遅くなり，ついにはある値に収束していく様子が分かる．さて，これまでモードのことを説明してきたが，同じ組に属する (X, Z) が静止安定値をとる解は存在しない．ところが，この場合にはその存在しない解となっている．なぜなのであろうか？ **図 6.28** を見て頂きたい．組 (Y, W) が共にゼロに向かって減衰していくと，その影響は同じように，組 (X, Z) に及び，まず α, β が乗算的影響を受けて，共に小さくなるので発振周期が長くなる．そしてついには組 (Y, W) がゼロになることにより，$\alpha, \beta \to 0$ で，全体的に $X \to Y \to Z \to W$ の連鎖関係が途切れることになり，単独の X, Z が残ることになり，ここでは別々の値が独立に維持され，静止安定となるのである．ついでながら，この図を見ると，組 (X, Z) と組 (Y, W) は互いに逆位相，同値での影響を受けることになるので，お互い90°ずつの位相差を持ちながら振動的に変化し続けていくことが分かる．

先ほどの例では，2組のうちの片側が衰退してしまったがこれは個別の変数に対する二つの

6.3 多体問題

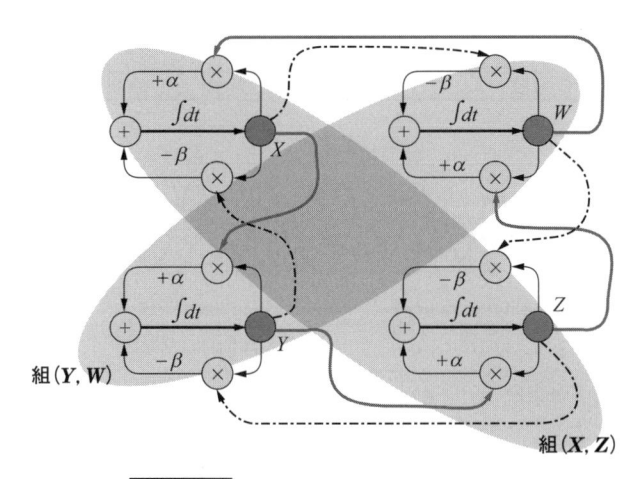

図6.28 4体問題；モード説明図

帰還パラメータ α, β が異なる設定になったためにその組の振舞いは基本的には"減衰"か"発散"にならざるを得なかったからで, 例えば図6.29のように各変数のパラメータが同一でなくても, X, Y, Z, W 各々の二つのパラメータ (α_i, β_i) の組の絶対値が等しければ, その変数に対する出入りが平衡し, しかも対向する隣接関数が180°位相が異なるものの絶対値は同じ値を取ることから, お互い振動しつつ存続する解が現れるはずである. 図6.29がその例で, X, Y, Z, W に対する出生率, 死亡率を α_i, β_i ($i = 1 \sim 4$；i の順番は $X \sim W$ まで1から4まで付番) とすると, 図中に記されているように, $i = 1, 3$ は等しく0.18, $i = 2$ が0.16, $i = 4$ が0.14のように様々な値が設定されているが, それらは安定振動解となって存続している様子がうかがえる.

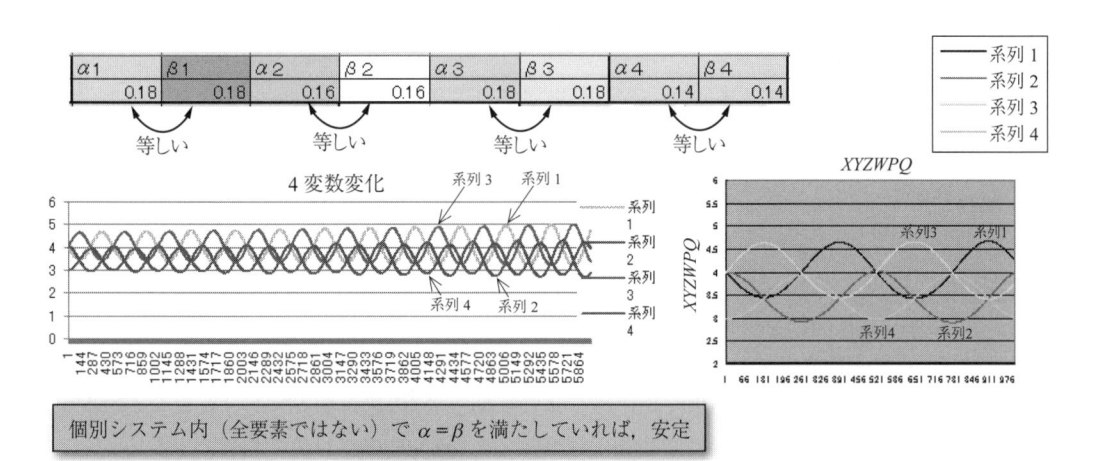

個別システム内（全要素ではない）で $\alpha = \beta$ を満たしていれば, 安定

図6.29 異なるパラメータでの安定解

図6.30は, 更に α_i, β_i を大きく振って設定した場合である. ただし, 各 α, β の絶対値は等しく取ってある. 結果は, 各々別々の振幅を持ちながら, もちろん同一の周期で発振を続け, その振幅は α_i, β_i の絶対値順になることを示している.

4体問題についても, 先ほどの3体問題同様に全変数同値の制御を全く同じ手法で実現できる. 図6.31がその例で, この場合には α_i と β_i の絶対値は, 制御を掛けてあるので, 等しく選んではいないが, うまく4変数は収束している.

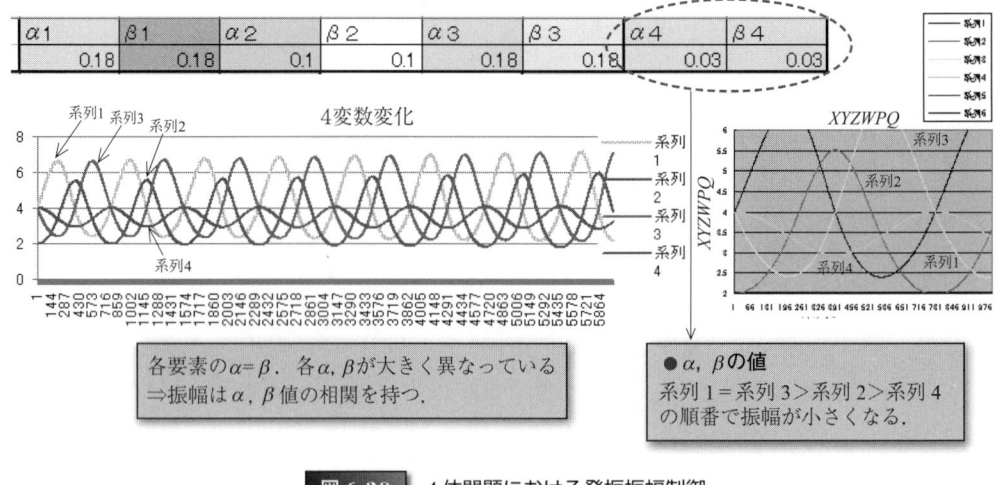

図6.30 4体問題における発振振幅制御

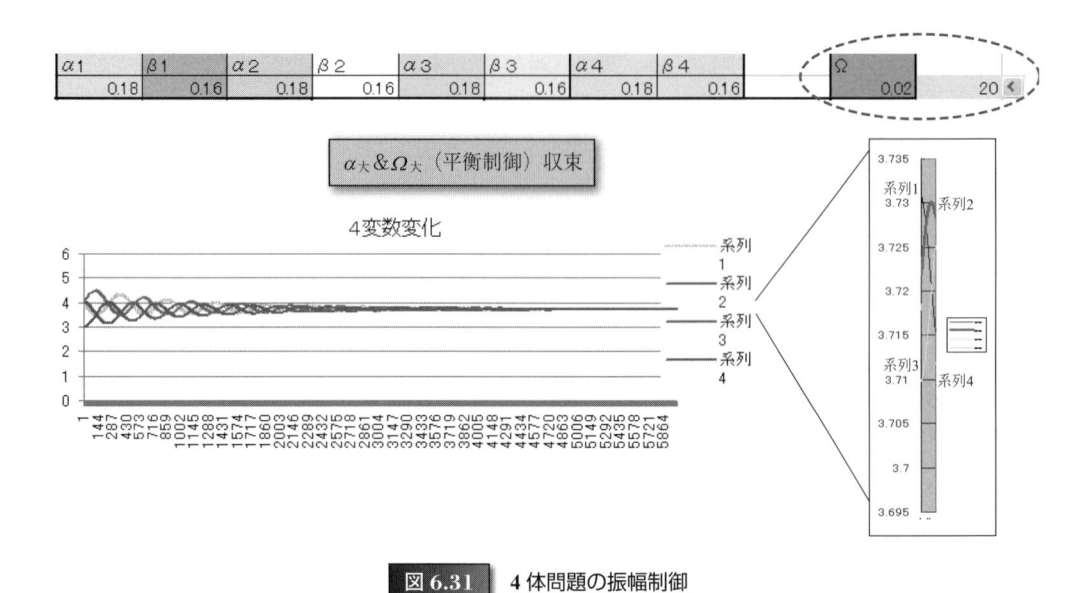

図6.31 4体問題の振幅制御

以上，4体問題を整理すると
- モードが存在する．
- 各変数に対する出生，死亡パラメータ（$α_i, β_i$）の絶対値が等しければ全変数が永続する．
- 各変数の発振振幅は，それらパラメータ（$α_i, β_i$）の絶対値で制御できる．
- 各変数を定められた値に一様に収束させる制御法が存在する．

6.3.3 5体問題

5体問題は先の2，3体問題と同じく$N=$素数であるので，特に2体問題と同じようなシステムダイナミクスを持つものと予想される．図6.32には
- 出生率$α_i=$死亡率$β_i$；全てのi
- 五つの変数の初期条件として，全ての変数が同じ値（クリティカル安定）以外に様々な値を代入

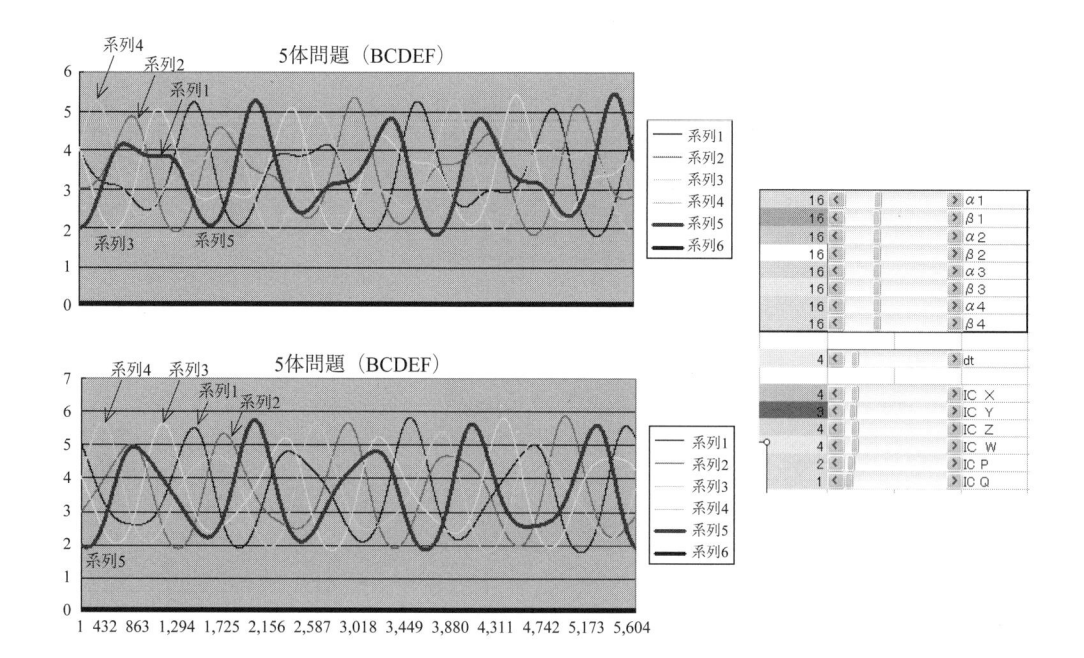

図 6.32 5体問題（素数）（繁栄，衰退のグループには決して分かれない！）

の条件での時間波形を示してある．$N=$ 素数であるので，発振姿態が何組かに分かれるようなモードは発生せず，どのような初期値を設定しても，特定の変数が選択的に減衰していくようなことはなく，全ての変数が入れ替わり立ち替わり増加・減衰を繰り返す．

6.3.4 6体問題

$N=6$ の場合は2の倍数であるので，発振姿態としてモードを持つことができて，この場合には，6変数に X から順次反時計回りに1～6と番号を付けるとき，偶数組と奇数組の二つの組に分かれるモードが予想される．まず，全ての α_i, β_i が等しい場合にはこのようなモードで偶数組に値 P, 奇数組に値 Q を設定すると，クリティカルではあるが静止解が得られる．この理由は $N=4$ の例で説明した場合と全く同じである．

次に，動的解について触れよう．**図 6.33** (a) にその様子を示す．X, Y, W, P の四つの変数の初期値を4，Z, Q を3とした場合に，モードとして P と Q の組に分かれ，各組の三つの変数は 120° ずつ位相がずれる．二つの組で異なるのは位相シフトの方向が前者は時計回り，後者は反時計回りという点である．この二つの組が重なると，結果的には三つの位相ずれを持った3本の発振波形に縮退して見え，同図で6変数ながら3本の曲線しか現れないことが示されている．

さて，次に $X, Y, Z, W, P = 4$ とし，Q だけを3とした初期値での振舞いを示したのが**図 6.34** である．この場合のモードも二つの組に分かれることは同じであるが，図 6.33 の例とは異なり，複雑である．図 6.34 右下に六つの変数の関係を図示した．まず，数字③で示した組は2変数が同相で残りの一つがそれらと 180° 逆の位相を持ち，なお振幅が前二者の2倍となって全体の平衡性を保っている．数字④で示した後の組では2変数が逆相で対峙し，それに対し最後の変数がゼロで静止し，3変数の平衡をこれで維持している．更にこの③と④の2組の位相が 90° の位相差で存在している形になり，これが図 6.34 の時間解に示されている．

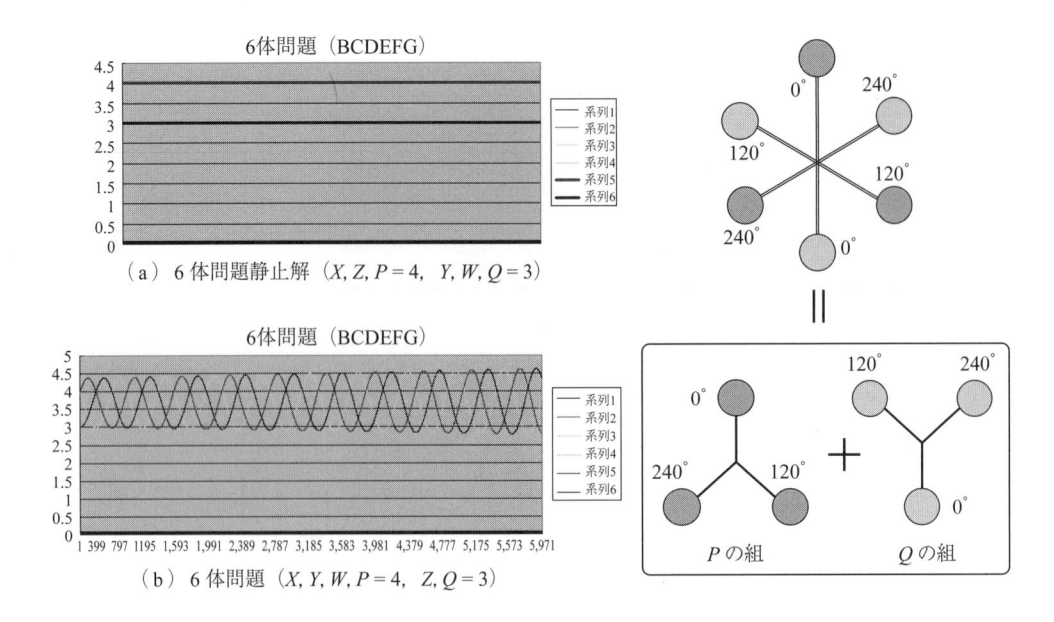

(a) 6体問題静止解（$X, Z, P = 4$, $Y, W, Q = 3$）

(b) 6体問題（$X, Y, W, P = 4$, $Z, Q = 3$）

図 6.33 6体問題；三相（120°離れ）×2組モード

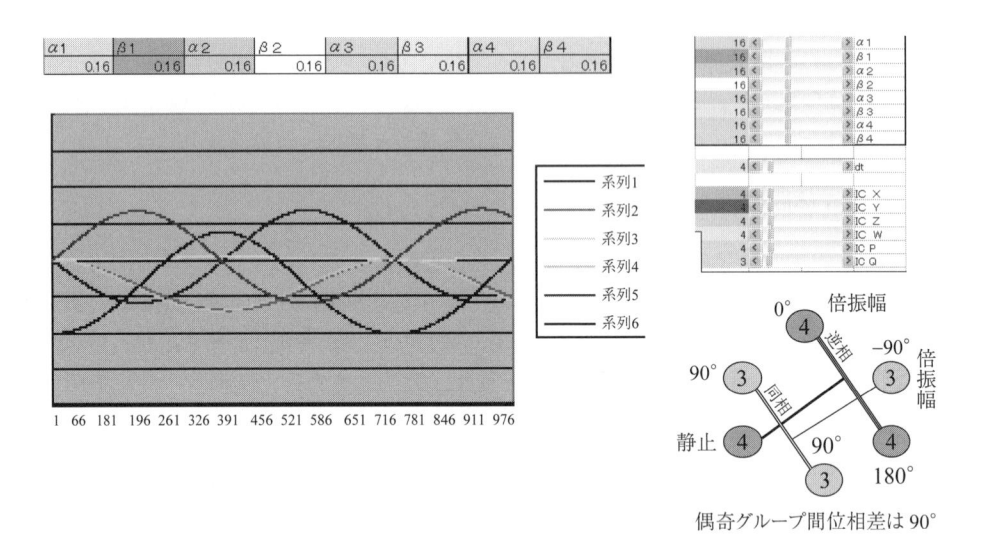

図 6.34 6体問題；三相（±90°離れ）×2組

次に，今まで全てのパラメータを同一としてきたが，このうちどれか一つの変数のパラメータ α_i か β_i をほんの少しだけ増減させてみよう．図 6.35 から 4 変数が初期値 4，残りの 2 変数の初期値が 3 としてみる．例えばある α_i（出生率）を減少させて設定すると，その変数が属する組の全ての変数が減衰し，他の組の全ての変数は生き続ける姿態が表れる．衰退と存続の組がモードの組で分離されることが分かる．

上記の事実は非常に興味深いことを示唆している．多くの事業はそれなりのビジネスチェーンで結ばれて，各要素はその中で共存共栄を享受しているものである．このとき，ある要素が弱体化した場合を考えると，その影響は隣接する直近の要素からしだいに全体へと連続して拡

6.3 多体問題

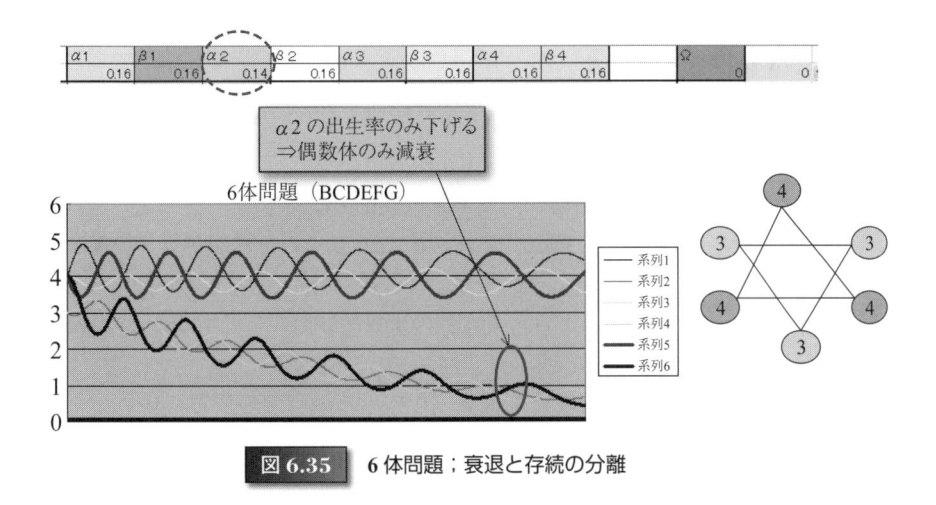

α1	β1	α2	β2	α3	β3	α4	β4		Ω	
0.16	0.16	0.14	0.16	0.16	0.16	0.16	0.16		0	0

$α2$ の出生率のみ下げる
⇒偶数体のみ減衰

6体問題（BCDEFG）

図 6.35 6体問題；衰退と存続の分離

散していくように考えがちだが，この例のように生か死かという単純な連鎖のモデルの場合，あるモードが発生し，とてつもなく離れた要素が突然衰弱していくことを示しているのである．

6.3.5 7体問題

$N=7$ は素数であるので，その振舞いは 3，5 体と同じと考えられる．事実，**図 6.36** に各変数の初期状態群の分散が小さい場合と大きい場合の二つを示したが，分散が大きければ大きな振動で，小さければ小さな振動で全ての変数が消滅することなく存在し続ける．

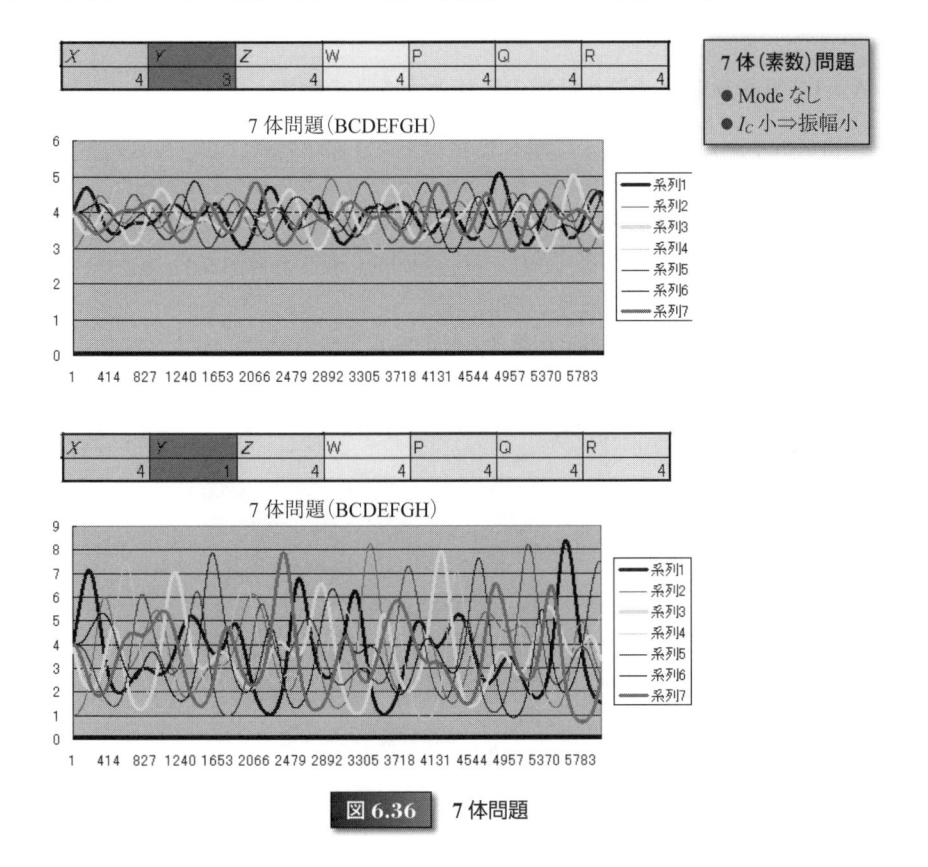

X	Y	Z	W	P	Q	R
4	3	4	4	4	4	4

7体問題（BCDEFGH）

7体(素数)問題
● Mode なし
● I_C 小⇒振幅小

X	Y	Z	W	P	Q	R
4	1	4	4	4	4	4

7体問題（BCDEFGH）

図 6.36 7体問題

6.3.6 N体問題のまとめ

$N=3\sim 7$の多体連鎖問題を，拡張可能な統一的モデルを立てて，その振舞いを検討してきた．その結果，以下のような興味ある事実が明確となった．

- $N \geq 4$，かつ$N \neq$素数の場合，モードが存在する．
- 全てのN変数の出生，死亡パラメータ（α_i, β_i）の絶対値が等しい場合，それらは永続（非零）できる．
- 系にモードが存在するとき，各変数の永続性はそのモードが作る変数組ごとに同一の振舞いを取る．
- 前記の同一の振舞いをする変数組，そのうちの一つの変数に係るパラメータ（α_i, β_i）だけで制御が可能である．
- 各変数をあらかじめ定めた値に一様に収束させる制御法が存在する．

6.4 リミットサイクル（多重リミットサイクル）

リミットサイクルは動的安定解の最も基本的なものであり，その仕組みを検討することは我々の求める有益かつ永続性のある非線形ダイナミックシステムの設計論への第一歩となった．本章では，単純なリミットサイクルから多重リミットサイクルへの拡張を検討する．以下，基本メカニズムに立脚したN重リミットサイクルや，原点近傍の振舞い，そしてリミットサイクルではないが，収束緩慢システム＋外部入力系が同じような振舞いをすることを示し，その発展系を探る．

6.4.1 リミットサイクル軌道の形状と大きさの制御

古典的リミットサイクルは図 6.37 に示すように，原点付近の初期値から始まった振舞いは発散過程を経てやがてリミットサイクルにたどり着きその軌跡に縮退し，逆に無限遠を初期値とする振舞いは原点へと減衰過程を経てやがてリミットサイクルの軌跡に阻まれて，その軌跡に同じように縮退していく．これを位相空間的に捉えれば図 6.37 のように表せる．

このような振舞いの制御としては，まず

- リミットサイクル軌道が属する動的安定領域の形状

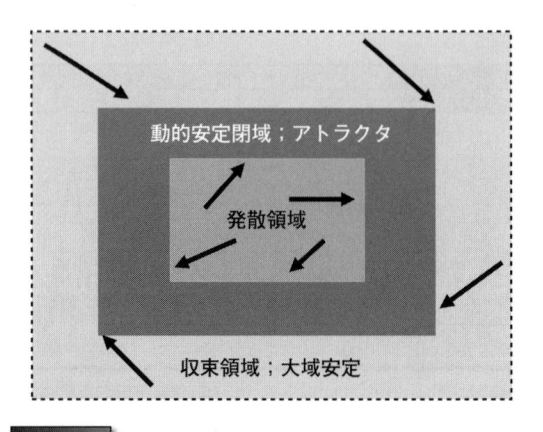

図 6.37　動的安定性；アトラクタ，リミットサイクル

6.4 リミットサイクル（多重リミットサイクル）

・リミットサイクル軌道が属する動的安定領域の大きさ

の制御が考えられる．まず，軌道の大きさの制御について，**図6.38**の伝統的リミットサイクルを見てみる．一般的なこの方程式は

$$\ddot{X} - \varepsilon(1-X^2)\dot{X} + X = 0 \tag{6.13}$$

という表現であるが，これを

$$\ddot{X} - \varepsilon(P-X^2)\dot{X} + X = 0 \tag{6.14}$$

と表現してみると，その違いは $\dot{X}$ の（ ）内の1を P で置き換えられていることである．

式(6.13)が発散的かそれ以外，すなわち収束的，定常周期的かの分岐点は，既に述べたように ε の項が正であれば発散的になり，負になれば，正弦波発生系

$$\ddot{X} + X = 0 \tag{6.15}$$

に，ダンピング効果を付加した安定的な系になる．その分岐点が

$$P - X^2 = 0 \quad \rightarrow \quad P = \sqrt{X} \tag{6.16}$$

となる．

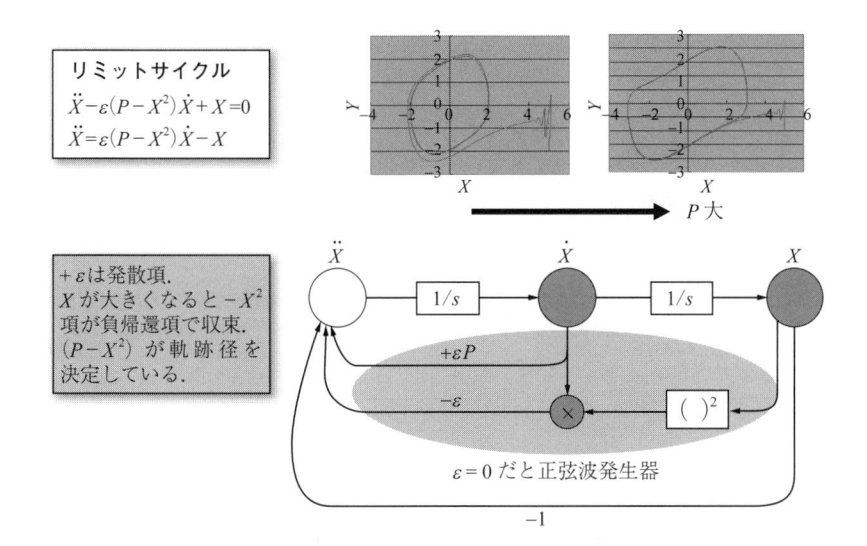

図6.38 伝統的リミットサイクルの軌跡径を制御する

P をまずは変化させてその軌道の変化を見たものが図6.38の上図である．図から，リミットサイクル軌道の大きさは確かに上記式(6.16)のように $\sqrt{X}$ に応じて変化することが分かる．

P を変化させていくと，確かにリミットサイクル軌道の大きさは制御できるものの，その形状は P を大きくするに従い丸から台形に近い形に変化してしまうことが分かる．これは，制御に関与している変数が $\dot{X}$ に関する項だけであるので，形状までは制御できないのである．

そこで，**図6.39**のようなある種のエネルギー関数 E

$$E = \sqrt{X_1^2 + X_2^2} \tag{6.17}$$

を定義して，この E がある値 r を維持するような系を考えたのが図6.39の系である．

更に

$$P = E - r \tag{6.18}$$

を定義して，この P を $\dot{X}$ からの帰還路に係数として掛け算で極性を変化させているという構成である．すなわち，$P > 0$ ならリミットサイクル軌跡が大きすぎるので，$\dot{X}$ からの帰還路ゲ

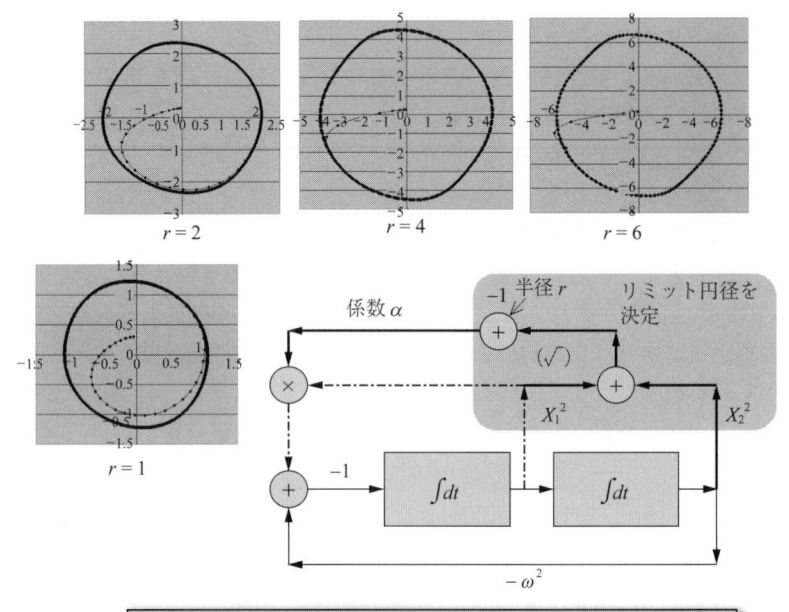

6 これからの非線形システムはこう操れ

図 6.39 $r=2$, $r=4$, $r=6$, $r=1$

$r=1, 2, 4, 6$ と変化させると，横軸 X の値（このとき $\dot{X}=0$）は正確に $X=r$ となっていることが分かり，更にリミットサイクル軌跡もほとんど同じような形状を維持していることが見て取れる．

図 6.39 X と $\dot{X}$ の二つの変数を用いたリミットサイクル軌跡

インをマイナスにし，逆に $P<0$ ならばこの軌跡が小さすぎるということなので，$\dot{X}$ 帰還路のゲインをプラスにして正帰還に誘導するのである．

図 6.39 で，$r=1, 2, 4, 6$ と変化させてみると，横軸 X の値（このとき $\dot{X}=0$）は正確に $X=r$ となっていることが分かり，更にリミットサイクル軌跡もほとんど同じような形状を維

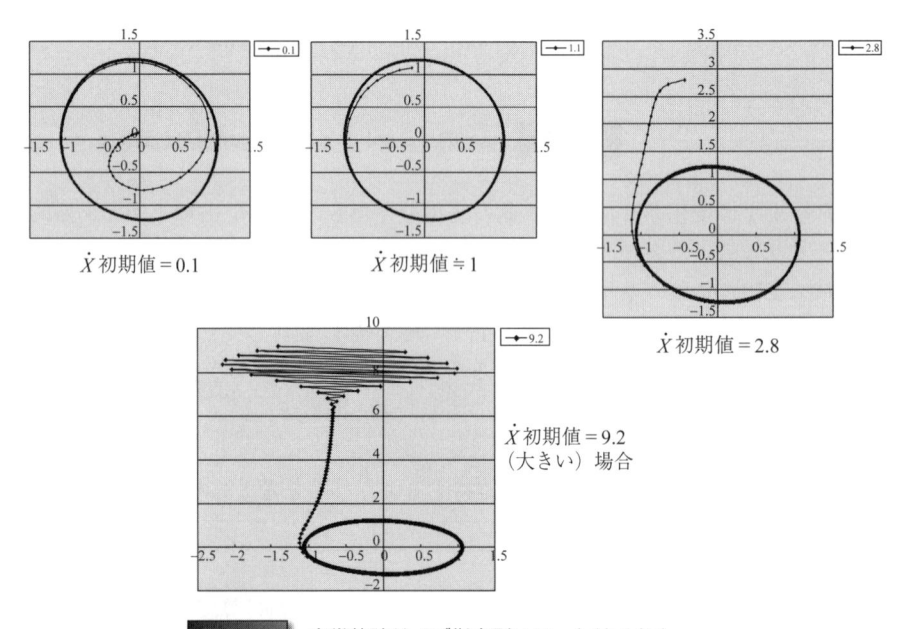

$\dot{X}$ 初期値 $=0.1$
$\dot{X}$ 初期値 $\fallingdotseq 1$
$\dot{X}$ 初期値 $=2.8$

$\dot{X}$ 初期値 $=9.2$（大きい）場合

図 6.40 定常軌跡サイズ指定型リミットサイクル

6.4 リミットサイクル（多重リミットサイクル）

持していることが見て取れる．この発振系の基礎周波数は $(-\omega^2)$ で決まり $\dot{X}$ の帰還路はほとんど発振周波数に影響しない．

図 6.40 は $\dot{X}$ の初期値をいろいろと変化させたときの解軌跡であるが，安定的にしかも軌跡形を変えずに収束する様子を示している（最後の図面は縦軸が縮小されているので，上下につぶれて表現されているが，軸の値を見れば全てが同じ軌跡に収束していることが分かる）．

さて，定常軌跡サイズ指定型リミットサイクル系の基本形，図 6.40 の係数 α の部分に変化を付けることができる．例えば，**図 6.41** の場合には係数 α の代わりに一次低域フィルタを挿入した例で，$\dot{X}$ 帰還路のディザを軽減することができる．同様に，この一次低域フィルタを積分器で置き換えたのが**図 6.42** で示した図であるが，同じく低域フィルタの役目も果たすが，更に $P = E - r$ の制御を加速する役目も果たすことになる．

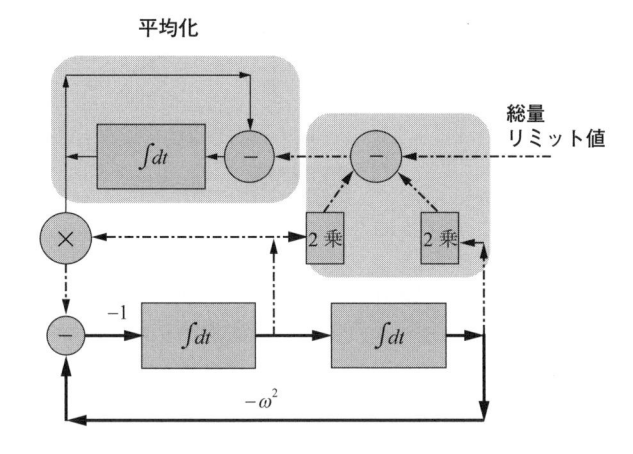

図 6.41 定常軌跡（平均）サイズ指定型リミットサイクル

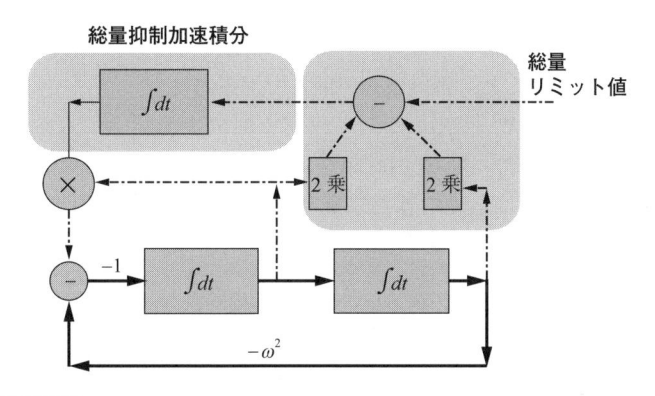

図 6.42 定常軌跡サイズ（制御加速器付き）指定型リミットサイクル

6.4.2 二重リミットサイクルから N 重リミットサイクルへ

今まで見てきたリミットサイクルはその軌跡がただ一つの場合であり，その軌跡を作り出す原理は，系に発散と減衰を制御できるループを作り，そこに飽和特性を挿入する形になる．説明の関係上この部分だけを取り出して一次系のフィードバックループで説明する．**図 6.43** を見て頂きたい．まず太い破線で囲まれた帰還路が典型的な飽和特性 $f(X)$

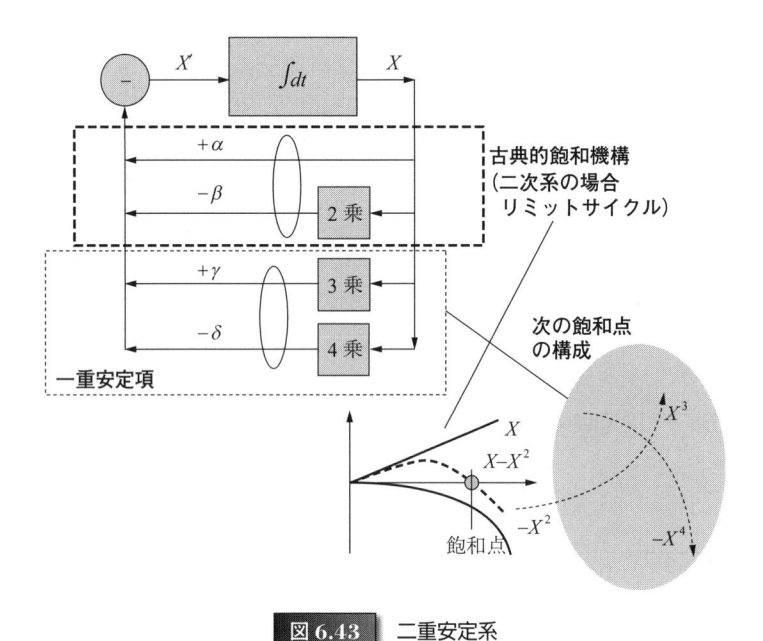

図 6.43 二重安定系

$$f(X) = X - X^2 \tag{6.19}$$

で構成されている．この式の説明は図 6.43 右下に描いたように，$X \fallingdotseq 0$ の領域では式（6.19）の第 1 項だけが利き，逆に $X \gg 0$ の領域では同式第 2 項が利いてくる．その中間は双方を滑らかにつなぐ曲線になり，それが太線で示した曲線で，この曲線が横（X）軸を横切る所を境に，その左側では帰還路ゲインは正に，逆にその右側では負になる．よって，この横軸の交差値が飽和値 X_s となるのである．

次に，この飽和点 X_s の外側に新たな飽和点 X_s^2 を作るべく式（6.19）を上回る高べき乗関数 $f_H(X)$ で飽和特性を作るのである．例として

$$f_H(X) = X^3 - X^4 \tag{6.20}$$

を導入してみる．すると，細い破線で囲んだ帰還路は

$$(X - X^2) + (X^3 - X^4) \tag{6.21}$$

を総合で構成するので，式（6.21）第 2 項が構成する第二の飽和点 X_s^2 を生み出すのである．

図 6.44 がこのようにしてできた二重リミットサイクルを説明する図で，まず原点領域の濃

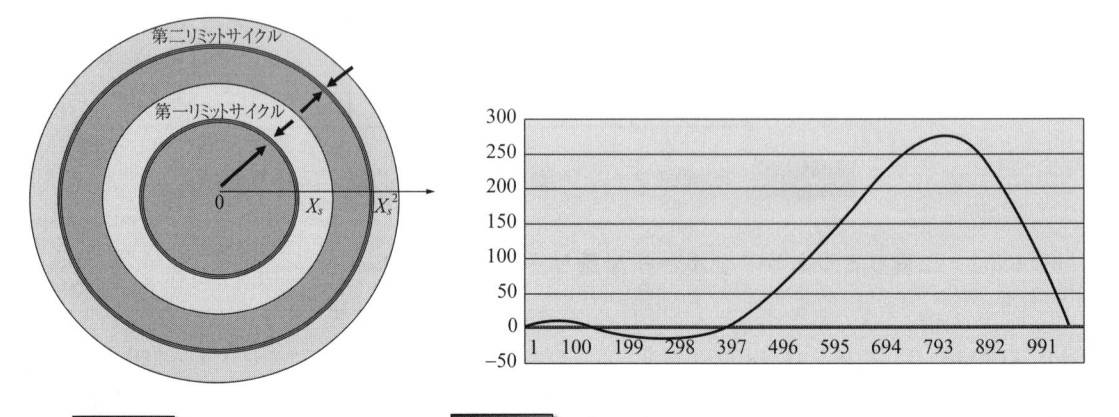

図 6.44 二重リミットサイクル

図 6.45 $X^1 \sim X^4$ の 4 項を用いた二重リミットサイクルの帰還ゲイン

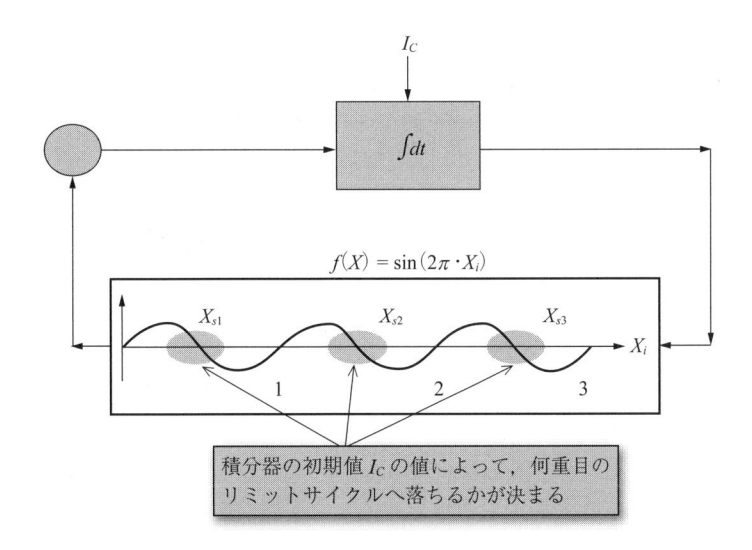

6.4 リミットサイクル（多重リミットサイクル）

いアミ域では発散的に第一リミットサイクルに向かう．その外側の濃いアミ域では第一のリミットサイクルに収束するが，その外側の濃いアミ域では今度は第二のリミットサイクルへ向かい，以降その外側域からは全て第二のリミットサイクルへ収束する．

図 6.45 は式 (6.21) の様子を示したものである．右側が少し切れてしまっているが，間違いなく横 (X) 軸を2度交差する関数であることが分かる．

さて，そうなると任意の N 重リミットサイクルができないか？ という考えが出てくる．手法としては先ほどの例に従い，より高べき乗関数の組合せが考えられるが，その場合には

　・任意の大きさでの N 重リミットサイクルができない．
　・N→大になるに従い構成が複雑になる．

という欠点がすぐに予想される．したがって，別の手法を考えなくてはならない．二重リミットサイクルを作るための必要十分条件は何であったかを考えると，単に

　・帰還路の X に対する振幅特性が X 軸に対して上向き，あるいは下向きに N 個の交差点を持つ．

ということであった．そうすると，そのような関数は何か？ と考えると答えは図 6.46 のような $\sin(X), \cos(X)$，そしてより一般的な繰返し関数 $f(X)$ を持ってくればよいことが分かる．図 6.47 はこのようにして作った一次系の N 重リミットサイクルである．N 個あるリミットサイクルのどこに落ちるかは，積分器の初期条件 I_C がどの飽和点 X_{si} に近いかで決まることになる．

図 6.48 は実際に先の系に N 重リミットサイクルのしきい値間隔に近い値を次から次にイン

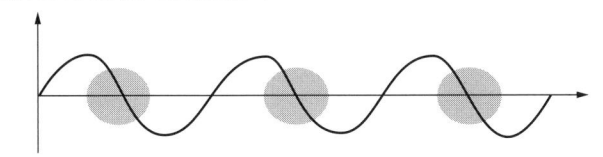

図 6.46 N 重リミットサイクルに必要な帰還路のゲイン特性

図 6.47 N 重リミットサイクルの例

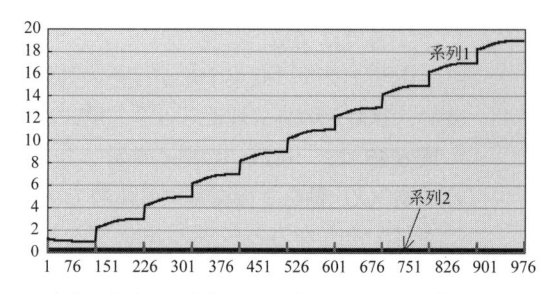

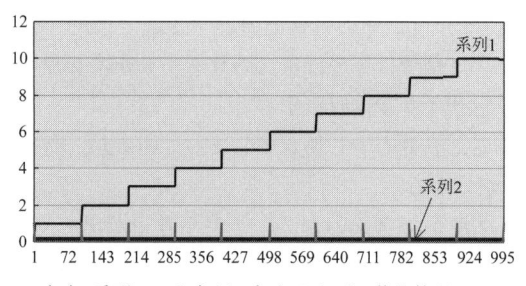

(a) 系列2の入力が1加わるたびに積分値が一つずつ上がっていく様子

(b) 系列2の入力2−αが加わるたびに，積分器は二つ飛びのリミットサイクルに移っていく

図6.48 正弦波型帰還路利得を持った一次系のN重リミットサイクルの動作

パルス的に入力（系列2）したときに本当にこのリミットサイクルの階段をのぼっていくか（系列1）を試行したものである．同図（a）はまず，安定周期に等しい1をインパルスとして加えていった場合の振舞いを示すが，思惑どおり積分器は一つずつリミットサイクルの階段をのぼっていく様子が分かる．次に，同図（b）の場合は（a）の2倍の大きさの入力（$2-\alpha$；$\alpha \fallingdotseq 0$，$\alpha>0$）をインパルスで加えた場合で，入力印加直後になだらかに次のリミットサイクル値に上がり，その値に落ち着き，2ずつ上昇することを示しており，$\sin(X)$型の帰還路ゲイン関数で間違いなくN重リミットサイクルが実現できることを示している．

図6.49は逆に積分値の初期値を大きな値として外側のリミットサイクルを初期値とした状態に，入力−1を加える（系列2）ことによって，リミットサイクルの階段を今度は下りる（系列1）ことを示した図であり，今回提案が双方向に思惑どおり動いていることを示している．

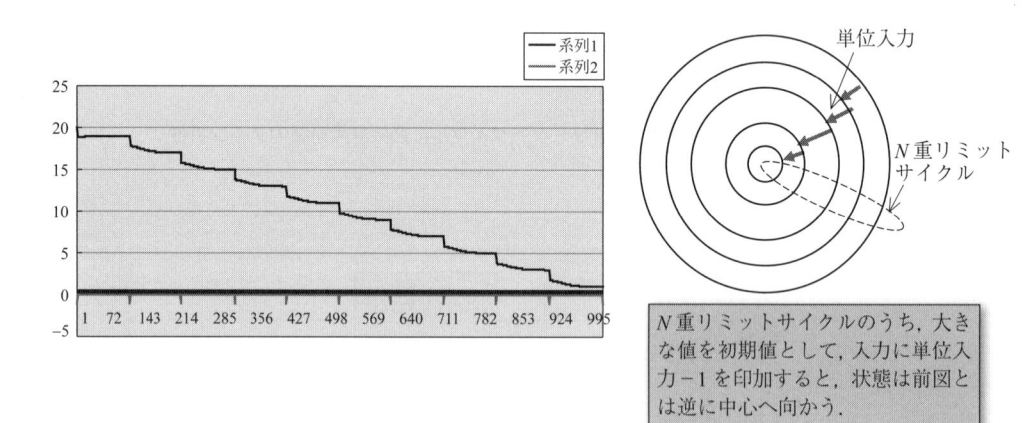

N重リミットサイクルのうち，大きな値を初期値として，入力に単位入力−1を印加すると，状態は前図とは逆に中心へ向かう．

図6.49 N重リミットサイクル（状態降下）

さて，既に述べたように，ここまでは一次帰還系に関する話ばかりをしてきたが，実際にはこの仕掛けを二次系以上の系での発散・収束に関与している枝に挿入することでリミットサイクルが実現される．その例を**図6.50**（a）に示す．この図は平凡な二次の正弦波発振系の帰還路にsin，cos，tanなどの周期関数を挿入したものである．例えば周期関数の$\tan(X)$や$\sin(X)$を選んだとする．この場合，$X \fallingdotseq 0$の場合には$\tan(X), \sin(X) \rightarrow X$で近似できることから，図の$X_2$が0に近い小さな値のときは通常の二次系の正弦波発振器と全く変化がない．しかしX_2

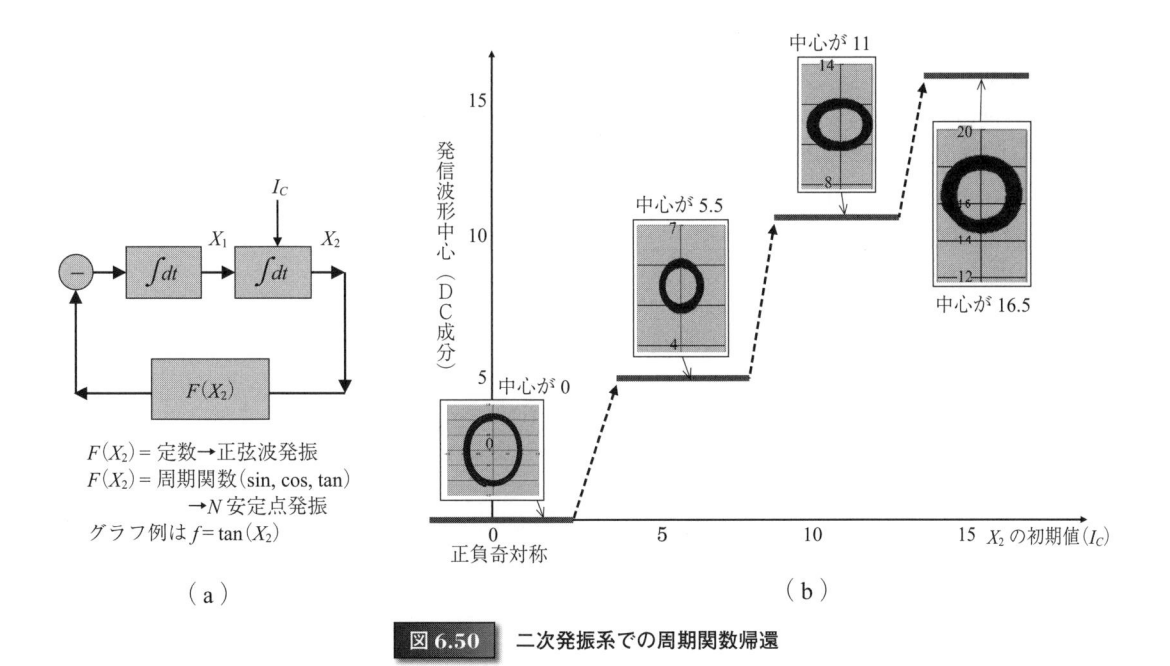

(a)

$F(X_2) =$ 定数 → 正弦波発振
$F(X_2) =$ 周期関数(sin, cos, tan)
　　　　→ N 安定点発振
グラフ例は $f = \tan(X_2)$

(b)

図 6.50　二次発振系での周期関数帰還

の初期値をどんどん大きくしていくと，発振系の動作安定点は隣の周期のそれに移る．かくして，動作安定点は初期値の大きさに従い，どのような値にも増減していくことが分かる（図 6.50 (b))．同図では，回転する周回軌道の中心位置が，系の初期値（I_C）の増加に従い，上方へ次々とシフトしていくことを示している．

6.4.3　リミットサイクルの原点近傍の振舞い（普及率曲線への考察）

一般的リミットサイクルは，図 6.51 に示したように原点周辺が発散領域として表現されている．この特性は，何かある問題提起がなされれば，無条件でこの項目が増加，発展するモデルで，この発展があるレベルに達すると飽和するという仕組みである．例えば，動植物の発芽，卵のふ化などは高い確率でこのモデルが当てはまる．ところが，ある新製品や新サービスの普及過程を考えると，必ずしもこのような単純ではないことを経験的に知っている．すなわち，

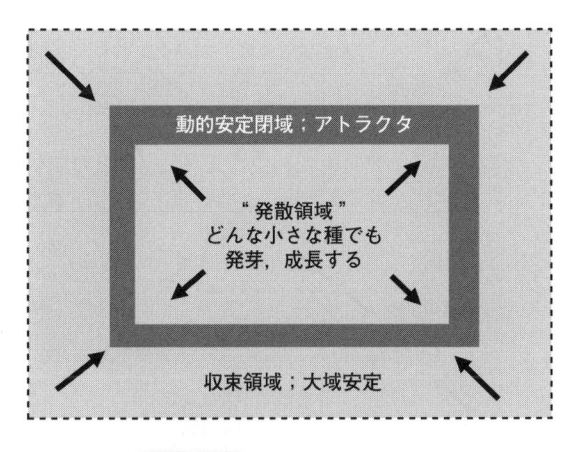

図 6.51　原点近傍で発散的特性

その製品やサービスが長い期間掛かって，やっとある程度の規模になって初めて，順調，爆発的に伸びるのが実感である．病気も同じような過程をたどる．病原体に汚染されてもそれがある程度の量にならなければ人間の免疫力に駆逐されてしまうだろうし，がんの発病も初期的発がんは多くの人々の中で発生しているが，発病の確率はそれに比べて極めて低い．

そのようなモデルは，どのようにモデル化すればよいか？ 一つは図 **6.52** で示すように原点付近で利得を下げて，周辺へ向かうほど高くするようなモデルがある．これについては既に 6.2 節の飽和特性で述べており，有力なモデル化である．

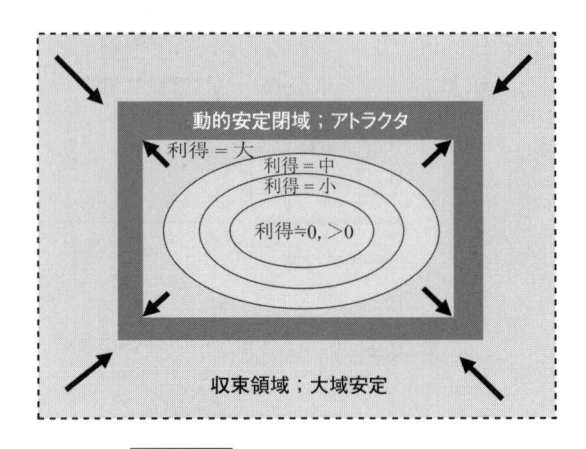

図 6.52 原点近傍で利得可変

もう一つは，細菌感染モデルのように，ある程度以上の値でなくては発散せずそのまま消滅していく場合で，原点近傍では明らかに消滅するモデルが必要である．これを表しているのが図 **6.53** で，原点に明らかな安定点が存在し，消滅する解を持っている．原点付近での発散，消滅を示したものが図 **6.54**(a)，(b)で，前者は原点近傍で発散し，後者は安定点へ向かう消滅過程を持っている．図（a）については先ほど帰還路利得関数として $\sin(X)$ が候補に上がっていた．この関数は X 軸に対し複数の交差点を持っているので選ばれたものであり，原点付近で正の傾きを持っている．これが原点付近に発散特性を決めているのである．そこで，原点付近で逆の特性が必要ならば，実にシンプルで，$\sin(X)$ を単に $-\sin(X)$ と極性を変えればよ

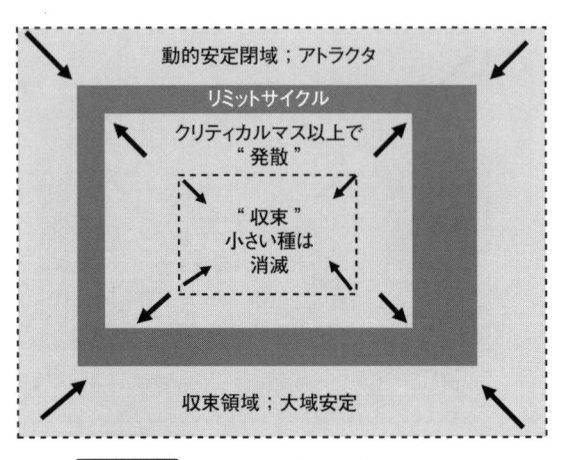

図 6.53 原点安定点付きリミットサイクル

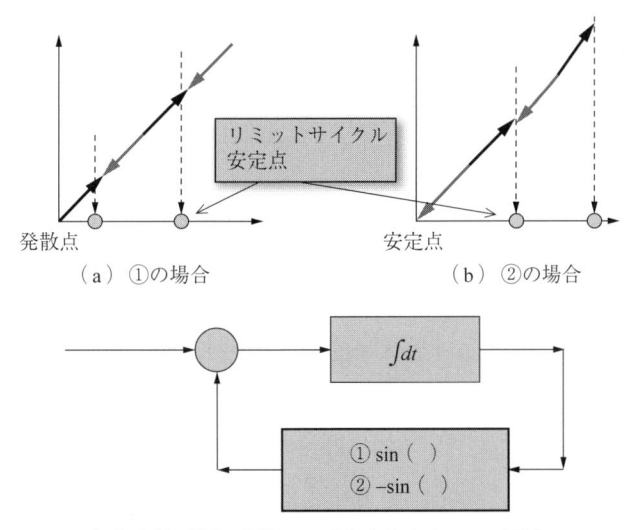

6.4 リミットサイクル（多重リミットサイクル）

（a）①の場合　　　（b）②の場合

（c）原点付近の振舞いの変化を決める二つの関数

図 6.54　N 重リミットサイクルの原点での振舞い

い（図 6.54(c)）．

この二つのダイナミクスを比較したのが**図 6.55** であり，図（a）では，$X \fallingdotseq 0$ の近辺から発散して直近のリミットサイクルに至っている．一方，図（b）の場合は $X \fallingdotseq 0$ 近傍では，必ず収束していって，クリティカルマス以上の値でやっと直近のリミットサイクルに達することが分かる．図 6.55 に $\sin(X)$ と $-\sin(X)$ 型帰還路利得関数の振舞いの違いを示す．

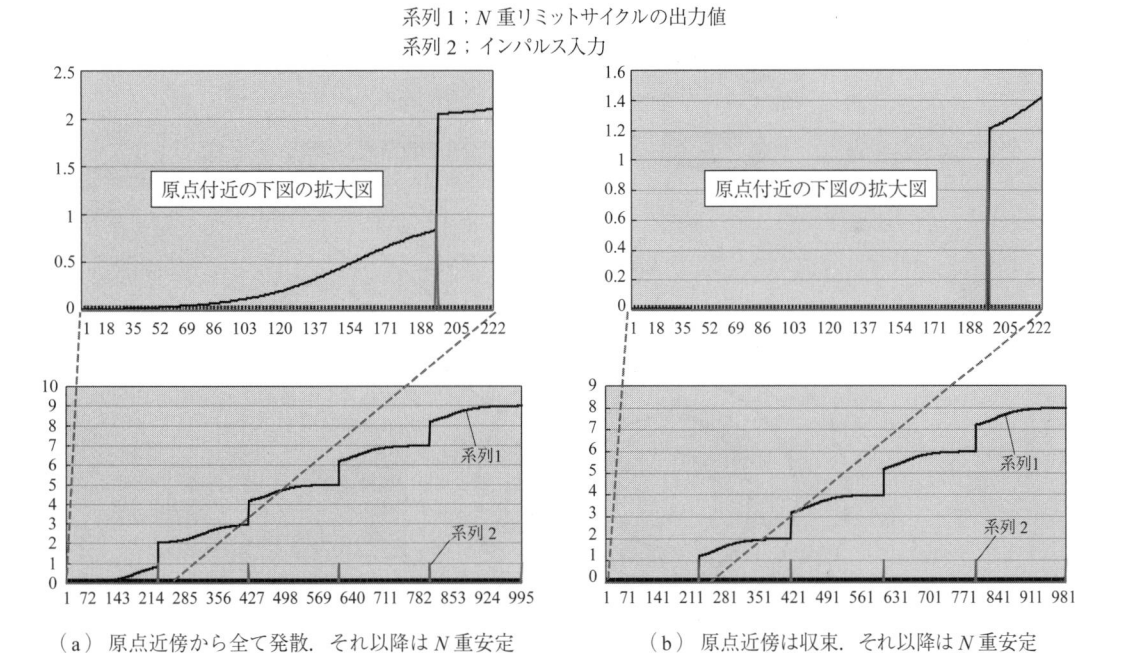

系列 1：N 重リミットサイクルの出力値
系列 2：インパルス入力

（a）原点近傍から全て発散．それ以降は N 重安定　　　（b）原点近傍は収束．それ以降は N 重安定

図 6.55　$\sin(X)$ と $-\sin(X)$ 型帰還路利得関数の振舞いの違い

6.4.4 N 重リミットサイクルでの無限大付近の振舞い

N 重リミットサイクル実現に $\sin(X)$ 型の帰還路利得関数を使うと，リミットサイクルが永遠に続くことになり，これも現実的ではない．そこで，$X \to$ 大となった領域で
 (1) 最後と決めたリミットサイクルに収束
 (2) 最後と決めたリミットサイクルの外側の領域は発散領域とする
の 2 通りの処理の仕方がある．この実現方法としては，**図 6.56** のように $\sin(X)$ 帰還路の外側に並行して $\pm \alpha$ の別の帰還路が作られている．$\alpha \doteqdot 0$ と設定しておけば，X がある値以下であれば，ここで新設した帰還路は無視され N 重リミットサイクル特性を示すが，X が大きくなれば，**図 6.57** のように逆に $\sin(X)$ の絶対値は 1 であるので，新設された帰還路が優位に

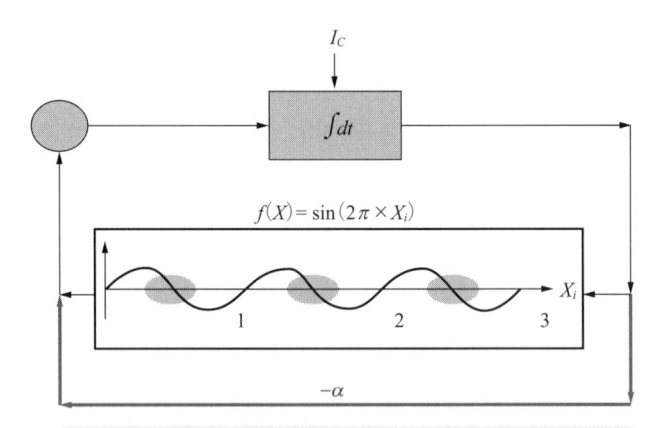

図 6.56 N 重リミットサイクルの無限大の振舞い

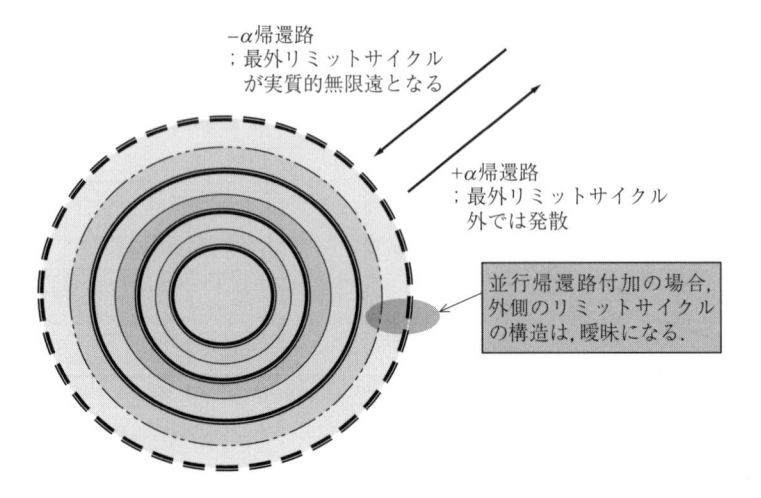

図 6.57 N 重リミットサイクルの無限遠での振舞いの制御

なり，このとき $-\alpha$ であれば大域的安定になり，$+\alpha$ であれば無限の彼方に発散することになる．ただし，この方式では二つの帰還路の値が相殺し合うために，外側のリミットサイクル構造が不明確になるという欠点を持つので，必要な N の数の確保に注意を払う必要がある．

6.5 一次系（低次系）＋外部入力での非消滅システムの構築

制御系や複雑系の多くの論文によって，動的安定系（アトラクタ）を構成するためには少なくとも二～三次系以上が求められる．すなわち，一次系では発散と消滅の二つの振舞い以外にないというのがその理由である．そこで，発散と消滅の中間の状態を何とか作れれば，低次系で，動的安定が得られる．この問題に解を与えるのが，一次系における消滅過程を工夫して，"収束緩慢領域"を設定することである．この緩慢をどう定義するかであるが，ここでは緩慢領域として定義した域地の外周での収束速度に比べて十分に遅い収束過程を考えたい．

図 6.58 にそのモデルを示す．基本的にはこの系は一次安定系であるので，どのような初期値からでも原点に向かって収束の振舞いをし，図ではその中心を目指す．ただし，原点近傍の"収束緩慢領域"に入るや，その動きは遅くなり原点の周りに長時間漂うことになる．更に，このような状態に外部入力が加わり，系の状態が原点に留まることを許さない状態を作ることができれば，系として見掛け上"動的安定"が実現されたことになる．このような原点近傍の"収束緩慢領域"をいかに作るかである．それが図 6.59 に示した系であり，全体的には平凡な安定二次系を構成していて，$\dot{X}_1$ からはこの発振系を減衰させる減衰項（$-k$）が設けられている．ただし，一般の発振系と異なる点は X_2 から $\dot{X}_1$ への帰還路が一般的（$-\omega^2$）なものと異なり，X_1 の高次奇数べき乗で置き換えられている．更に，$\dot{X}_1$ へは系への外部入力が印加されている．

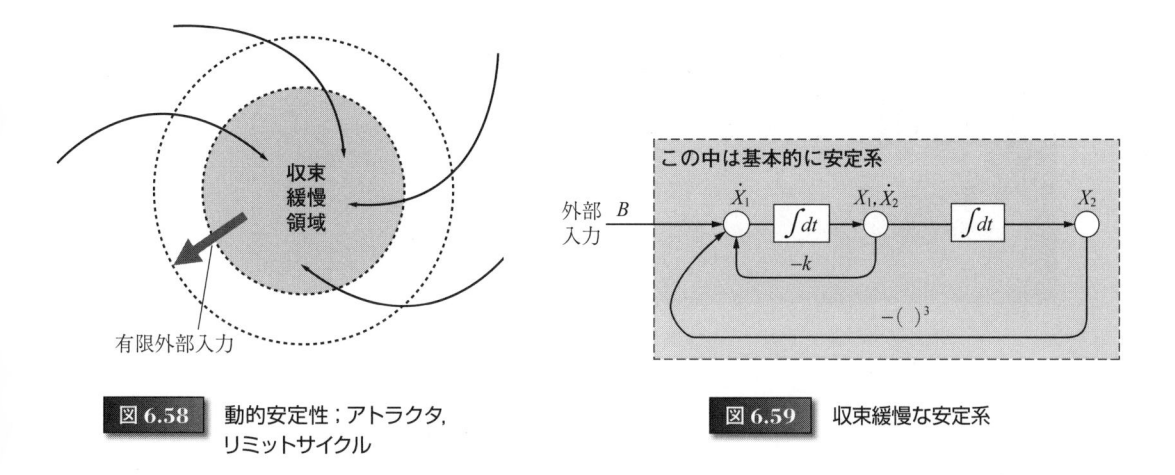

図 6.58 動的安定性；アトラクタ，リミットサイクル

図 6.59 収束緩慢な安定系

図 6.60 がそのステップレスポンスを示しており，外周帰還路が線形係数の場合が同図上段のもので，ごく一般的な安定二次レスポンスとなっていることが分かる．ところが，外周帰還路が 3 乗，5 乗，7 乗とべき乗数が上がるに従い原点ゼロへはなかなか近づかなくなることが分かる．その理由は，高べきになるに従い，つまり状態 X_2 がゼロに近づくに従い，その高べきは近似的にゼロになってしまい，結果的にはこの二次ループがオープンになってしまったことと等価であるからである．

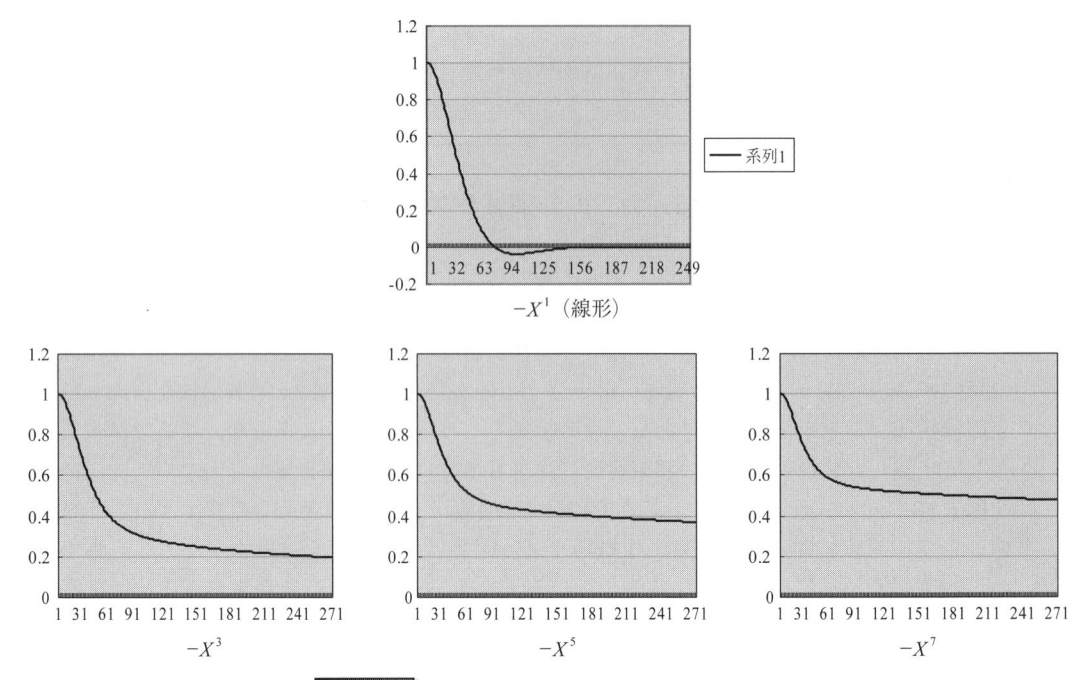

6 これからの非線形システムはこう操れ

$-X^1$（線形）

$-X^3$ $-X^5$ $-X^7$

図 6.60 収束緩慢安定系のステップレスポンス

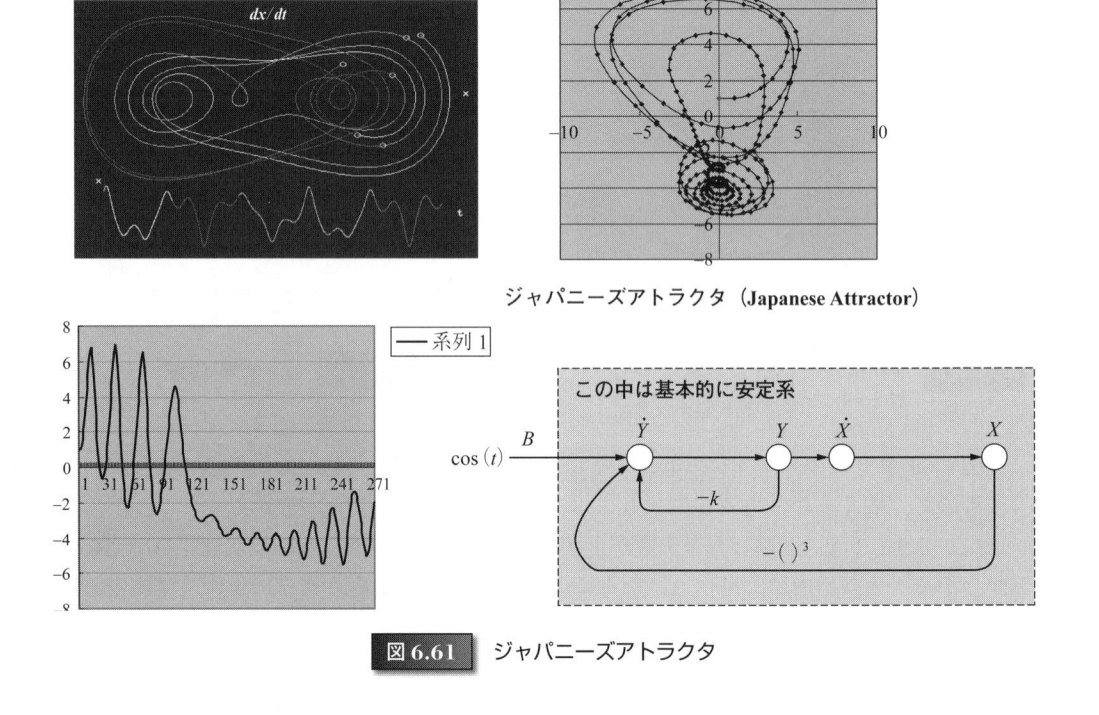

$dX/dt = Y$
$dY/dt = -kY - X^3 + BZ$
$Z = \cos(t)$

ジャパニーズアトラクタ（Japanese Attractor）

この中は基本的に安定系

$\cos(t) \xrightarrow{B} \dot{Y} \quad Y \quad \dot{X} \quad X$

$-k$

$-(\ )^3$

図 6.61 ジャパニーズアトラクタ

6.5 一次系（低次系）＋外部入力での非消滅システムの構築

このような系に外部入力として $\cos(t)$ を選び，外周帰還路に3乗則を選んだものがジャパニーズアトラクタとして知られる図 6.61 の系である．したがって，系の振舞いの厳密な吟味を除けば，同様な系はいくらでも作り出すことができる．その例として図 6.62 を示す．このシステムの仕掛けは，X が大きくなると，太線ルートがマイナスとなり，一点鎖線ループが負帰還として働き，収束していくことである．大外の X の3乗ループは不完全ながら負帰還ループである．図 6.63 はこのシステムの軌跡を表している（詳細は触れない）．

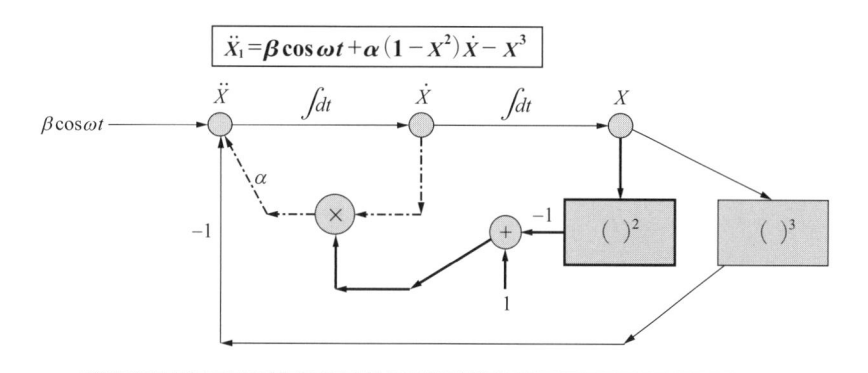

$$\ddot{X}_1 = \beta \cos \omega t + \alpha(1-X^2)\dot{X} - X^3$$

X が小さいときには正帰還であった α の一点鎖線ループは X が大きくなると，太線ルートがマイナスとなり，一点鎖線ループが負帰還として働き，収束していく．大外の X^3 乗ループは不完全ながら負帰還ループである．

図 6.62 強制振動子

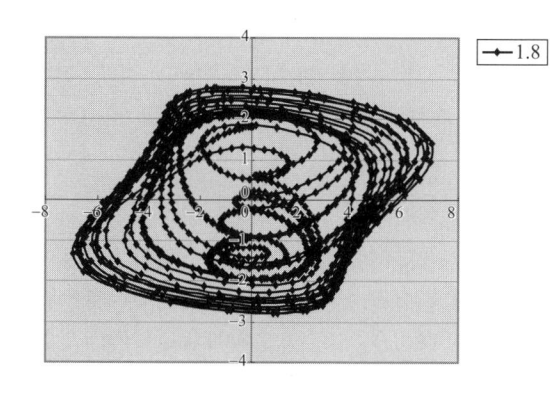

強制振動子

Δ	0.065
β	5.2
α	1.05
I_C	1.8
ω	2.7

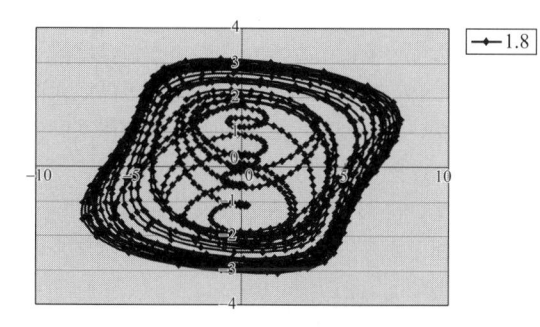

Δ	0.065
β	5.2
α	0.7
I_C	1.8
ω	2.7

図 6.63 強制振動子の軌跡

7 見え出した非線形飼い慣らし手法

　非線形システムの最大の特徴は，既に何回も述べているようにシステムを構成する変数間での相互干渉が存在し，これこそがシステムの振舞いの主要部を決定している点である．我々が生活しているこの人間社会はまさに人とのつながりを絶えず意識しながら生活している場であり，そこで起こる社会問題こそが非線形システムの解なのである．中でも，見ず知らずの多くの人間がほとんどの場面で摩擦なく共通インフラを利用できたり，暗黙の社会ルールを共有できるための原理として，"同期"の概念がある．この同期の概念の延長線上には"尽数関係（Resonance）"など自然界でも複雑な多体問題の安定解を与えるものとして存在する．これら多くの実際の問題についての考察は8章に譲り，ここではまず，システムモデルとしての事実だけを説明することにする．

7.1 同　　期

　社会システムの中でのそれは"思いやり"，"共感"，"支援"，"従属"，"ルール"などと様々な表現で存在し，その意味合いも微妙に異なる．一方，意思を持たない自然界での同期についてはある意味で"不思議な現象"として捉えられてきた．物理現象での同期が直感的に理解できるのは，やはり振動系の同期であろう．この現象発見の有名なエピソードとして，振り子時計を発明したホイヘンスが，同じ壁に取り付けられていた振り子がいつの間にかそろってしまう現象に気づいたことが最初と伝えられている．しかし，このようにほぼ同じようなシステムが近傍の媒質を通して互いに力を及ぼし合って同期現象を起こすことは，人間の長い歴史の中でずっと早く見つけられていたに違いない．ただし，これをどれだけ体系的に検討したかについては，直接的記述が不十分だったことは想像に難くない．

　近くにある複数のシステムの状態が互いに影響し合うとなぜ"同期"という状態に導かれるのか？　というのがここでの最大の問題であろう．生物界でいえば，ホタルの点滅がある領域で自然と同期してくることは有名な事実であるが，その理由について生物学者からは合理的な説明を聞いたことがない．そこでまず，ホイヘンスの振り子の共振を取り上げ，何が起こっているかから検討を深めたい．

7.1.1 加算的干渉モデル

システムの状態が相互干渉する場合，それをどのようにモデル化するかが初めのステップである．図 7.1 にそのモデルを示す．X_1, X_2 をシステムの状態とする二つのシステム

$$\dot{X}_1 = f_1(X_1) \tag{7.1}$$
$$\dot{X}_2 = f_2(X_2) \tag{7.2}$$

を考える．ここで二つのシステムが同期するには，システムダイナミクスを決める関数 f_1 と f_2 が全く異質なものでは同期が起こらない．同期が起こるためには各関数に含まれているパラメータの選択によってその振舞いがある意味で同形，同値になり得る関数系の組である必要がある．例えば，二つのシステムは振り子でその共振周波数（周期）ω，位相（初期条件）θ，摩擦（ダンピングファクタ）ξ などが独立に設定できる関数の組 f_1, f_2 を考えると分かりやすい．このようなシステムの状態 X_1, X_2 の相互干渉モデルとして

$$X_1 への干渉 = -C \cdot (X_1 - X_2) \tag{7.3}$$
$$X_2 への干渉 = -C \cdot (X_2 - X_1) \tag{7.4}$$

を定義する．ここで，C はシステム間の干渉係数として定義する．

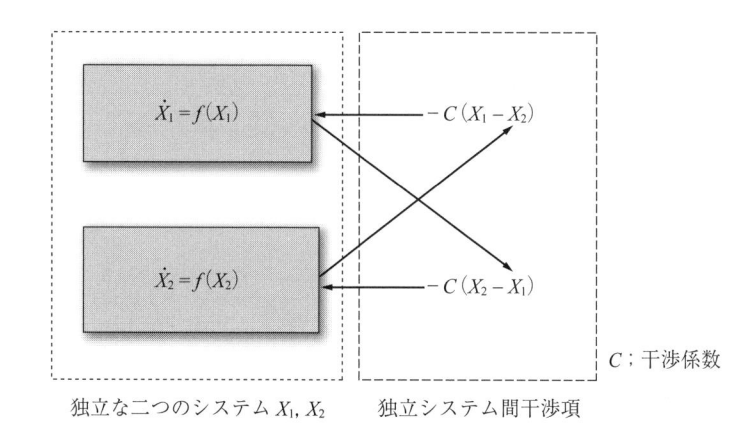

図 7.1 加算的干渉（同期）

この式 (7.3), (7.4) の意味するところは，X_1 の C 倍が X_2 へ行き，同じく X_2 の C 倍が X_1 に行き，系全体としては X_1, X_2 の総合エネルギーは消滅も増加もしないモデルになっているのである．

これらから，f_1, f_2 は，これら二つの干渉項を加えて同図のような新たなシステム系を構成することになる．

図 7.2 に上記で定義したシステムの SFG を示した．各々は単純な二次系から構成される正弦波発生器でこれらを同図の太線で描かれた干渉項で結んだのが新しいシステムである．ここで，式 (7.3) と式 (7.4) とは極性が逆になっているが，図 7.2 で分かるように，この干渉項は総合的には対称，同値となっていて，負の減衰項が加わっていることが分かる．

二つの共振器の共振周波数をここではわざわざ数％違えて設定してあるので，干渉項がないときには図 7.3 (a) のように時間が経つに従いその差はどんどん大きくなっていくことが分かる．更に各々のシステムの振幅は，発振的に大きくなる設定である．ここで，干渉項 C を入れてみると，同図 (b) のように双方の周波数がピッタリと合ってきたことが分かる．これが同期状態なのである．更に，C を大きくして干渉量を増やしていくと，双方の振幅安定性が増

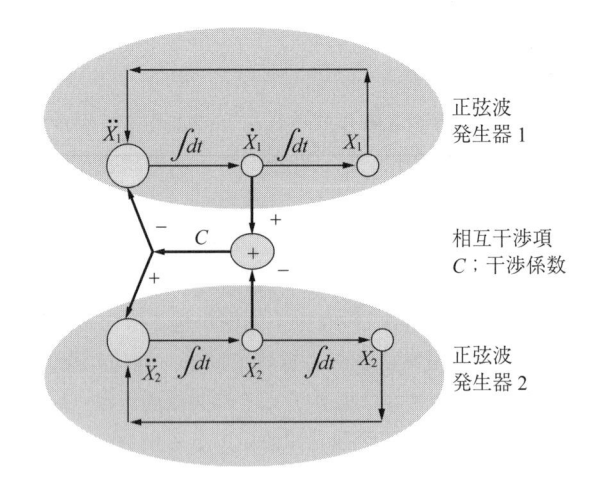

図 7.2 相互干渉する二つの正弦波発生器

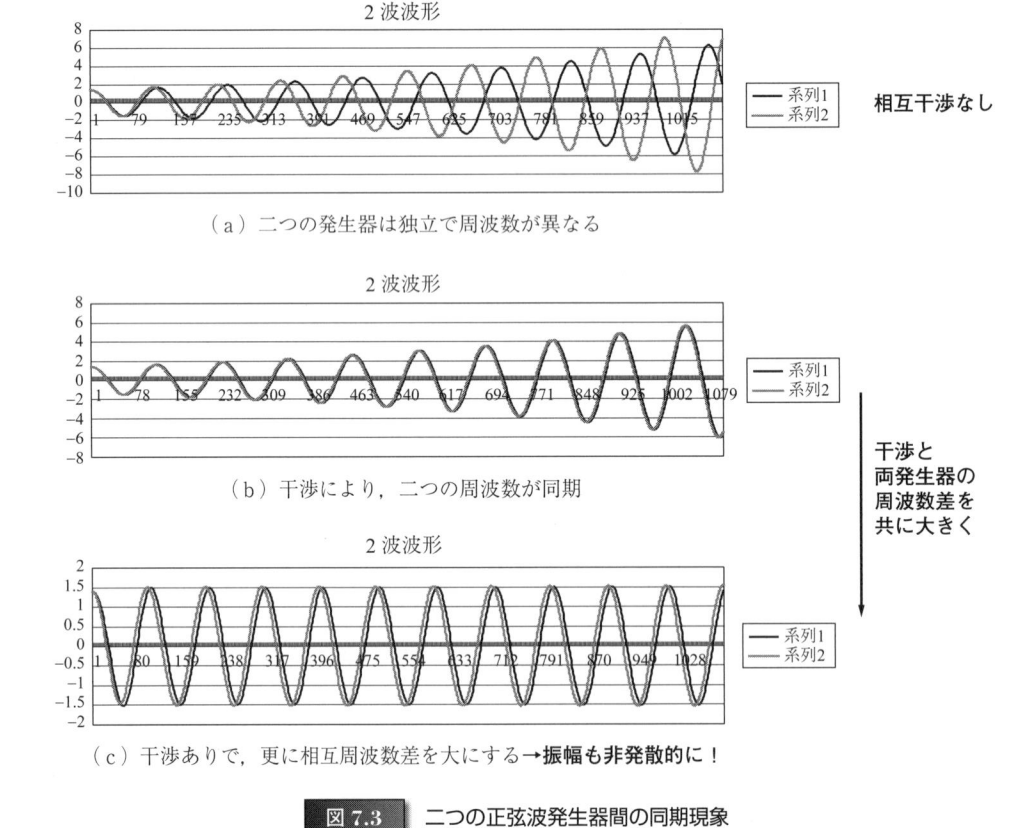

(a) 二つの発生器は独立で周波数が異なる

(b) 干渉により，二つの周波数が同期

(c) 干渉ありで，更に相互周波数差を大にする→**振幅も非発散的に！**

相互干渉なし

干渉と両発生器の周波数差を共に大きく

図 7.3 二つの正弦波発生器間の同期現象

して一定値振幅となることが分かる．同期が掛かって，周波数が同期されただけでなく，系全体の安定性も著しく改善されたことが分かる．この理由は，双方のシステムが同期を取り，発振周波数が本来それらが持つ固有周波数からずれたところで動作させられていることから，本来の共振系からは相当大きな減衰を受けているからである．**図 7.4**(a)はその様子を示している．周波数差20%で干渉係数 $C = 0.013$ の場合には，同期がとられているものの，全体として発散

7.1 同期

(a) 干渉係数 $C = 0.013$
　　周波数差：20％

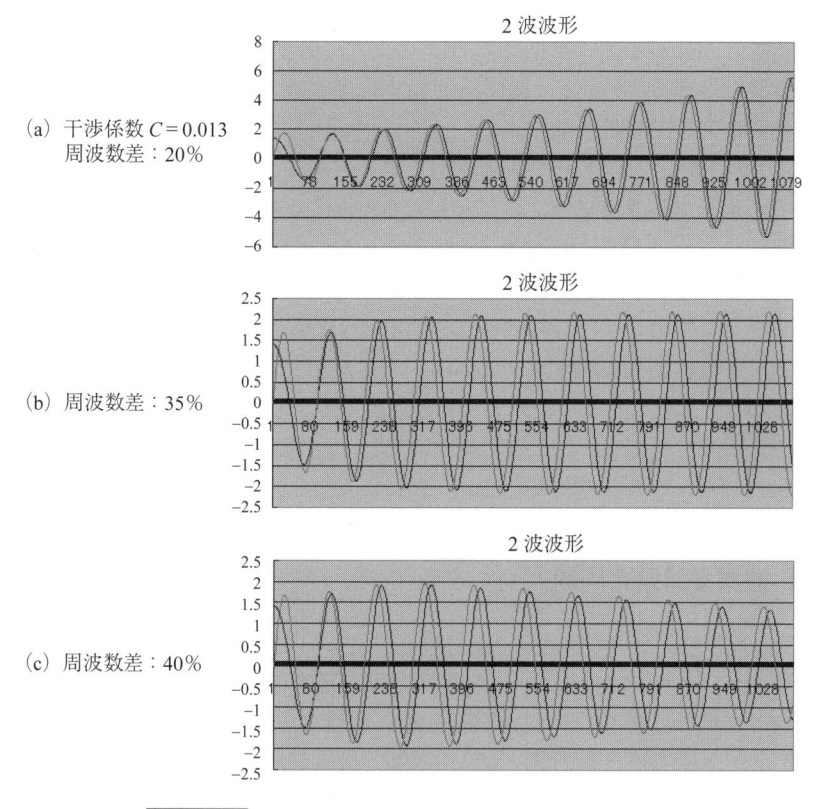

2波波形

(b) 周波数差：35％

2波波形

(c) 周波数差：40％

2波波形

図7.4 同期2システム間の周波数差とシステム安定性

2波波形　　　　　両積分の差

(a) 干渉なし：二つの発生器は独立に発振．$(\dot{X_1} - \dot{X_2})$ vs $(X_1 - X_2)$ も増加

2波波形　　　　　両積分の差

(b) 干渉あり：二つの発生器は同期．$(\dot{X_1} - \dot{X_2})$ vs $(X_1 - X_2)$ は収束

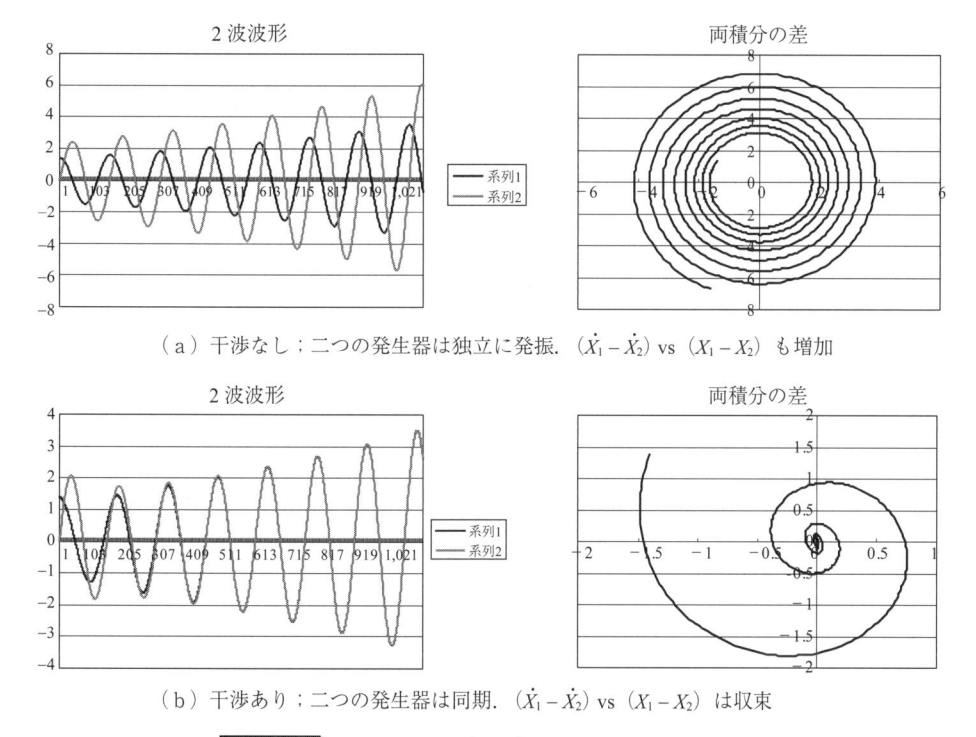

図7.5 同期過程と $(\dot{X_1} - \dot{X_2})$ vs $(X_1 - X_2)$ 変化過程

傾向にあることが分かる．そこで，図 (b) のように周波数差を 20%→ 35% に増加させると，振幅は定常状態へ移行してくる．同図 (c) は更に周波数差を 35%→ 40% と増やすと今度は完全に減衰過程に入ることになり，最後にはゼロ振幅となる．

さて，双方の状態 X_1, X_2 とその微係数 $\dot{X}_1, \dot{X}_2$ の差を二次元で表現したのが**図 7.5** で，図 (a) が干渉なしの場合で時間が経つに従いどちらも大きくなっていくのに対して，図 (b) は干渉ありで同期がとられた場合の図であるが，$(\dot{X}_1 - \dot{X}_2)$ も $(X_1 - X_2)$ の両方共に渦を巻いてゼロに向かっていることが分かる．この点が重要な視点で，すなわち相互干渉が存在する場合には，この干渉量をゼロにすべく自己のダイナミクスを変化させるということで，その解は二つのシステムが同じダイナミクスを持つ，すなわち同期することが相互干渉量を最小にするということを示しており，これこそが"同期"現象と理解する上で最も重要かつ，更に今まで陽に説明されてこなかった点である．以上の記述は図 7.2 の太線部分を文章化しただけで，同図中央の加算器の出力（両システムの変数の違い）をゼロになるように制御が進むことは自明である．

7.2 捕食-被捕食問題と同期

捕食-被捕食問題についていろいろと述べてきたが，このような系は地球規模的広がりを持つことはまれで，一般的には限られた地域内で閉じてそのダイナミクスを具現化している場合が多い．**図 7.6** にその様子を示すが，地域 A ～ G は各々が先の閉じて独立している領域を示している．これらの領域は例えば，高い山や湖，川筋などで動物の移動が隔絶されている．この場合，各領域では環境が異なるために出生率や死亡率，関数の初期条件などが独立に設定されているので，そのシステムダイナミクスも様々なパターンを持って並存している．

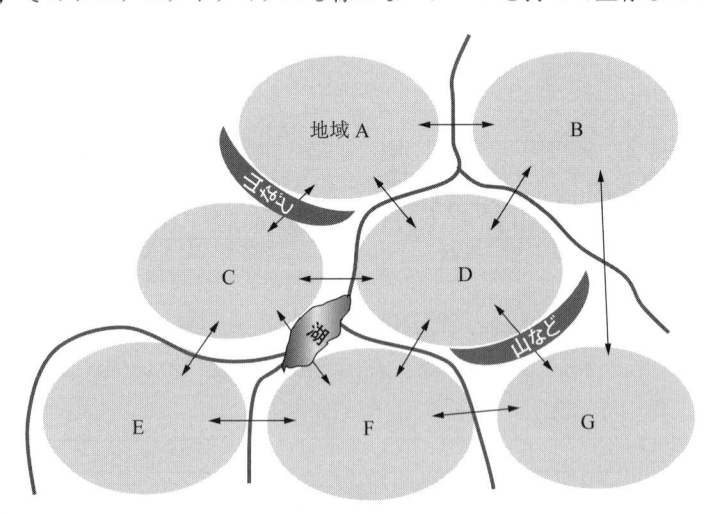

図 7.6　被捕食者の生息地パッチ

さて，実際にはこのような隔絶された地域間でもその障害を乗り越えて，系を構成している要素はある％で地域間で行き来することも考えられる．このような場合，隣接して独立した生態系を持つ二つの地域間で何が起こるかを検討したい．**図 7.7** には全く独立な系 1 と系 2 が捕食-被捕食系をなして存在しているとしよう．系 1 には X_1, Y_1 が，系 2 には X_2, Y_2 が各々 2 種の動物として存在する．出生率や死亡率は各々別の値が設定されていると仮定する．このよ

7.2 捕食-被捕食問題と同期

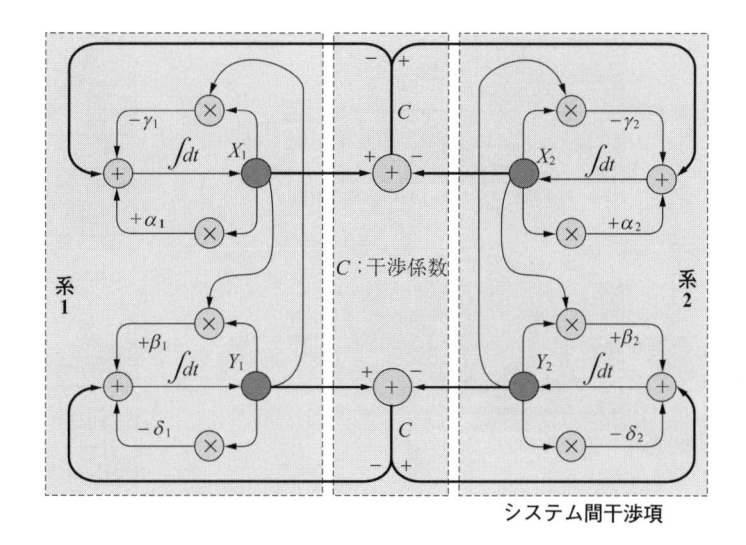

図 7.7 二つの捕食-被捕食間の同期現象

うなシステムにおいて，同種同士 $X_1 \Leftrightarrow X_2$ と $Y_1 \Leftrightarrow Y_2$ が干渉係数 C で相互干渉すると仮定する．すなわち，確率 C で各々の種が行き来するということである．

図 7.8 を見て頂きたい．二つの系のパラメータが異なることからそのシステムダイナミクスは同図右のように異なる軌跡上をグルグル回っている．同図下は $(X_1 - X_2)$ と $(Y_1 - Y_2)$ の二次元軌跡を示しており，当然ながら止まることなく変化している．ここで，干渉係数 C にゼロ以外の小さな値を置いてみる．それが**図 7.9** である．その瞬間，驚くことに，二つの異なっ

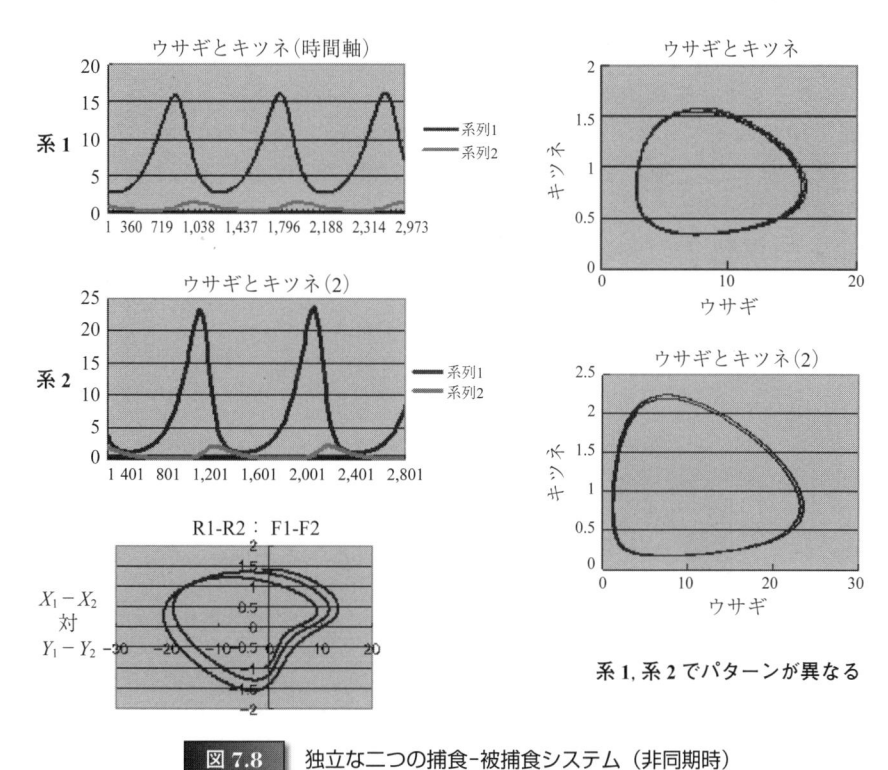

図 7.8 独立な二つの捕食-被捕食システム（非同期時）

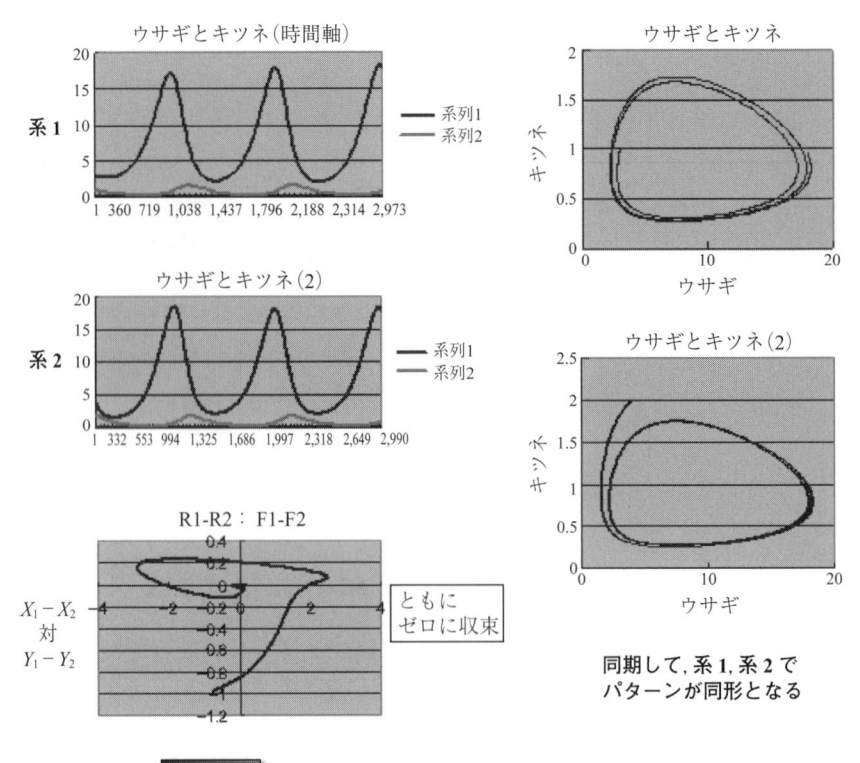

図7.9 独立な二つの捕食-被捕食システム（同期時）

た軌跡はピッタリ同じになることが分かる．更に，同図下の $(X_1 - X_2)$ と $(Y_1 - Y_2)$ の二次元軌跡はゼロへ向かって収束し，最後にはゼロになっていることが分かる．すなわち，$X_1 = X_2$ と $Y_1 = Y_2$ が同時に成り立っているのである．このような完璧な同期が $C \fallingdotseq 0.01 \sim 0.02$ 程度のごく小さな干渉係数で実現されるのである．まさに驚きである．

図7.10 は隣接する両領域を行き走ることができる干渉路（干渉係数 C）を通る値の変化，言い換えれば二つの独立地域間を行き来する2種の動物の数の変化を表している．この値が同期が進むに従い限りなくゼロになっていくことが分かる．すなわち，二つの系が同期したときには，ごく僅かの種の交流が残り，二つの系はその独立性を回復したように見える．系の間に干渉が存在し相互に大きな干渉を受けるとき，これを回避，軽減するためには互いに同期を取ることによって相互干渉量を最小にできることを選択しているということができる．これは，我々の日常生活でも同様の経験をすることができる．近隣の人間関係において，摩擦を起こさ

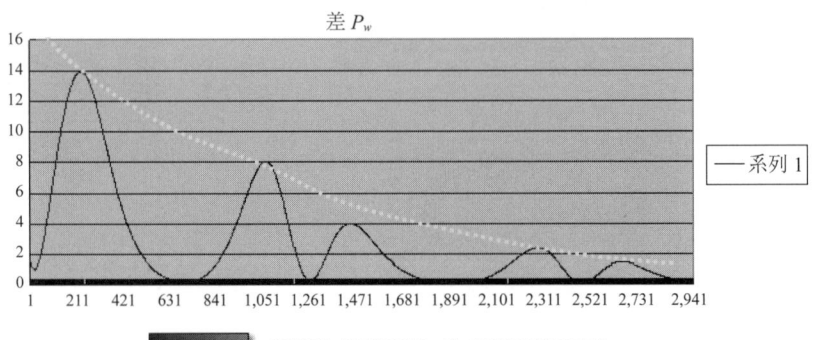

図7.10 干渉路（干渉係数 C）を通る値の変化

ないために彼らと生活パターンを同一にするというのはまさに世渡りの知恵として言い伝えられている．

ホタルの点滅が同期するという話は昔から知られている．ゲンジボタルその他種類によって同期の形，点滅のパターンは異なるが，同じ種の中では同期し点滅する事実は変わらない．なぜ，同期するのであろうか？（**図7.11**）．様々な憶測，意見が生物学者から出ているが，どれが正解かは分からない．しかし，生物は生きていくことや，その種の子孫を残すことに精一杯であることから，同期を取ることは何らかの必然性があるに違いない．生物の習性，振舞いの原則は"エネルギー最小"である．つまり，余計なエネルギーを費やさない習性こそが生き残る術なのである．そう考えると，互いに点滅の同期を取ることによって，無秩序な干渉を排して一定の休みを取ることができることが大きな理由ではないかと考えられる．その他の例を挙げれば，雁の渡りの編隊の形が八の字型になっているのは，この編隊が各雁の羽ばたきが作るエネルギーを余すことなく相互に利用するためとされており，これは物理的にも証明された事実である．

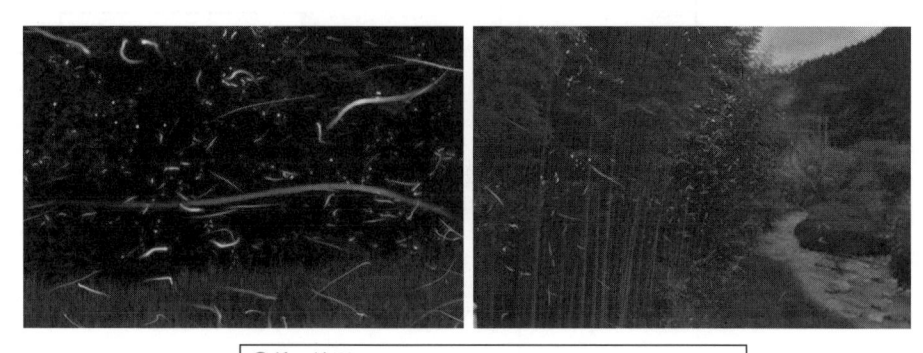

図7.11 ホタルの点滅の同期現象

7.3 円循環の導入

非線形システムの本質は，含まれる状態変数間の相互干渉であることは何度か述べてきた．

そこで，新たな非線形現象を作り出す土俵としては，その相互干渉をいかに濃密にするかがポイントである．ある状態変数が$-\infty$から$+\infty$の間に広く分布するものとする．このような広大な空間に分布する変数が相互干渉を頻繁に持つということは極めてまれな話である．そこで，ある工夫をしたい．$-\infty$～$+\infty$空間を$-1/(2T)$～$+1/(2T)$の有限空間に全て折り畳んで重ねられれば，変数間干渉は格段に増大する．そのようなモデルとして，アナログ信号世界をサンプル値世界へ写像した場合の畳込みの様子を示したのが**図7.12**である．図では$-\infty$～$+\infty$周波数成分を有するアナログ信号を時間T秒ごとにサンプルしてできるサンプル値信号区間に写像したものが，同図右側の$-1/(2T)$～$+1/(2T)$間の$1/T$（Hz）領域に全て畳み込まれる様子を示している．この場合，例えばアナログ信号で$+\{1/(2T)\times$整数倍$+\alpha\}$の信号成分は全てディジタル信号空間の$\{-1/(2T)+\alpha\}$に落ち込むことになる．

この $-1/(2T) \sim +1/(2T)$ 間を一つの単位円上に更に写像したものが Z 変換で知られた Z 空間である. 例えば, アナログ信号が元の無限空間の $j\omega$ 軸上を等速度で下から上へ移動する場合, その Z 区間への写像は**図 7.13** 左のように単位円上を等速度で半時計回りに回る点が対応することになる. このような変換は当然二次元空間同士でも考えられ, 同図右のように無限平面もある特定の有限方形空間へ全て写像することができる.

さて, このような一次元の無限線分を有限な単位円へ写像し, その上での位相変位を検討す

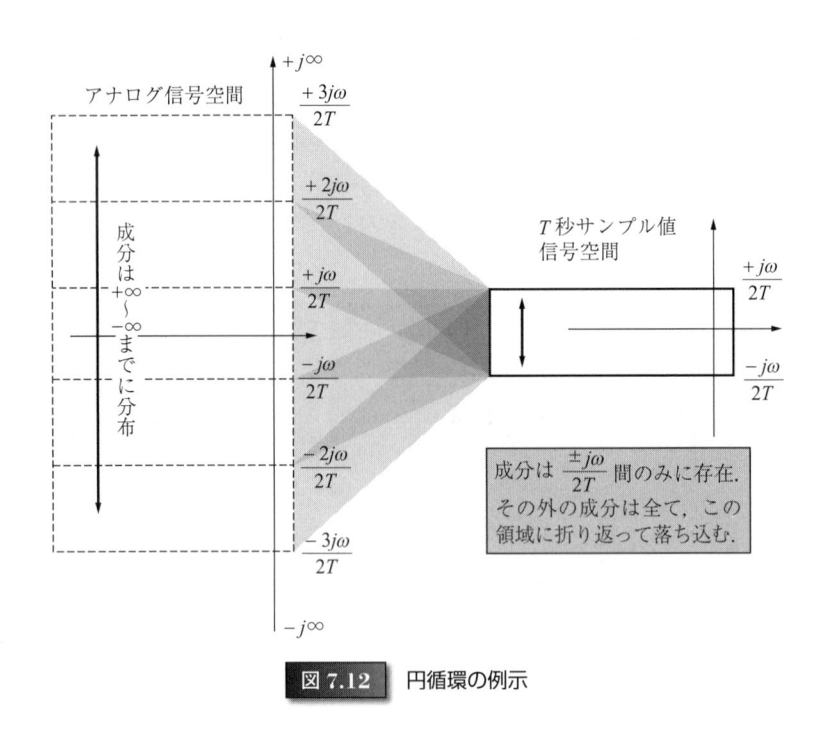

図 7.12 円循環の例示

非線形現象 ⇒ 相互作用 ⇒ 要素密度が高い ⇒ 閉空間化

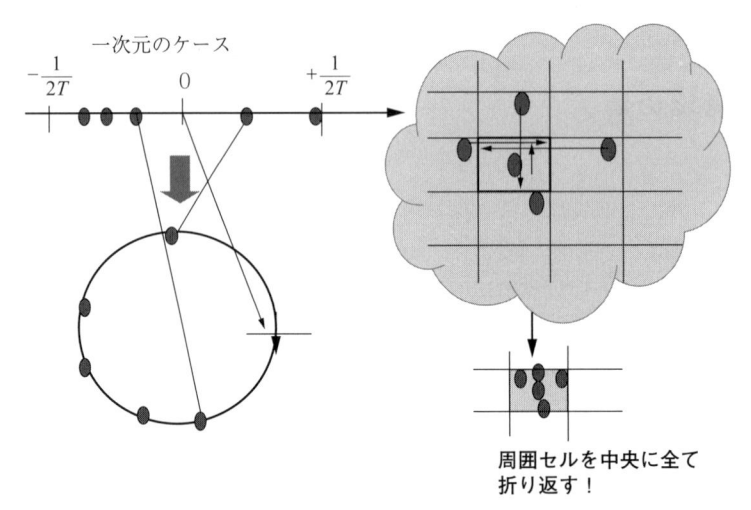

図 7.13 無限空間から有限区間への写像

るのに，有限な状態が順序を持って単位円上に並べられているモデルを考え，これを円循環と呼ぶ．この円循環を構成する状態の数は特に条件はなく，図 7.14 左のように多くても，右下のように小さくても良い．更に円循環は一つでなくても良く，図 7.15 のように階層化された円循環も検討の範囲である．

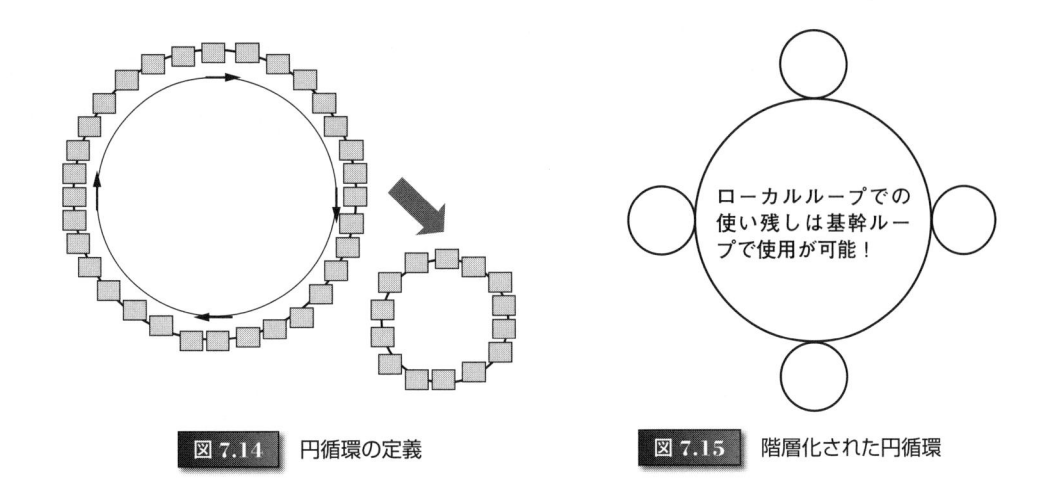

| 図 7.14 円循環の定義 | 図 7.15 階層化された円循環 |

7.4 バンチングランダムアクセスの提案

相互相関の代表的な例として，先に示した同期と対峙するもう一つの現象が"群れを作る"という現象で，バンチング（Bunching）やグルーピング（Grouping）などといわれる現象がある．一番日常的な例を示すと，車の渋滞現象が挙げられる．道が空いているとき，多くの車は制限速度近辺で相次いで走行して遅滞なく進んでいくのが普通の状態である．ところが，この中である車だけが何かの理由で他の車の速度より目立って遅い場合には，この車を先頭にたちまち数珠つなぎの渋滞が発生する．これを上から見ると，一塊の車がゆっくり固まりとなって進んでいく様子が見える．図 7.16 がその様子を示している．渋滞の原因は様々で，原因がよく分からないものも多く，何もなく自然に解消するケースも多い．ただし，どの場合でも渋滞は同図に示すように徐々に後退しながら解消していくようである．

同じような現象は他でもいろいろある．図 7.17 上図ではガンダイオードの持つ負性抵抗が作る電子の束の渋滞環境が定期的にダイオード中を流れることから，この周期がガンダイオードの発振周波数となっている．3 月 11 日の東日本大震災の大津波の場合も，津波の伝搬速度が海水深度が浅くなるに従って遅くなることから，津波は束ねられその高さを増していくのである．

一般に海面の波は時間が経つにつれて消散していくものであるが，ある大きさの波が一定の方向性を持って伝搬するときには孤立波（ソリトン波）となってその単一波形は崩れず伝搬していくことが知られている．広重の浮世絵にもその様子が描かれているといわれている．

このような現象は，ある物質が束になるという意味で"バンチング効果（Bunching Effect）"と呼ばれている．さて，ここではそのバンチング効果をもう一歩進めて，できてくる束の大きさを任意に定めた大きさに制御して，更に束を作る原因の大きさに応じて必要な数だけ束を作るようなメカニズムを提案する．図 7.18 では，10 状態の円循環が作られており，ある負荷がシステムに掛かると#5 に一つの束ができ，引き続き負荷が増加するに従い#6，#7 と束が増

図 7.16 渋滞モデル

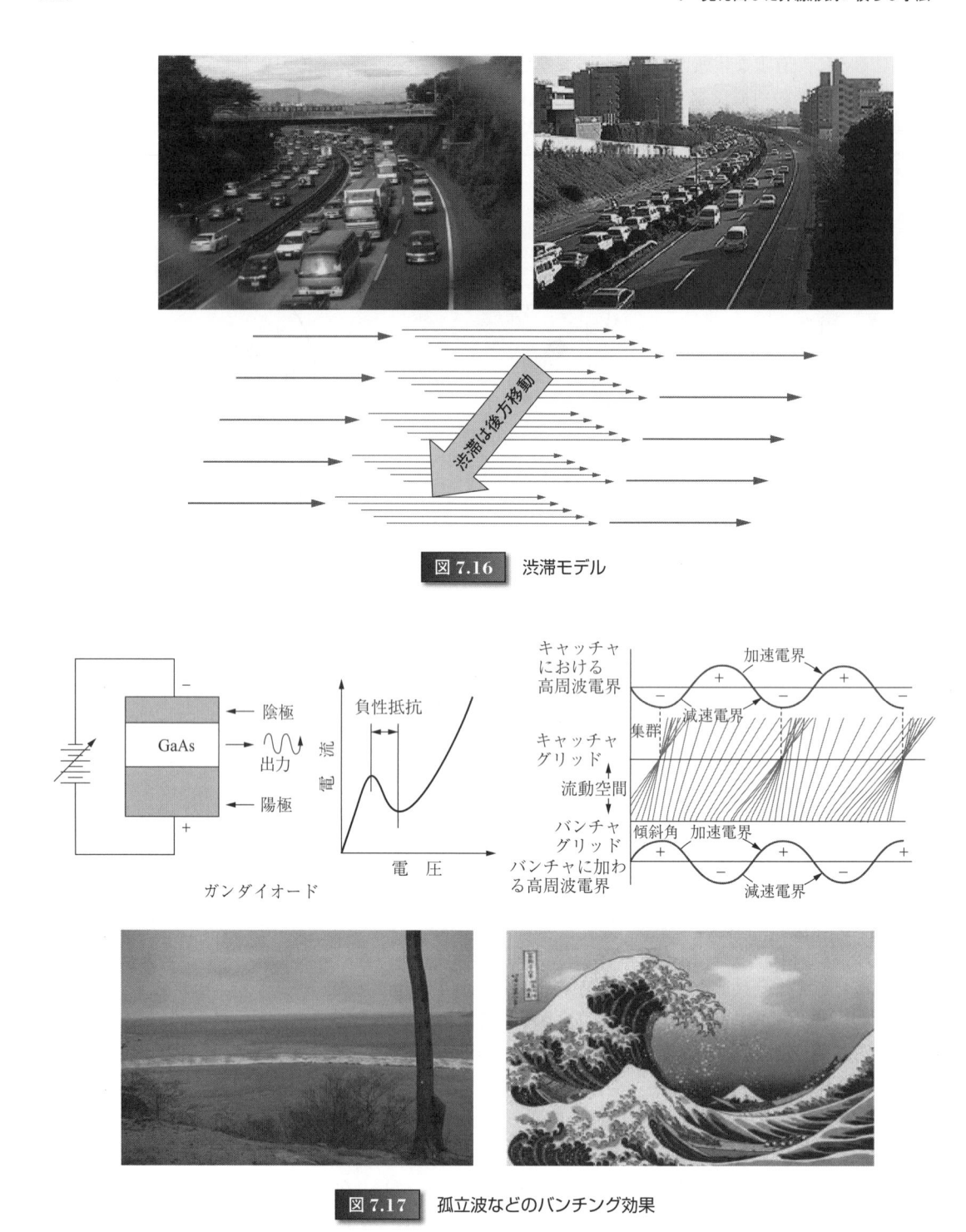

図 7.17 孤立波などのバンチング効果

加し，その後，負荷が減少に転ずると束は二つから一つへと減少していくことが理想である．もし，このようなスキームが実現できれば，図 7.19 に示したようにウェブサーバ群にこの制御を導入し，円循環サーバ群内でその負荷に従いフルパワーのサーバを作り，その他は最低限の動作の休眠状態とし，全体的には負荷に対応した省エネルギーサーバ群を作り出すことがで

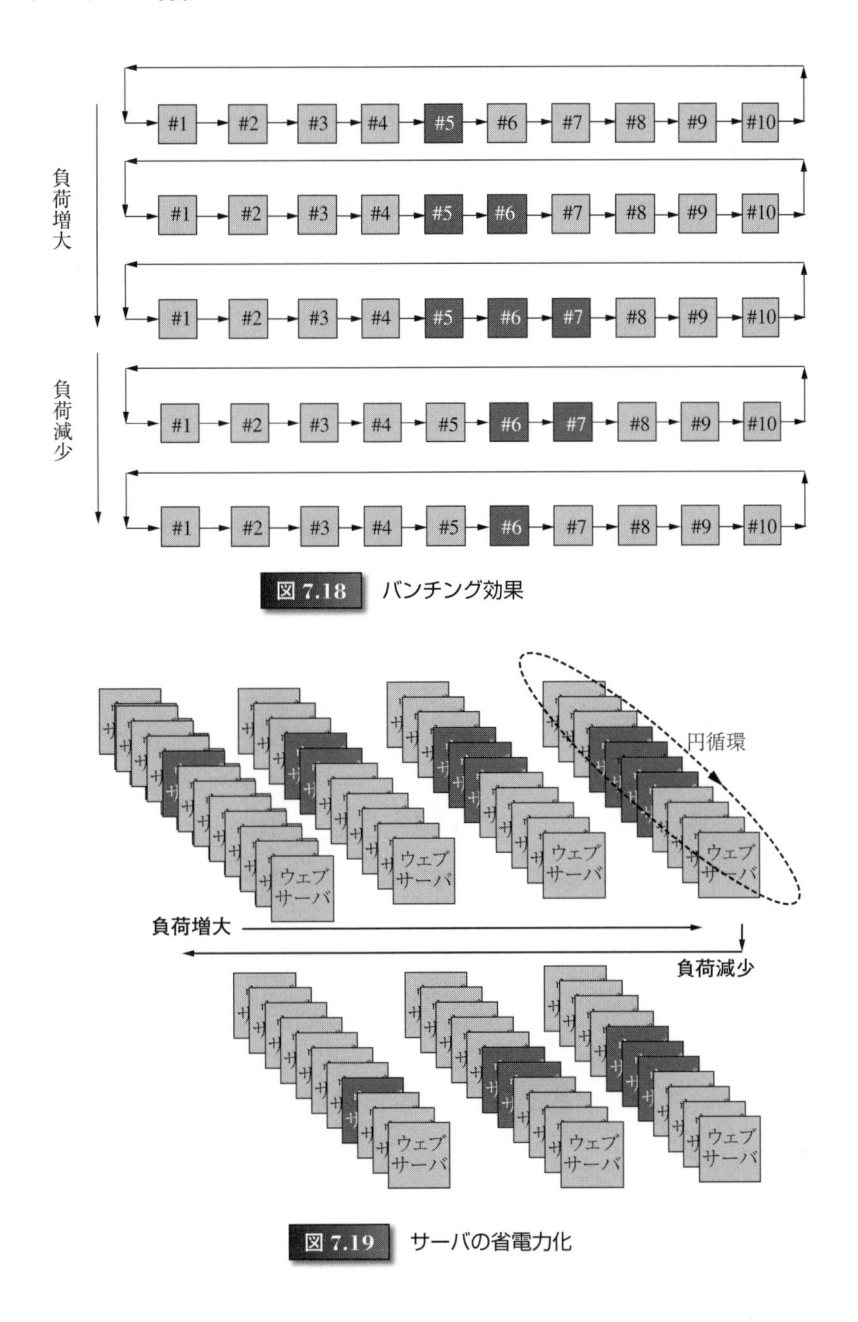

7.4 バンチングランダムアクセスの提案

図 7.18 バンチング効果

図 7.19 サーバの省電力化

きる．

さて，以前著者は NEC 中央研究所において，無線アクセスにおけるチャネル割当制御に関する研究を行ったことがある．空きチャネルを束ねることにより，大容量通信に対し安定した資源割当を実現することをねらったものである．**図 7.20** に示すように，アクセスチャネルをある確率で円循環に沿ってシフトさせる過程で，使用されるチャネルがバンチングされていき，大容量通信にまとまったチャネルを提供する，というものである．後で詳細に説明するように，チャネル遷移確率関数のバンチング領域では，「負荷が増えるほど遷移確率が下がる」ように負の傾きとなっている．この領域では負荷が大きいほど，下流のチャネルにアクセス権を遷移させる確率が小さくなるので，バンチング現象が生じる．負荷増大に伴いバンチンググループの数が増え（$N \to N+1$），それぞれの負荷は一旦下がり，その後，バンチングされたチャネ

ル間で，平準化されながら負荷が増えていく，すなわちバンチング（集中）と平準化（分散）とが，組み合わさったチャネルの割当てが実現されていることが特徴である．

　従来リソースの共有アルゴリズムとしては，単にそれらの負荷が一部のリソースだけに集中しないように分散させることで事足りるとしたものが多い．**図 7.21** はモバイル通信用の通話チャネル割当問題における一つのアルゴリズムを示した"チャネル棲分け"と呼ばれているものである．このスキームのアルゴリズムの原理はまさに負荷分散を目的に次から次に未使用のチャネルを各無線セルに割当てを続けるものであり，これは真水の中にインクを垂らしたときにそのインクが一途に拡散していく仮定に似ている．まさに構造を作らないエントロピー増大現象で右図のようなものである．しかし，基本的にはトラヒック負荷があまり高くない状態で

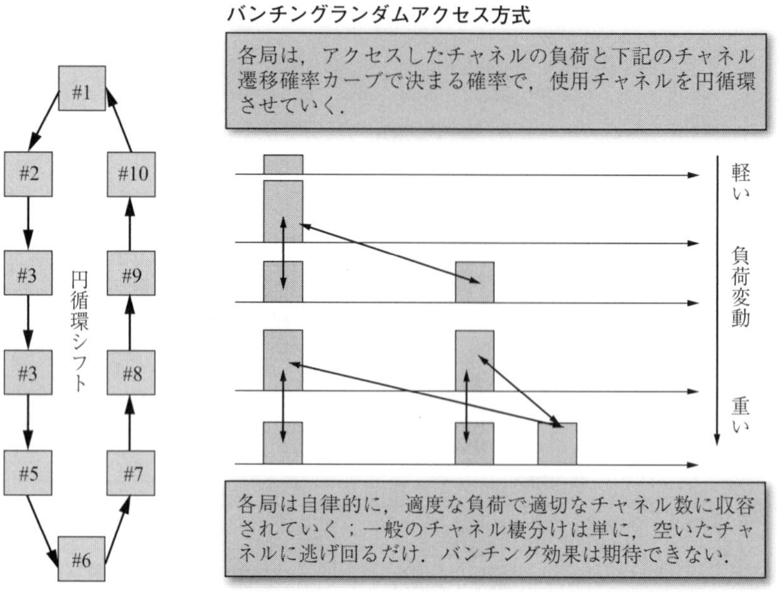

図 7.20　バンチングランダムアクセス方式

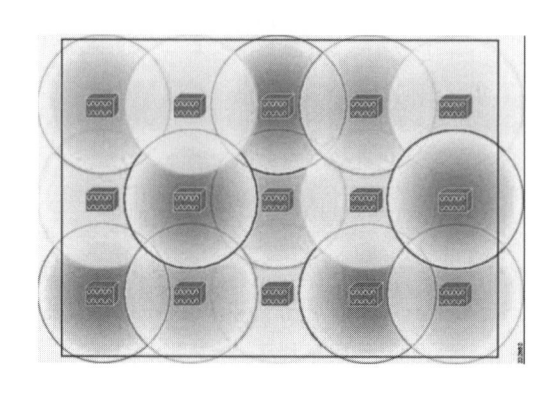

図 7.21　一般のモバイルチャネル棲分け

7.4 バンチングランダムアクセスの提案

は,新しいチャネルが新たに供給される必要がなく,ある負荷までは今利用しているチャネルを共用し続けることの方がよりチャネル利用効率の点で有利なことは直感的にも理解できる.しかるに,従来のリソース共有アルゴリズムには,このような負荷をある程度集中させるような構造形成の仕掛けが全く存在しないのである.

ここで新たに提案するチャネル共有アルゴリズムでは,図 7.20 に示すような#1〜#10 までのチャネルを円循環状に並べる.この 10 個のチャネルを共有している子局は自己のデータを送信したい場合に,あるチャネル i を利用して通信できたとすると,次にデータ発信するためのチャネルは人が使っていないものではなく,そのチャネルの利用率,ふくそう(輻輳)度,負荷などの一般化負荷 r を関数とするチャネル遷移確率 $p(r)$ に従って利用チャネルを変化させていく.このとき,利用チャネルの推移は先ほど定義した円循環に従って一方向,この場合には反半時計回りに一つずつ遷移させていくことになる.すなわち,現在利用チャネルが k のときで,そのチャネルの一般化利用率が r_0 とするとき

(1) $p(r_0) = 1$ なら,利用チャネル番号 $= k+1$(チャネル番号はモジュロ(利用チャネル数))
(2) $p(r_0) = 0$ なら,利用チャネル $= k$

のように円循環チャネル群を運用する.このときに $p(r)$ の関数系をうまく選ぶと,バンチングが発生し,ほとんどのチャネルは空いた状態になり,ある特定のチャネルにだけトラヒックを集中させることができ,そしてこのチャネルのトラヒックが増大していき,これ以上トラヒックが増大するとこのチャネルの運輸効率が極めて悪化するという上限値に近づくと,このチャネルへのそれ以上の集中(バンチング)を抑制し,別のチャネルをバンチング(集中)先として自律的に模索し,このような新たなチャネルを立ち上げる振舞いをし,更に再び全体のトラヒックが下がってくるとまたバンチングの数を減らしていくというものである.そして,この過程で重要な特性としては,できた複数のバンチング(集中化されたチャネルの利用率 r)がみな等しい値に自律的にそろうことが重要なのである.

さて,このようにチャネルアサインにおいて,今まで大いに論文などで取り上げられてきた"薄く広く公平に全てのチャネルを使い尽くす棲分け方式"がなぜ都合が悪いかを説明しよう.**図 7.22** を見て頂きたい.この図では#1〜#0(10)まで 10 個のチャネルが共有されている場合である.データには問い合わせ業務のような数パケットでサービスが完了するものと,本や楽曲などまとまったデータの塊を送るファイル転送のようなサービスがある.データの発生確

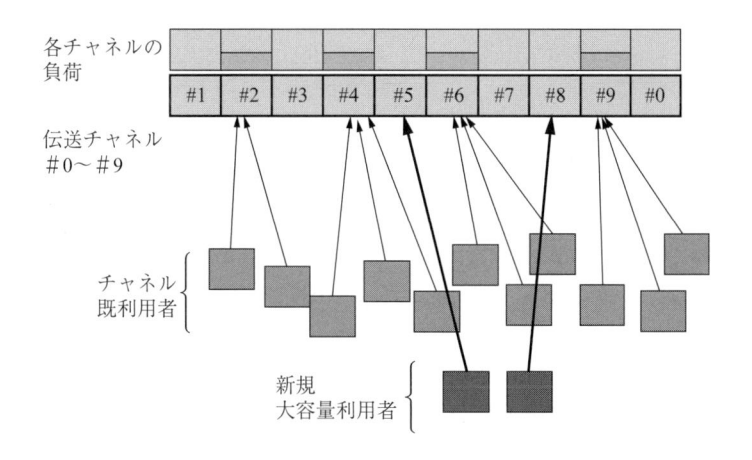

図 7.22 なぜバンチング現象が必要なのか?(薄く広く公平に,でなぜ悪いのか?)

率的には，数パケットの各種問い合わせ（クレジットカードなどの認証，伝票，制御）が非常に多く，この例でもチャネル既利用者（図では中段のボックスで表現）はほとんどそのようなサービスを伝送しているとする．ここへ，ファイル転送サービスを望む下段ボックスで表した新規利用者が回線利用を図ろうとしたとき，全てにチャネルは適当なトラヒックで埋まっており，そのような高負荷サービスの送信には利用できない．すなわち，全10チャネル全体で見ればふくそう（輻輳）はないのであるが，全チャネルがある程度の利用度で占拠されている状況なのである．このような状況に対して"バンチングランダムアクセス"方式を導入することにより，既利用者は10個のチャネルのうちの幾つかにまとめて収容され，その他は空きチャネルとして開放されることになる．その開放されたチャネルは新規のユーザがファイル転送のような重負荷の応用に利用することができるというわけである．

問題は，チャネル遷移確率$p(r)$はどのような形であれば上記のような"バンチング特性"を呈することができるのであろうか？ この$p(r)$は以下のような三つの領域で整理することができる（図 7.23）．

(1) $0 \sim r_1$；薄い負荷からバンチングを作るために$dp(r)/dr < 0$
(2) $r_2 \sim r_m$；一つのバンチングがある値以上にならないために

$$\frac{dp(r)}{dr} \gg 0 \quad ; r > r_2$$

$$p(r_m) = 1 \quad ; r_m 以上の負荷では全て遷移を起こす．$$

⇒バンチングの最大値はr_mということになる．

(3) $r_1 \sim r_2$ ；安定な複数のバンチングが存在する．

図 7.23 にチャネル遷移確率関数$p(r)$について上記（1）〜（3）の様子を示した．

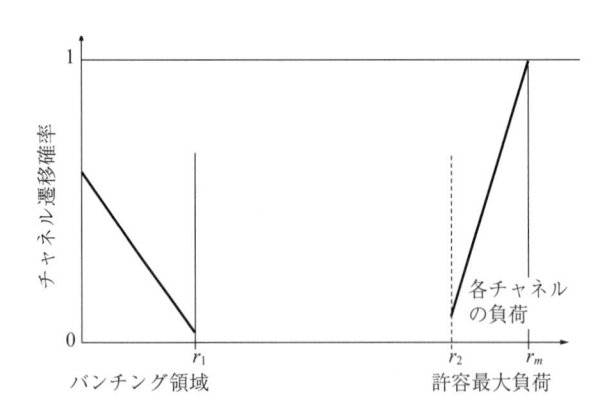

図 7.23 チャネル遷移確率関数$p(r)$ 概念図

図 7.24 に示すように，まず（1）の領域では$p(r)$はrが大きくなるに従いその値が小さくなっていくので，これは先にいろいろと実例を挙げて説明したように，渋滞や束の構造が現れる性質を持っている．そして，（2）の領域ではr_2より大きな値に対する$p(r)$は大きな正の傾きを持っていることから，バンチングの成長は止まり逆にその一部を放出して自らは縮小することになる．このように放出された負荷rはまだ（1）の領域にある他のチャネルのいずれかに新たなバンチングを作ることになる．

この場合，元からあったバンチングと新たに作られたバンチングの大きさを比較すると，当

7.4 バンチングランダムアクセスの提案

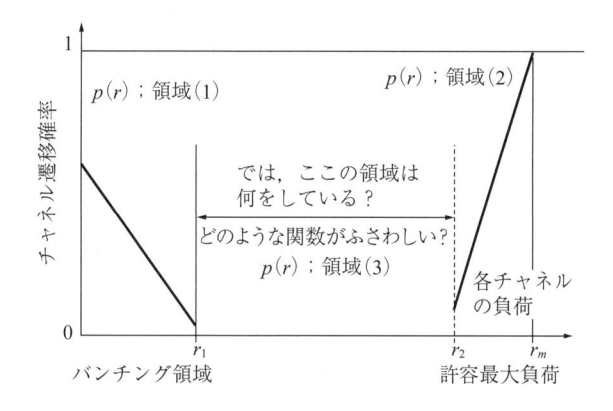

図 7.24 チャネル遷移確率関数 $p(r)$（その 1）

初は明らかに後者が小さい．この二つのバンチングの大きさはばらばらでもよいというわけではない．すなわち，このままアクセス系への負荷が高まったときに，次のバンチングを作らなくてはならないが，既にあるバンチングがその上限を共にそろって満たしていなくてはならない．このためには，バンチング同士がその負荷をやり取りする必要があり，(3) の領域では少なくとも

$$p(r_q) \neq 0 \quad ; r_q = r_1 \sim r_2 \tag{7.5}$$

でなくてはならない．この仮定は極めて重要なことで，自律システムが機能するためには静止状態になってはならないのである．これを言い換えると，自律系はたえず外乱が存在するオープン系である必要があるということを示しているのである．**図 7.25** では，$p(r)$ の中央の領域は $p(r) = 0$ となっており，出来上がったバンチングをいたずらに固定化していて，環境変化に対応して存在し続ける系としての要件を備えていないといえる．

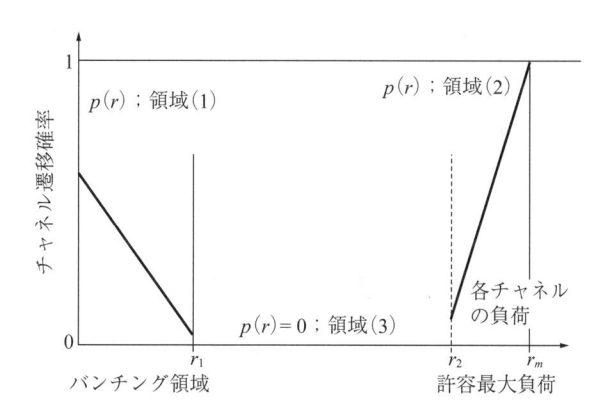

図 7.25 チャネル遷移確率関数 $p(r)$（その 2）

では，**図 7.26** のように単に式 (7.5) を満たし

$$p(r_q) = \varepsilon \quad ; r_q = r_1 \sim r_2, \, \varepsilon > 0, \, \varepsilon \fallingdotseq 0 \tag{7.6}$$

となっていればよいか．この場合，もし二つのバンチング，B_1（負荷 r_{11}）と B_2（負荷 r_{12}）がこの領域に存在しているとする．このとき，$B_1 > B_2$ とすると

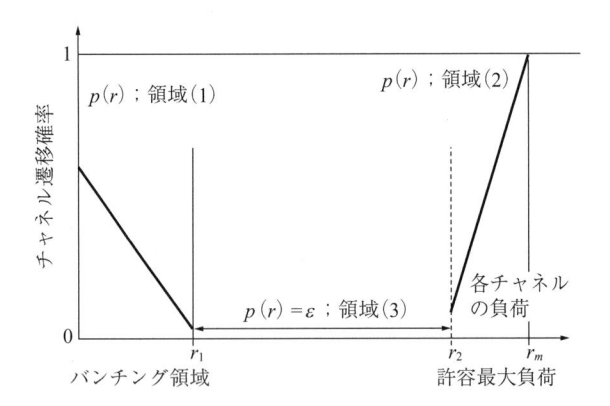

図 7.26 チャネル遷移確率関数 $p(r)$ （その 3）

$$p(r_{11}) > p(r_{12}) \quad ; r_1 < (r_{11}, r_{12}) < r_2 \tag{7.7}$$

なので，B_1 と B_2 の大きさは確率論的には変化せず $B_1 > B_2$ の状態が続いてしまう．

さて，B_1 と B_2 の大きさを均等とするためには

$$p(r_{11}) > p(r_{12}) \quad ; r_{11} > r_{12} \tag{7.8}$$

でなくてはならない．上式を満たす最も簡単な例は

$$\frac{dp(r)}{dr} > 0 \quad ; r は (3) の領域内 \tag{7.9}$$

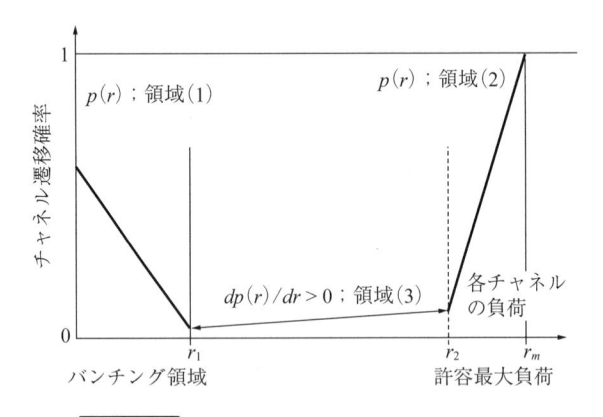

図 7.27 チャネル遷移確率関数 $p(r)$ （その 4）

これを示したのが図 7.27 である．何かの理由で大きさが異なる二つのバンチングが領域（3）に存在している場合，大きい方は式（7.8）から，必ず自己の負荷を切り崩すべくチャネル遷移確率が他より高いので小さくなり，逆に小さい方は，そのチャネル遷移確率が比較して小さくなるので，今までより大きくなりついには両者は等しくなって

$$r_{11} = r_{12} \tag{7.10}$$

で必ずバランスを取り，安定する．この様子を示したのが図 7.28 である．

次に，ある系への負荷に M 個のバンチングが存在するとき，系への負荷が全体的に小さくなった場合には，エレガントな制御としては必要十分な数までバンチングが減っていかなくて

7.4 バンチングランダムアクセスの提案

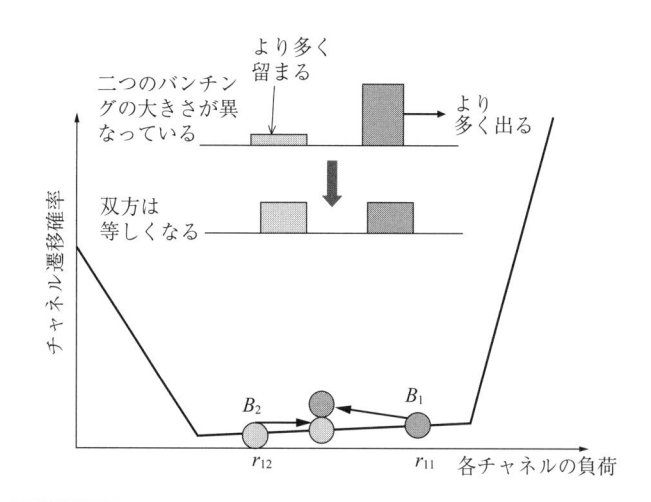

図 7.28 複数のバンチングが等しくなるメカニズム（$p(r)$ の要件）

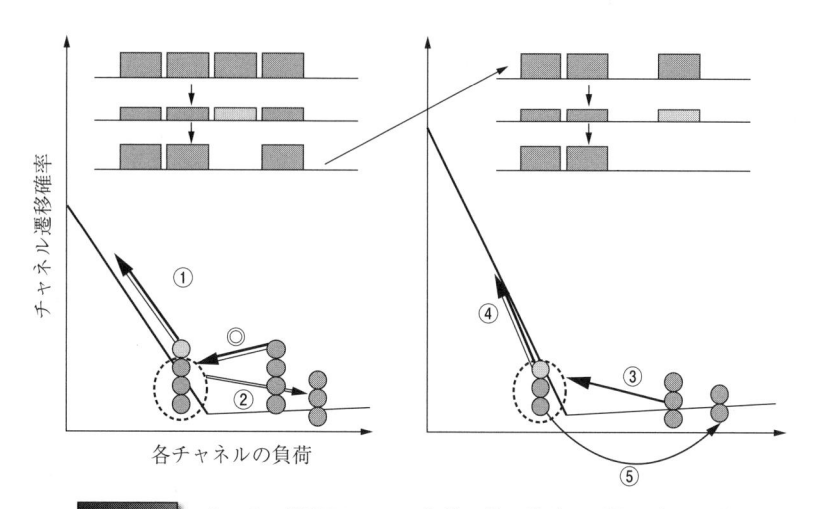

図 7.29 バンチングがそろって，負荷に従い増減する様子（その 1）

はならない．逆に系への負荷が全体的に増加する場合には，バンチングは不足分を補うべく新しいバンチングが生まれなくてはならない．この様子を**図 7.29** で説明しよう．まず，同じ負荷を持つ N 個のバンチングのうち，例えば一つの負荷が減少し始めると全体的にはチャネル遷移確率の傾斜が負である部分に移行していく．

① 減少し始めたバンチングを選択しているアクセスは，急激に隣のチャネルに遷移し始めて，ますますそれへの負荷が下がり，選択的にそのバンチングが消滅する．

② バンチング数が，$N \to (N-1)$ に減ったため，残りの負荷が上がり，今度はチャネル遷移確率の傾斜が正の方向に移行したので，それらの大きさは等しくなる．

③ 更に，全体の負荷が下がると，$(N-1)$ のバンチングはそろって傾斜が負の部分に移る．

④ ここへくると，先の①と同じように任意の一つのチャネル負荷が選択的に減少し，バンチング数が $(N-1) \to (N-2)$ に減る．

⑤ 残ったものは②と同じように負荷が上がるので，再び傾斜が正の部分に戻り，バンチン

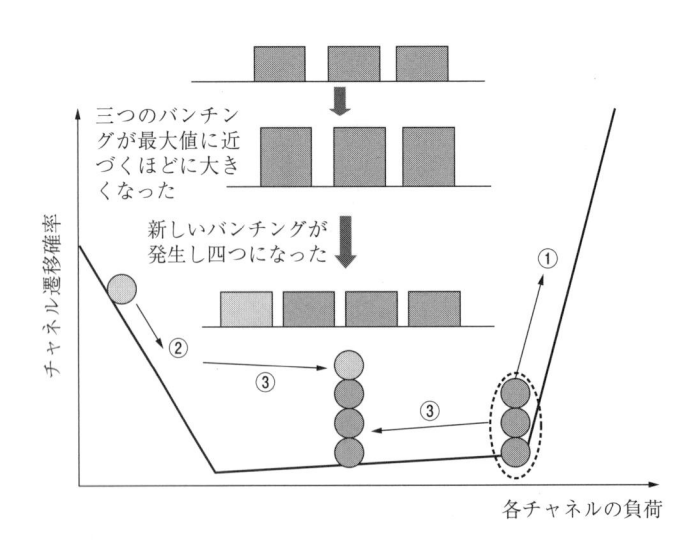

図 7.30 バンチングがそろって，負荷に従い増減する様子（その2）

グの大きさがそろう．

今度は，逆に系への負荷が増加して新たなバンチングが誕生していく過程を見てみよう．図 7.30 にその様子を示す．三つのバンチングが存在する中，系への負荷が増加するので，この三つは同じ大きさを保ちながら領域（3）を右方向へ移動していく．そして，①負荷限界の r_2 へ到達すると，チャネル遷移確率関数 $p(r)$ はそこから急激に上昇するため，それ以降の負荷増加分はここをはい上がりこのバンチング群を離脱して円循環に従い再び別のチャネルへと到達することになる（②）．ここは $dp(r)/dr$ が先ほどとは逆転しているので，新たなバンチングを作り出す．いったんそれができると，既存のものと新規のものも含めて③のように同じ大きさに調整され，新たな安定がもたらされる．

以上のように，ここで提案したバンチングランダムアクセス方式にとって重要なことは，実はバンチングを作り出したり，過剰なバンチングを防ぐ機能と並んで，複数個存在するバンチングの大きさを同一にする図 7.31 の中央部分こそこのスキームの制御の真髄なのである．

今まで述べてきたバンチング効果を実際のネットワークのチャネルアサインに利用してどの

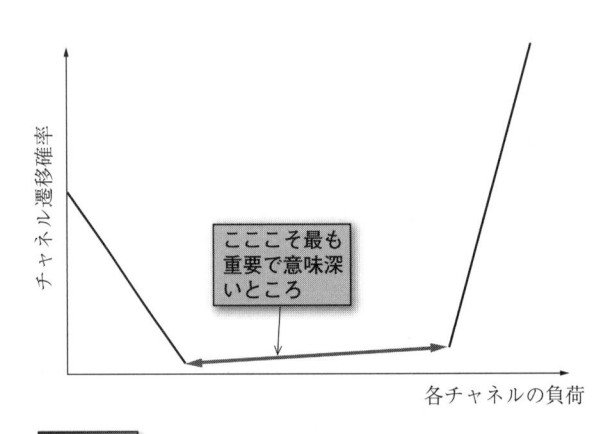

図 7.31 チャネル遷移確率関数 $p(r)$ の重要なポイント

7.4 バンチングランダムアクセスの提案

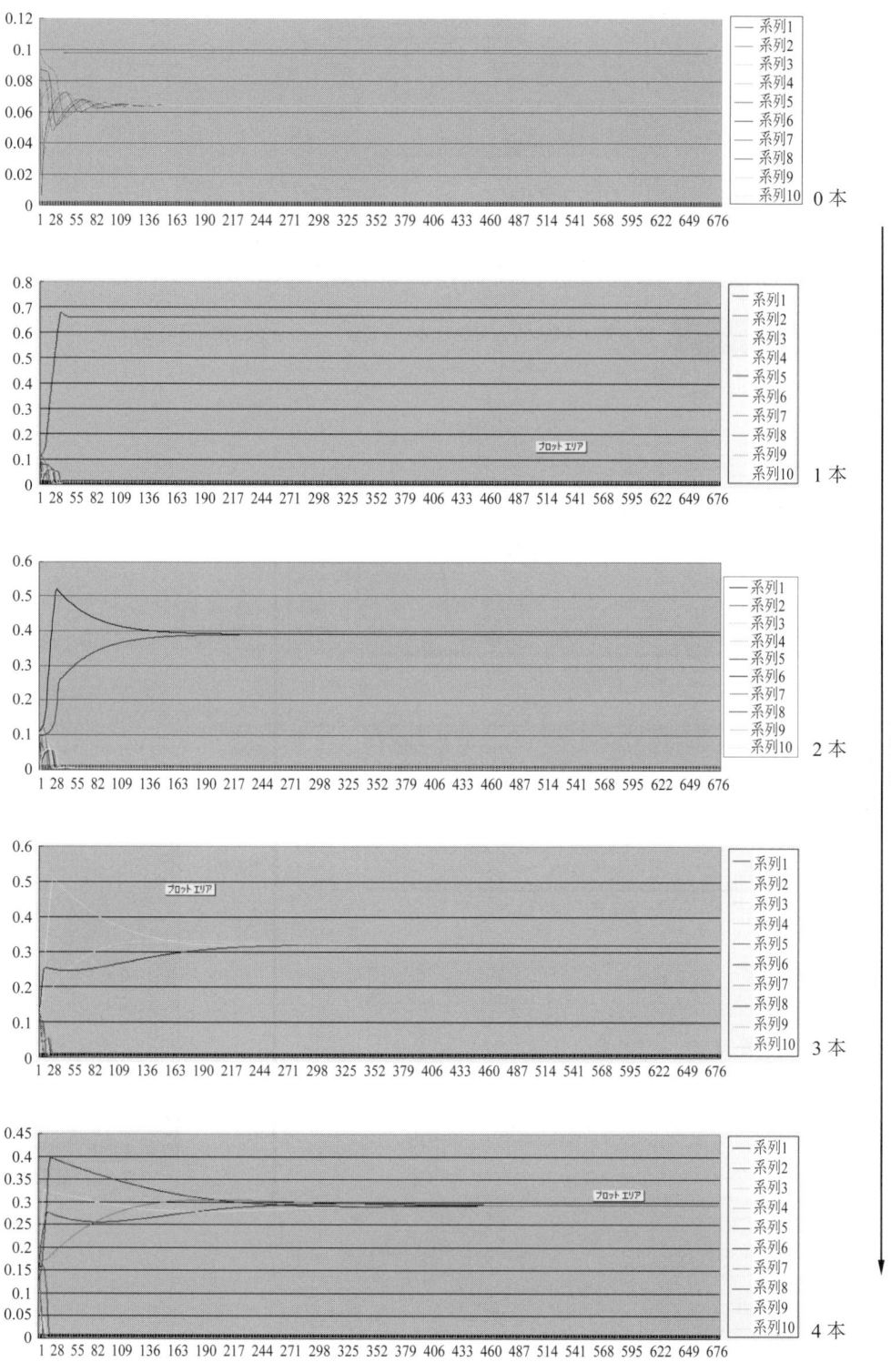

図 7.32 バンチングランダムアクセスのシミュレーション結果（その 1）

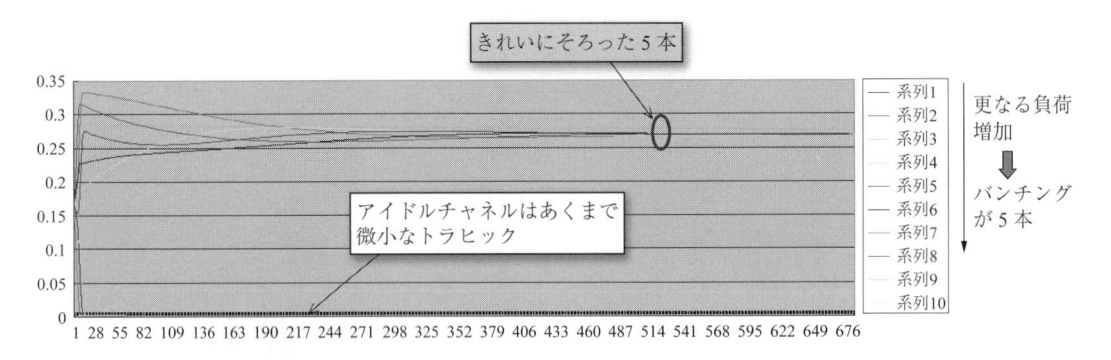

図 7.33 バンチングランダムアクセスのシミュレーション結果（その 2）

きれいにそろった 5 本

アイドルチャネルはあくまで微小なトラヒック

更なる負荷増加 → バンチングが 5 本

負荷；ゼロ本

負荷増 →2 本

負荷増 →3 本

負荷増 →4 本

チャネル遷移曲線

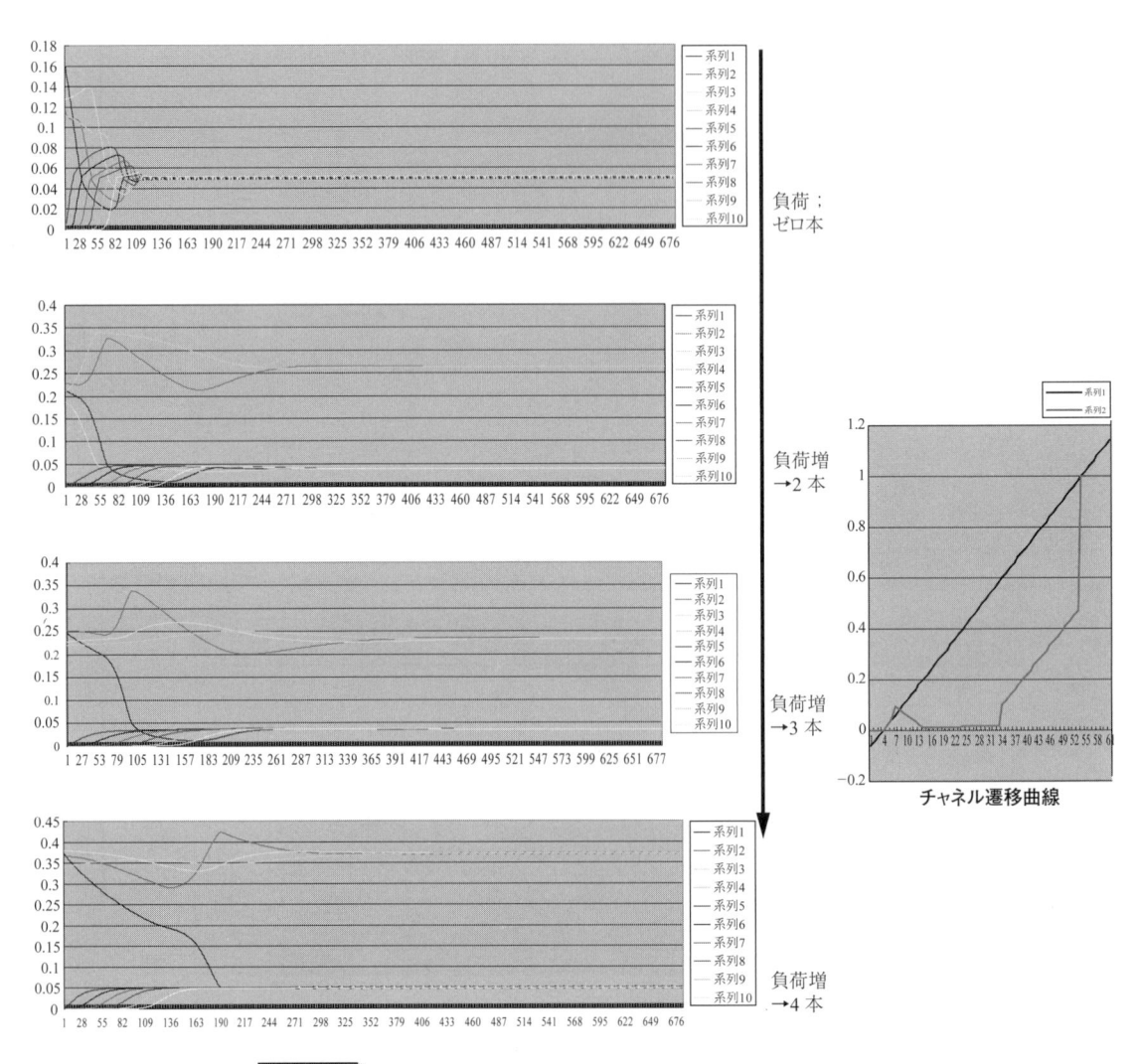

図 7.34 バンチングランダムアクセスにおけるチャネル増加の様子

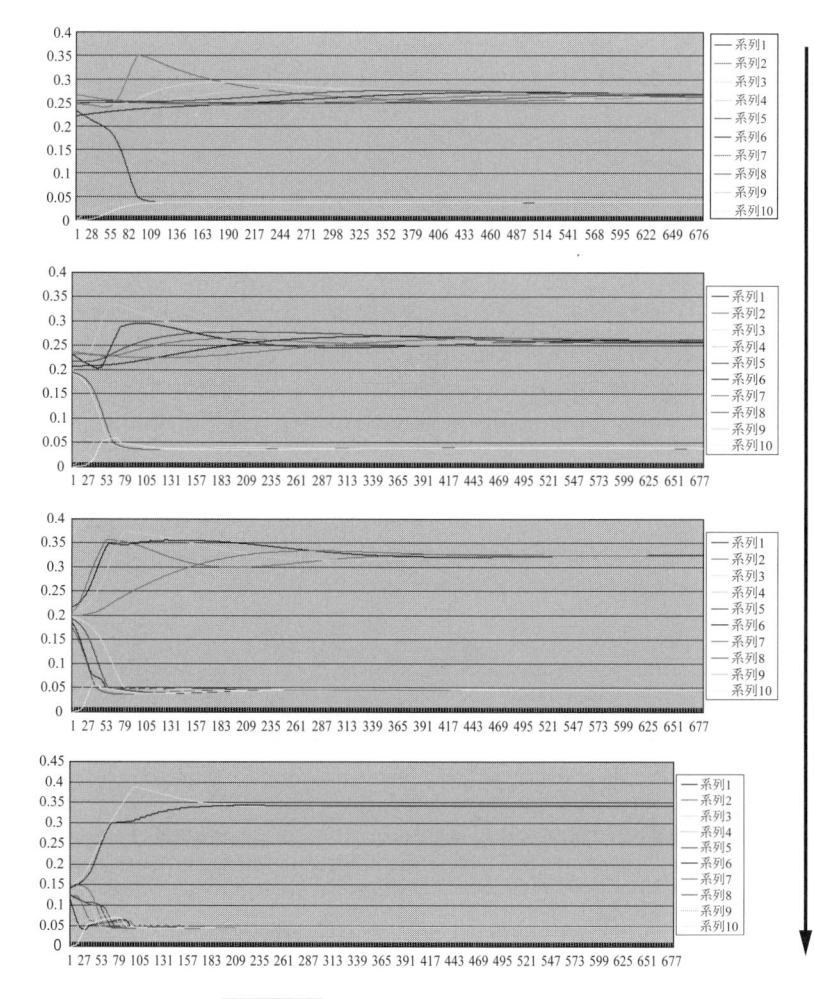

7.4 バンチングランダムアクセスの提案

負荷減→
アクティブチャネルが
減少する.

図 7.35 バンチングランダムアクセスにおけるチャネル減少の様子

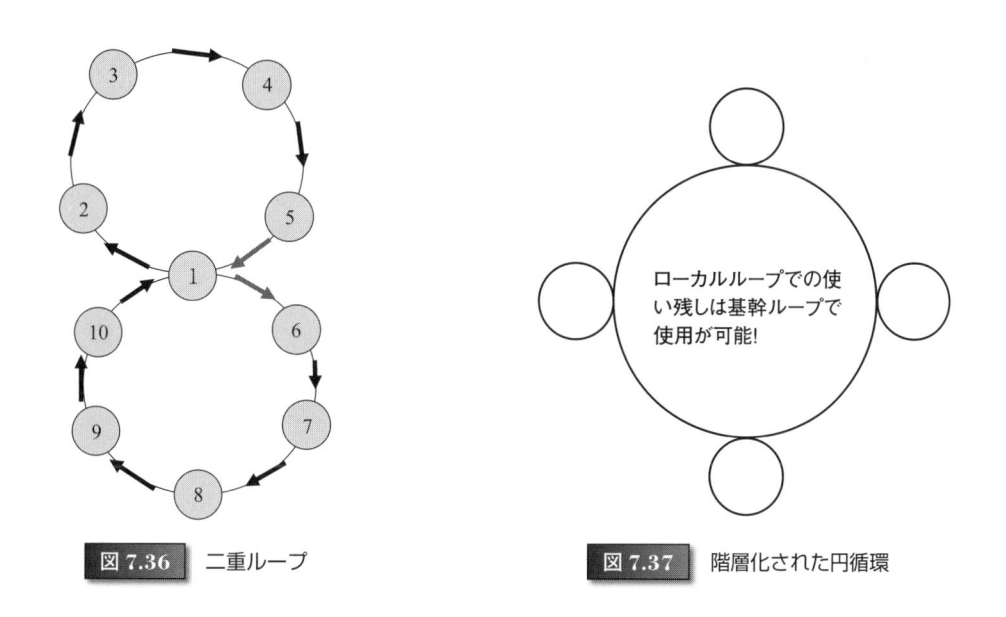

ローカルループでの使い残しは基幹ループで使用が可能!

図 7.36 二重ループ

図 7.37 階層化された円循環

ような特性になるかをシミュレートしたのが**図 7.32**，**図 7.34**，**図 7.35** である．この図では共用するチャネル数を 10 とし，しだいにこのネットワークへの負荷を増加させていった場合に，実際に何本のバンチングが立ち上がるかを示したもので，負荷を増加させていくに従い，バンチング数は着実に増加していくことが分かる．しかも次の**図 7.33** で分かるように，立ち上がった 5 本のバンチングはきれいに全て一致していることが分かる．チャネル遷移確率関数 $p(r)$ はまさに非線形関数であるが，最も重要で意味深いところは既に記したように，実はバンチングを作る領域（1）でもなく，各バンチングの最大値を決めている領域（2）でもなく，右上がりの直線で表される領域（3）の特性で，部分的には線形制御が行われているのである．

ネットワーク制御に利用するためには，系の構成が単なる円循環のような単純なものでなく，**図 7.36** のような二重ループや**図 7.37** の階層化ループへの拡張も可能である．**図 7.38** は同じ 10 チャネルを二つのループにまたがって円循環定義をしたものであるが，各図では左から右に沿って系への負荷を線形的に増加させていった場合に，バンチングが幾つ立っていくかを表したもので，この場合でも，きれいにバンチング数が増加していくことが分かる．

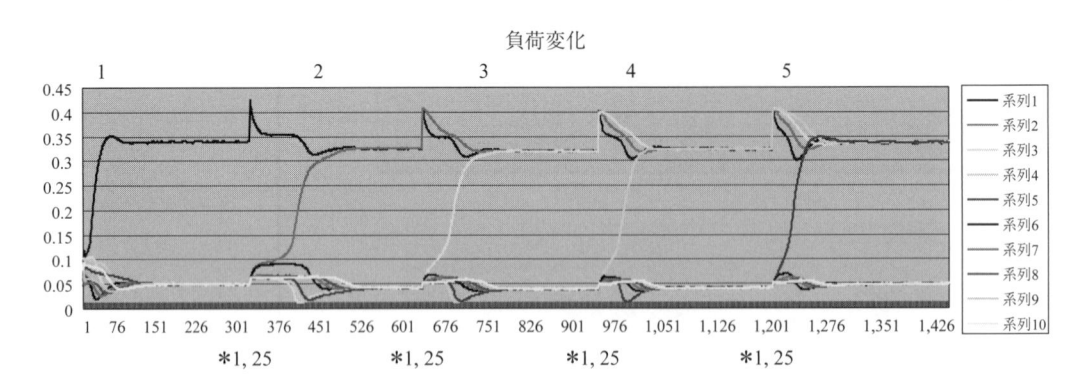

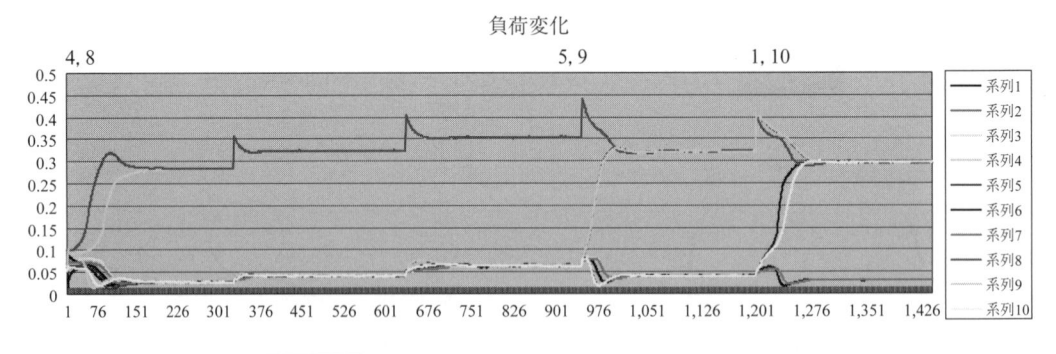

図 7.38 二重ループにおけるバンチングの増加の様子

以上，本節では円循環が状態間の相互干渉を強め合うために重要であり，これを利用したバンチング効果もいろいろと工夫すると制御可能な切り口があることを示すことができた．このようにして，多少の工夫で非線形システムを飼い慣らすことができるのである．

8 エージェント移動を司る多次元セルオートマトンの提案

　非線形システムの特徴は，状態遷移を微分方程式ではなく，表や文章で書けるということであった．その単純なモデルとしてセルオートマトンを既に5章で説明してきた．

　オートマトンは単純な割には表現形式が柔軟なので，様々なダイナミックシステムのモデルとして利用されている．ここではその表現を更に拡張して，より変数間の干渉がキーとなる人間関係が醸し出す諸問題を扱える新モデルを提案し，その応用例を紹介したい．

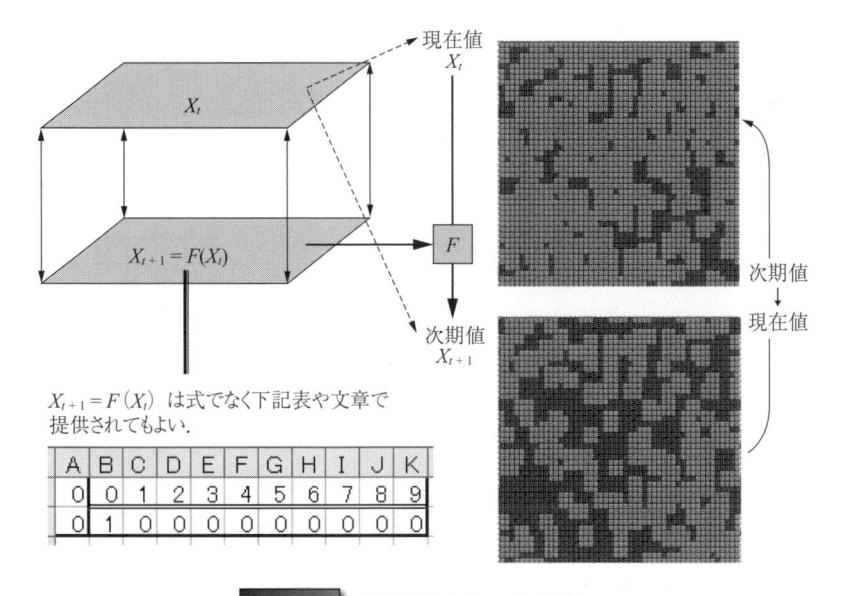

8.1　二次元セルオートマトンの拡張（ポテンシャルの導入）

　図 8.1 は5章で説明した二次元セルオートマトンの状態遷移を示したもので，ここでは二次平面（r 空間と呼ぼう）上の時間 t のときのセル群の値 X_t は状態遷移ルール $X_{t+1} = F(X_t)$ で表

図 8.1　二次元セルオートマトン

現されており，この場合 $F(\ )$ が式でなくルール表やポリシーのような文章で表現されている．X_t とルール $F(\ )$ で求まった X_{t+1} の値は，次の値 X_{t+2} を求めるために先ほど X_t が格納されていたメモリ空間へ移されることにより，X_t はその後次々に X_{t+1}, X_{t+2}, X_{t+3} …が求められる．

この例では，時間 $t+1$ の各セルの値 X_{t+1} は単に X_t とルールだけで決まり，ここに現れる二次元的パターンには他に何の制限や規則もないので，突然全ての値が消えることも，逆に空白な状態から突然何点かのセルが値を持つこともある．

さて，ある特定の空間に有限のエージェント，例えば百貨店内の客や，巣と餌の間を行き来するアリ，ゲレンデで遊ぶスキーヤなどの振舞いを解析するような問題が多く存在する．

この場合，エージェントの総数は変わらず，興味はそれらの位置関係や相互にどのように群れるか，などの位置情報に興味がある．そして，それらは人間であれば車で動こうと歩いて動こうと空間を瞬時で移動するようなことはできない．つまり，どのような方向にどのような速さで移動しようが，そのルートは連続である必要がある．

また，日々の通勤電車で経験するように，同一座席，同一床面に複数のエージェントが存在することは不可能という場合もある．もちろん，何かの物質の濃度などを解析している場合にはいくらでも同一地点に重複して存在することができるので，問題によってこれらの振舞いは使い分けできなくてはならない．

更に遷移ルール $F(\ )$ についても，単に近接するエージェント相互干渉だけで決定されるというより，各エージェントがどのように移動していくかを決めるある種のポテンシャルを定義する必要がある．すなわち，ここで新たなモデルとして定義しようとしている多次元セルオートマトンにおけるエージェントの遷移，移動の根源は今までのエージェント間干渉と，もう一つは本章で新たに定義するポテンシャルということになる．このポテンシャルはエージェントが行動を起こす動機，思考，危険回避意識などで決定される．むしろエージェントが疎に存在する場合には，その動きは専らこのポテンシャルが決めるということになる．

図 8.2 に示したように，このような事情を反映して状態遷移ルール $F(\ )$ は

$$X_{t+1} = F(X_t) \quad \Rightarrow \quad X_{t+1} = F(X_t, P(r)) \tag{8.1}$$

$P(r)$：r 平面上のポテンシャル関数．$P(r)$ はエージェントの存在によっても変化する場合を考えると，$P(r) \rightarrow P(r, t)$ と拡張していく．

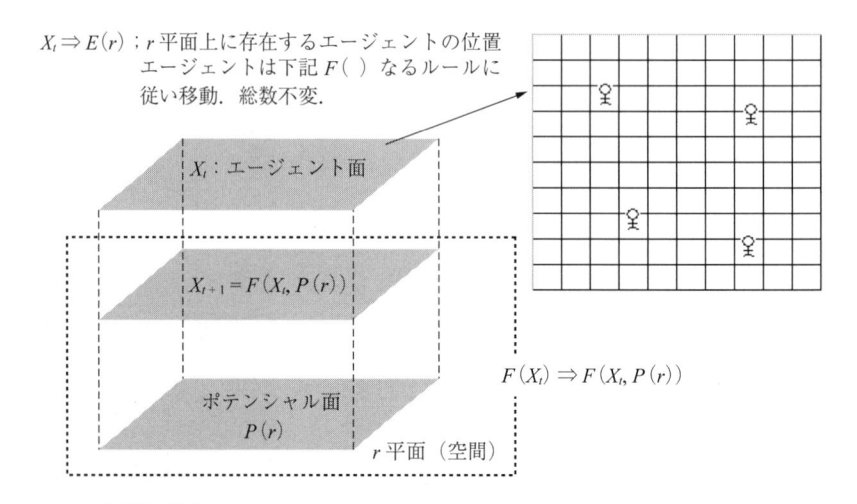

図 8.2 二次元セルオートマトンからエージェント移動問題への展開

8.1 二次元セルオートマトンの拡張（ポテンシャルの導入）

のように拡張される．

図 **8.3** に，エージェント移動問題の例を示す．このモデルは三つの面からできている．

(1) **最上面**：エージェント面．複数のエージェントが数不変で，次に述べるルール面が定めるルールに従い移動する．
(2) **中央面**：ルール面．(1) のエージェントの移動を規定するルールが各座標ごとに定義されている．このとき，次に定義されるポテンシャル $P(r)$ が参照される．
(3) **ポテンシャル面**：各エージェントの嗜好，目的，居心地，危険などで決まる移動方向を表すポテンシャルが r 平面上に $P(r)$ として表現されている．

エージェント面：
赤，青，黄，緑の四つのエージェントが存在し，関数 $X_{t+1} = F(X_t, P(r))$ に従い移動．

ルール面：
上のエージェントを移動させるルールが規定されている．このとき，下のポテンシャル $P(r)$ の形状，値を参照する．

ポテンシャル面：
上のルールを完結させるためのパラメータで，上下3平面と同じ寸法の r 平面上にポテンシャルとして定義される．

図 8.3 エージェント移動問題の例

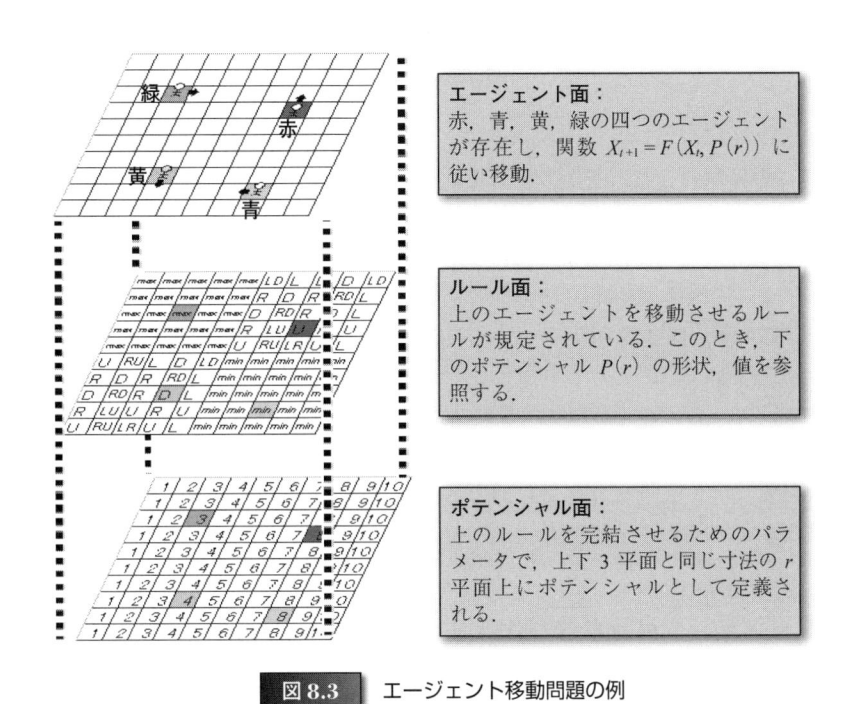

図 **8.4** に (3) で定義したポテンシャル面の例を示した．この例は 10×10 セルの正方形の平面の右端が一番高く左に行くに従い線形にその値が小さくなる平面型ポテンシャルを示しており，各セルの値は右端が 10，それから 1 ずつ小さくなり，左端で 1 となる．

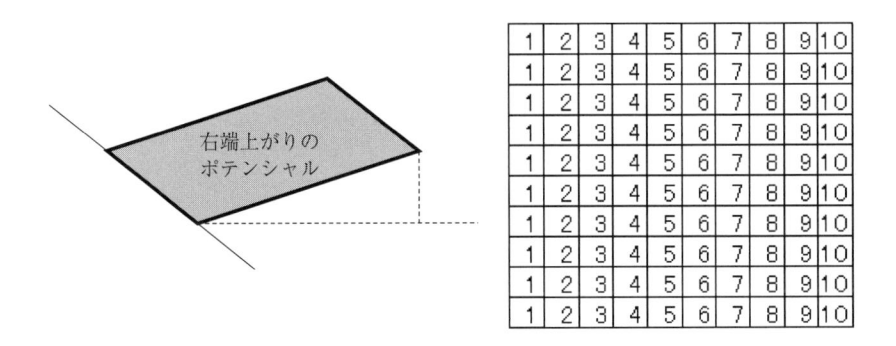

図 8.4 ポテンシャル面の実例

図 8.5 ルール面の実例

図 8.5 は（2）で定義したルール面で，10×10 セルごとに規則が書かれており，太線で囲まれた二つの領域のうち，左上の領域では現在エージェントが存在するセルを中心にしてポテンシャルが最大になる方向のセルへ移動せよという"max"というルールが書かれている．逆に右下の太線枠内では，同じようにポテンシャルが最小になる方向へ移動せよという"min"というルールが書かれている．その他の領域には，ポテンシャル関数 $P(r)$ に関係なく，R＝右，L＝左，U＝上，D＝下，RU＝右上，RD＝右下，LU＝左上，LD＝左下のように確定的ルールが書かれている．

ここで，エージェントが迷路や部屋割など移動を制限する壁の存在を表現する場合には，このルール面を用いて壁に対応するセルには侵入不可のルールを作り込めばよい．この仕組みを用いて，後で示すように旅客機における緊急避難時の乗客の振舞いや，衝突の危険があるゲレンデにおけるスキーヤの滑降の様子などが解析できる．

8.2　エージェント自身が作り出すポテンシャルの変化

ポテンシャルはエージェントの嗜好，目的，危険の度合いを表現したもので，今まではエージェントがどこにいても，逆にいなくても不変のものとして取り扱ってきた．例えば，火災による煙，熱，あるいは山登りにおける傾斜などはこの例である．一方，ゲレンデにおけるスキーヤにとっては地形的傾きは基本的ポテンシャルであるが，直前に迫る別のエージェントは衝突

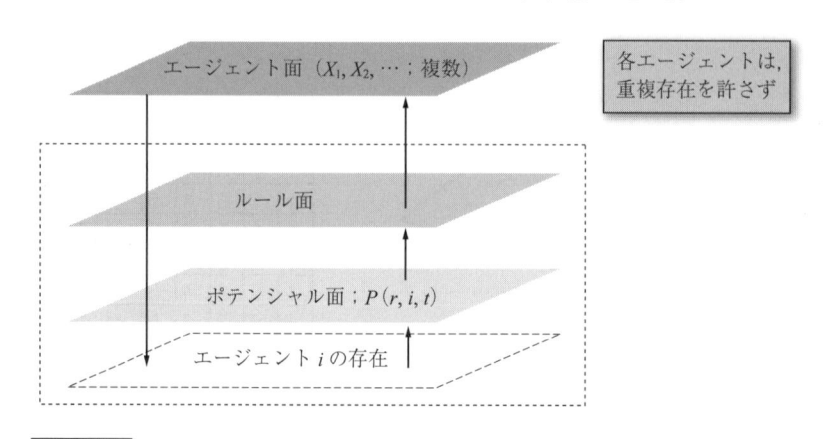

図 8.6　エージェントの存在でひずむ（変化する，影響を受ける）ポテンシャル面

8.2 エージェント自身が作り出すポテンシャルの変化

の危険があり，これを回避する必要がある．そのためには地勢的ポテンシャルに近接エージェントの干渉を加味した総合的，かつ新たなポテンシャルを定義する必要がある．このようなモデルを示したのが**図 8.6** である．図 8.6 では，図 8.3 に示した基本的なエージェント面，ルール面，ポテンシャル面の 3 面のほかに新たにエージェント 1 の存在を示す面が導入されている．なぜこのような面が必要なのかについては，後の**図 8.7** で説明する．

エージェントについては今まで，それらは全て同じ振舞いをするものとして扱ってきたが，本質的にはそのような規約は必要ない．エージェントについてその 1，その 2，…その i など，複数の種類のエージェントを定義することができ，この場合には単にルール面がエージェントの種類を表す引き数 i の数だけ

$$F(X_t, P(r)) \Rightarrow F_i(X_t, P(r)) \tag{8.2}$$

のように用意すれば問題はない．エージェント i は，$F_i(\ )$ のルールで遷移するのである．

次に，ポテンシャル関数 P は時不変，更に全てのエージェントに共通の環境として存在してきたが，ここでは各エージェント（i）それぞれに別々のポテンシャルが時間 t に従い変化するよう定義されることを考え，$P(\ )$ も

$$P(r) \Rightarrow P(r, i, t) \tag{8.3}$$

のようにパラメータ i を含めた時変関数とし拡張される．

複数のエージェントが存在し，それらの存在がポテンシャル関数へ大きな影響を与える例を示そう．図 8.7 がその例で

(1) エージェントは［クマ，猟師，人］の 3 種類．
(2) ポテンシャル 1 はクマの存在を示し，クマの存在位置周辺で高くなる．
(3) 猟師はクマを撃つべくポテンシャル 1 の極大値へ向かう．
(4) 人はクマをおそれてポテンシャル 1 の最小値の方向へ向かう．
(5) ポテンシャル 2 は人がいる場所を中心に人数に比例して落ち込み，逆に猟師がいる場所は大きく上昇するとする．
(6) クマは人を襲うべく，更に，猟師を避けるべくその集団を表すポテンシャル 2 の極小値方向へ移動する．

以上の関係から，クマと猟師と人はポテンシャル 1，2 を介して追いつ追われつの動きをすることになる．実際には 3 種類のエージェントの間で捕獲-被捕獲が起こりエージェントの数が変わる現実があるが，このモデルではここまでの展開は期待していない．

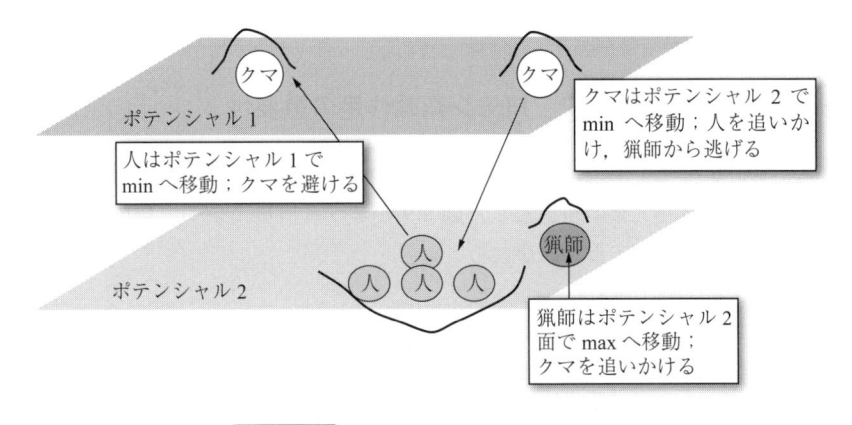

図 8.7 2 面ポテンシャルの例

8.3 ポテンシャルを形成するための内挿（平均化）フィルタの導入

クマの存在が人間にとって危険ポテンシャルを増加させる例を示したが，クマの危険度について考えてみると，遠くにいればまだ逃げられるし，クマもこちらを見つけていない可能性もあり，危険性は差し迫ってはいない．しかし目の前にいる場合は，もはや一刻の猶予もなく危険度大であり，更にそれが複数頭となってはなおさらである．このように，状態によって様々な危険度ポテンシャルが考えられる．このようなクマの存在位置を頂点に，その周辺に向かい滑らかに減衰していく特性が必要になる．

図 8.8 の例では，エージェントの存在だけで何も処理していなければ同図 (a) のようにエージェントの存在位置以外にはその効果が見えず，周囲に対する威嚇効果が発揮できないばかりか複数エージェントの集団効果もうまく表現できない．このような効果を出すには，同図 (b) のような二次元フィルタを掛ける必要がある．すなわち，エージェント面におけるその存在に同図 (b) のような中央が凸の滑らかなつりがね型フィルタを畳み込む必要がある．このフィルタ効果を，実例を挙げて見てみよう．アリが餌を見つけてそれを巣へ運び込むときに巣の入口から餌場まで 1 本のアリ道ができることは有名な事実で，少なからず何回か経験したことがあるはずである．巣から餌場まである幅で通路ができることは理解できるが，それがなぜ 1 本になるのか，また多くの場合にはアリのルートは最短直線ルートではなく，不思議な曲線をしている．なぜそのような道が形成されるのかが大きな疑問として残る．

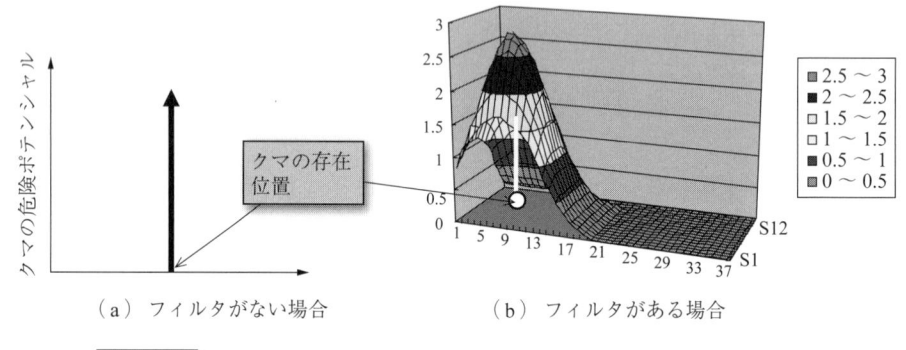

図 8.8 ポテンシャルを完成させるための二次元平滑フィルタの必要性

8.4 生物界におけるフェロモン蒸散作用の重要性

アリ道がなぜ 1 本道になるかについての答えをここで提示できるわけではないが，ある推論は定義できる．アリの習性として図 8.9 のように餌場と巣の入口の間を行動するときにフェロモンを出すと仮定する．すなわち
(1) ランダムで進む．
(2) 餌を見つけたらフェロモンの跡を残しながら帰巣する．
(3) フェロモンを感じ取ったらフェロモンをたどって進む．
このような仮定を置くと，以下のような経過が明らかになる．

図 8.10 (a) にアミ線で示したようなアリのフェロモン軌跡が地面に残ったとする．このと

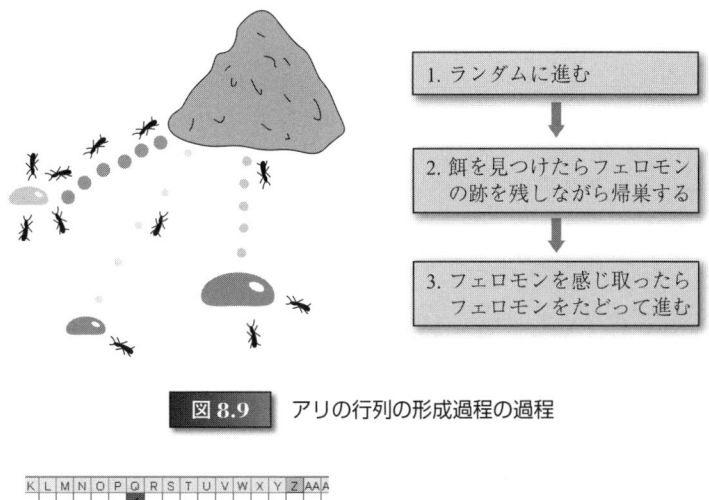

8.4 生物界におけるフェロモン蒸散作用の重要性

図 8.9 アリの行列の形成過程の過程

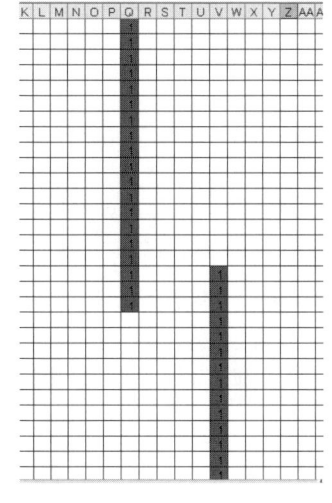

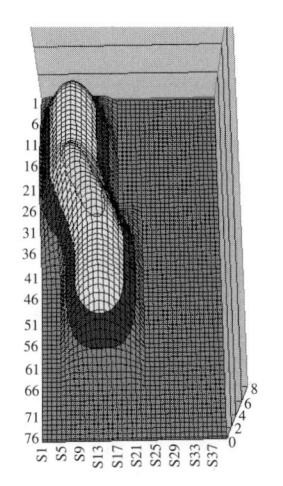

（a）フェロモンに蒸散効果なし　　（b）フェロモンに蒸散効果あり

図 8.10 アリの通路に残されたフェロモンの蒸散作用なしとありの比較

き，フェロモンに全く蒸散作用がないとすると，この匂いの効果はいつまで経っても，アミ線のパターンのままである．ところが，同図 (b) のようにフェロモンがアミ線を中心に蒸散して四方八方にその匂いを拡散させていく場合には，その効果は先ほどのつりがね型フィルタとの畳込みとなり，一つの山脈状の形になり，**図 8.11** のように明らかな峰が存在することになる．もし，後から来るアリがフェロモンの匂いの最も強いところを通ろうとするならば，そのアリ道は急速にこの山脈の峰に到達する．

　図 8.12 は多くのアリが巣から餌場までフェロモンを残して往復して作られた複数のアリ道を示している．これらアリ道上のフェロモンには蒸散作用がない場合には，後から来るアリにとってどこがアリ道群の中心なのかは分からない．したがって，これらの多くのアリ道がいつかはフェロモンの蓄積が進み，やがて 1 本の道に収束することは十分考えられる．しかし，それには相当長い時間が掛かることになる．ところが，**図 8.13** のようにフェロモンに蒸散作用があれば，複数のアリ道が作る総合的なフェロモン強度はその中心線付近に作り出される峰として表れ，後から来るアリは早期にその峰に収束していく．図 8.12 と図 8.13 の二つの例を比

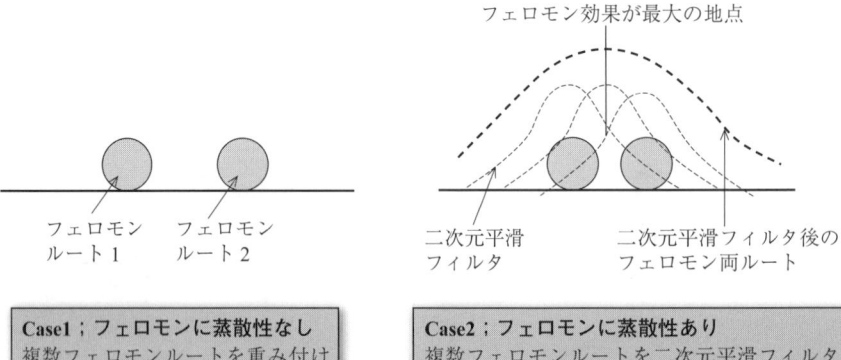

フェロモン効果が最大の地点

フェロモン
ルート1 フェロモン
ルート2

二次元平滑
フィルタ 二次元平滑フィルタ後の
フェロモン両ルート

Case1；フェロモンに蒸散性なし
複数フェロモンルートを重み付け加算する機能がなく，いつまでもルート集約が発生しない．

Case2；フェロモンに蒸散性あり
複数フェロモンルートを二次元平滑フィルタで重み付け加算する機能があり，おおむね複数ルートの重心部に平均化ルートが集約する．

図8.11 フェロモン（臭）の蒸散性の重要性

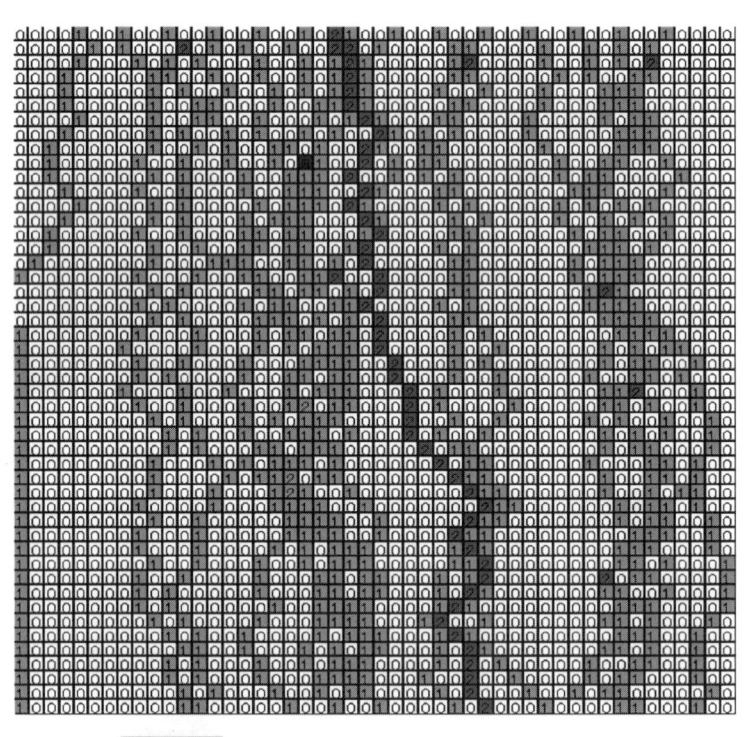

図8.12 フェロモンに蒸散作用がない場合のアリ道

較すると，フェロモンの蒸散作用がいかに重要かが明確に現れている．更に，収束したアリ道から捨てられた部分のフェロモンはその蒸散作用で急速にその効果をなくし，ますますフェロモンの峰部分のみが裏打ちされることになる．

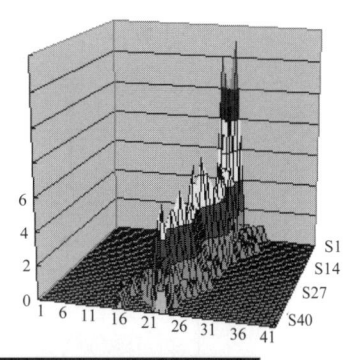

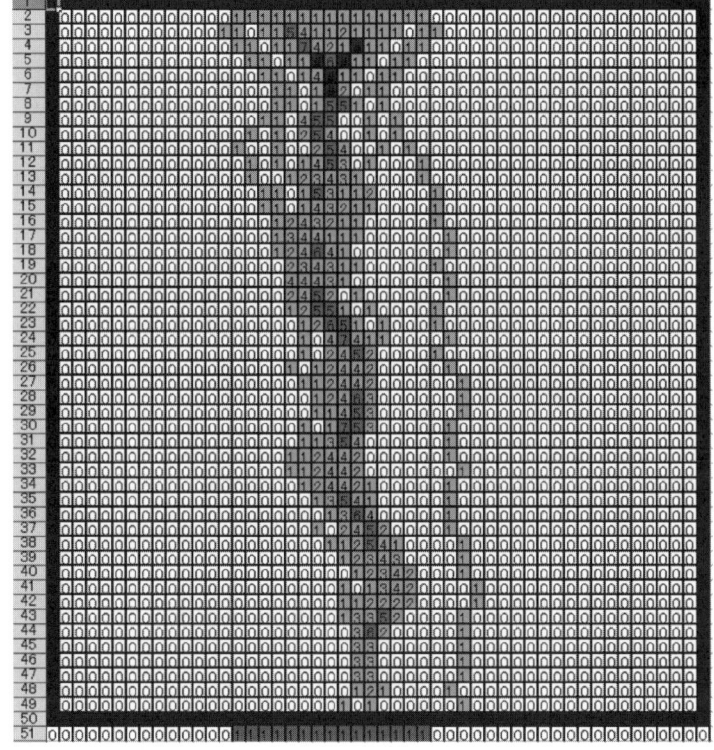

図8.13 フェロモンの蒸散作用がアリ道を早期に収束

8.5 一般的多次元セルオートマトンの提案

　多次元セルオートマトン，特にエージェント移動型のモデルを，今まで本章で検討してきた機能を積み重ねて提案したい．

　図8.14が一般的多次元セルオートマトンの構造である．基本的には

（1）エージェント面

（2）ルール面

（3）ポテンシャル面

の3面からできているが，それら各面の機能が一般化される．

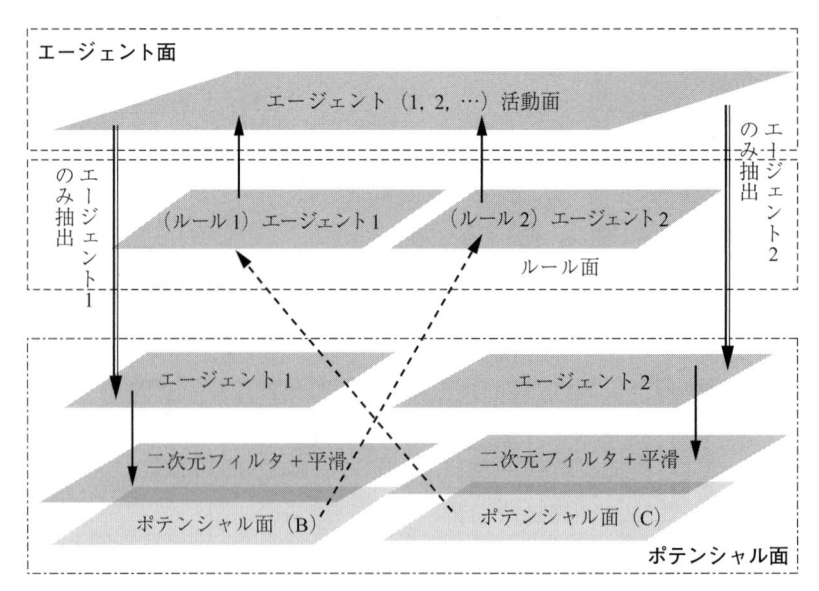

図8.14 2面ポテンシャル＋二次元フィルタ試作

注）上記のように，ポテンシャル面を複数定義した場合には，エージェントでの"ルール"作りの際，"簡易入力"は複数のポテンシャル面のうち，エージェントプログラムで定義された初めのポテンシャル面の一つ以外に対しては，利用できない．簡易入力を利用しつつ，一部の記述を書き換えるなどの工夫が必要．

まず，(1)のエージェント面であるが，いわゆる伝統的な"複雑系"でいうところの"存在するエージェントが全て同じ行動規範を有する"という大前提から踏み出し，複数の行動規範を有する複数種のエージェントの共存を許している．

次に，(2)のルール面であるが，複数種のエージェントが共存することから，ルール面はその種類だけ別々に用意されている．

最後の(3)ポテンシャル面も，エージェントが1種類の場合には複数準備する必要はないので一面で十分であったが，複数のエージェントの共存を許したことによりそれらの思考，目的，危険予知感覚も異なり，別々のポテンシャル面を準備する必要があり，この図ではそのように複数面が準備される．更にこのポテンシャル面はエージェント自身の存在が影響を与えることから，各ポテンシャル面はそのポテンシャル変化に関与するエージェントの存在を表現するエージェント面 i とその位置に畳込みを掛ける二次元つりがね型フィルタが追加されている．

更に，初めのエージェント面が参照するポテンシャル面は複数準備されたもののうちの一つということになり，同図ではそれを破線で示してある．

このような新提案スキームを用いることにより，最初に例示した次のようなモデルが処理できる．

(1) エージェントの種類　3：クマ，クマを猟師，村人
(2) ルール面　　　　　3：・クマは村人が作るポテンシャルの極小値に向かい，上記ポテンシャルで村人と逆極性の極値を作る猟師の極大値から避けるルールに従う．
・猟師はクマが作るポテンシャルの極大値に向かうルール
・村人はクマが作るポテンシャルの極大値を避けるルール
(3) ポテンシャル面　　3：村人と猟師が作る面．クマの行動規範を規定する．
クマが作る面．村人と猟師の行動規範を規定する．

8.6　エージェント移動型多次元セルオートマトンを用いた"航空機退避問題"

(1) 飛行機災害時の退避問題のモデル化

本節では，退避問題の中でも飛行機（ボーイング777-300ER）をモデルに，退避時間に及ぼす人間の判断に内在するランダム性が及ぼす意外な特性を検討する．

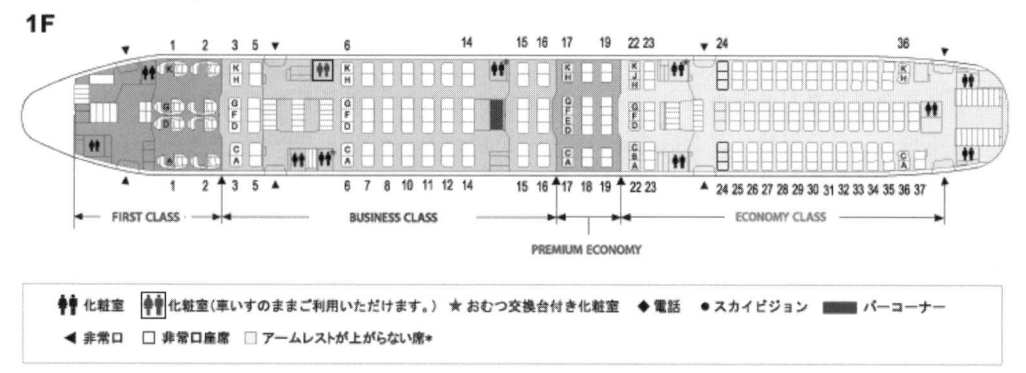

[システムモデル化]

飛行機の座席表をモデル化したものがこの図である．黒は壁・座席の部分で人が入り込めない場所．1 が人である．薄アミが非常口（①〜⑧の8か所）．非常時には，エージェント（人）は非常口を目指す．

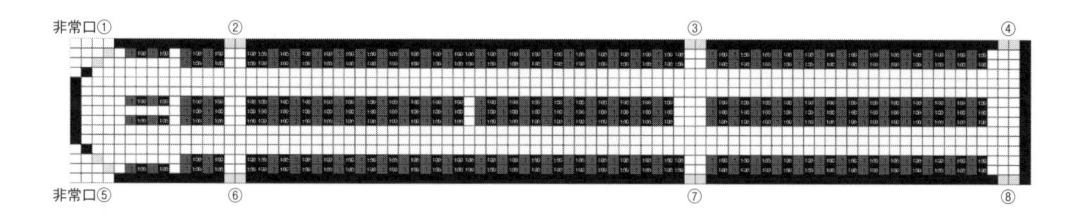

(2) ポテンシャル関数の設定

エージェントはひたすら最寄りの非常口を目指すことが行動規範であるので，ポテンシャルとしては座席横通路中央から非常口に向かうように設定する．

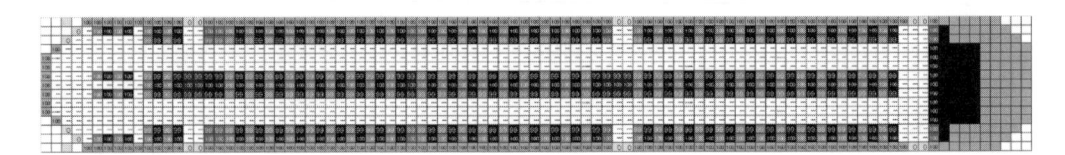

通路部分が同じアミ濃度でしか表されていないが，最寄りの非常口から等距離にある点を頂点に，滑らかに非常口の方向に行くにつれてポテンシャル（値）が小さくなっていく．非常口周辺のポテンシャルは傾斜がきつく設定されている．

(3) 具体的システム評価

退避行動のパフォーマンスとしては何といっても迅速な退避時間の短さである．ここではまずエージェントがポテンシャルに従い，その値の小さい方に向かっていく．つまり出口に向かいエージェントが飛行機の外に脱出するまでの時間を計る．ここではエージェントがセルを一つ移動するのを1秒（一単位時間と考えてもよい）とする．これが飛行機座席の構造が決める退避時間特性の基本値となる．

次に，退避行動中のエージェントの臨機応変さを表現するために，単純ルールにランダム性を取り入れ，混雑による退避待ち合わせ時間の縮小が期待できるかを検証し，ランダム行動の重要性を検証してみたい．

飛行機の座席は満席とし，座っている状態から退避はスタートする．

この検証はランダム性を取り入れることから，終局局面でなかなか出口に向かわないエージェントが発生するので，全体のエージェントの80%（239座席あるので239人の80%）191人が脱出したところで評価としての退避終了とする．

ルール100%（ランダム性なし，(A)）でシミュレーションを行うと以下の図のように80%脱出するのに55秒かかった．

(4) エージェント行動のランダム性を容認

満席状態からスタートし，ランダム性の確率を(B) 20%, (C) 40%, (D) 60%, (E) 80%で検証する．

ランダムにエージェントが動く方向は右（無印）・左（'）・左右（''）とする．

55秒を上回るランダム性を模索する．シミュレーションの結果は以下のとおり．

8.6 エージェント移動型多次元セルオートマトンを用いた"航空機退避問題" 141

(A) ランダム条件なし スタート

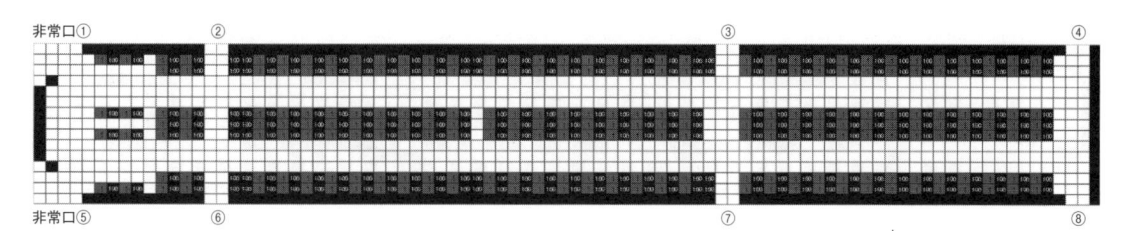

20秒後

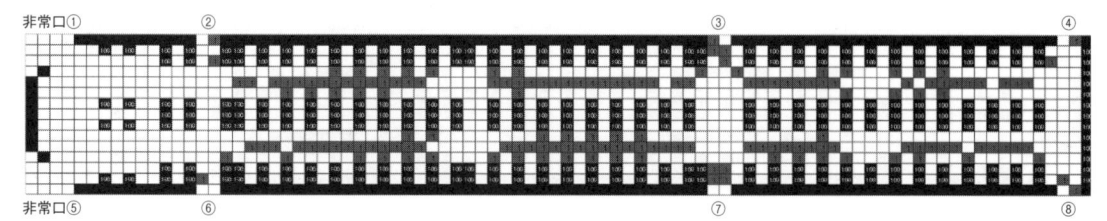

40秒

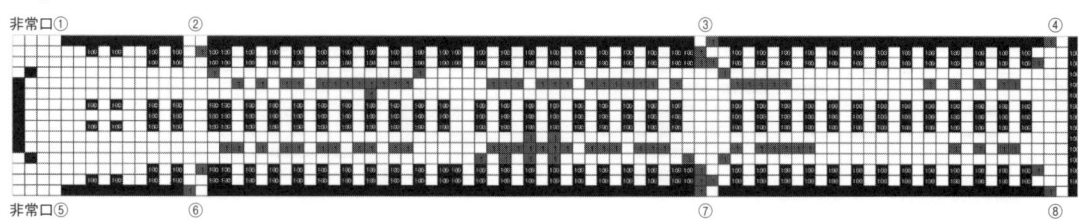

55秒で脱出

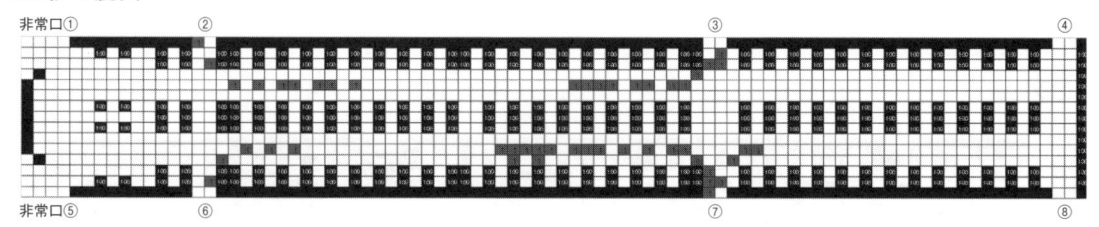

(B) ランダム条件；20%で右 スタート
　　（図中番号付数字は座席，番号なしはエージェント，①〜⑧は非常口を示す）

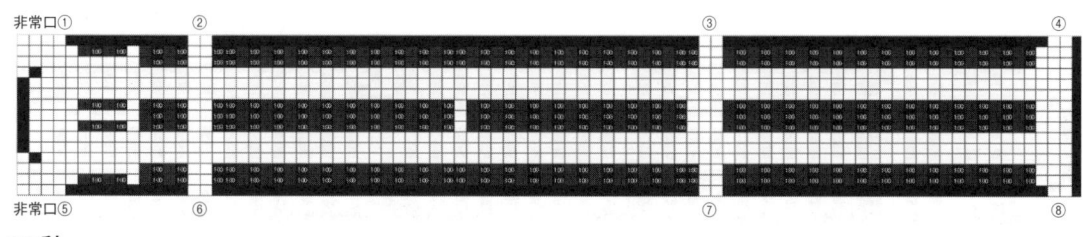

20秒

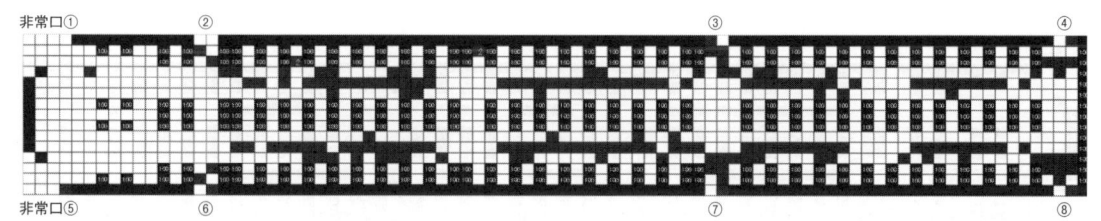

40 秒

60 秒

64 秒で脱出

(C) ランダム条件；40% で右

20 秒

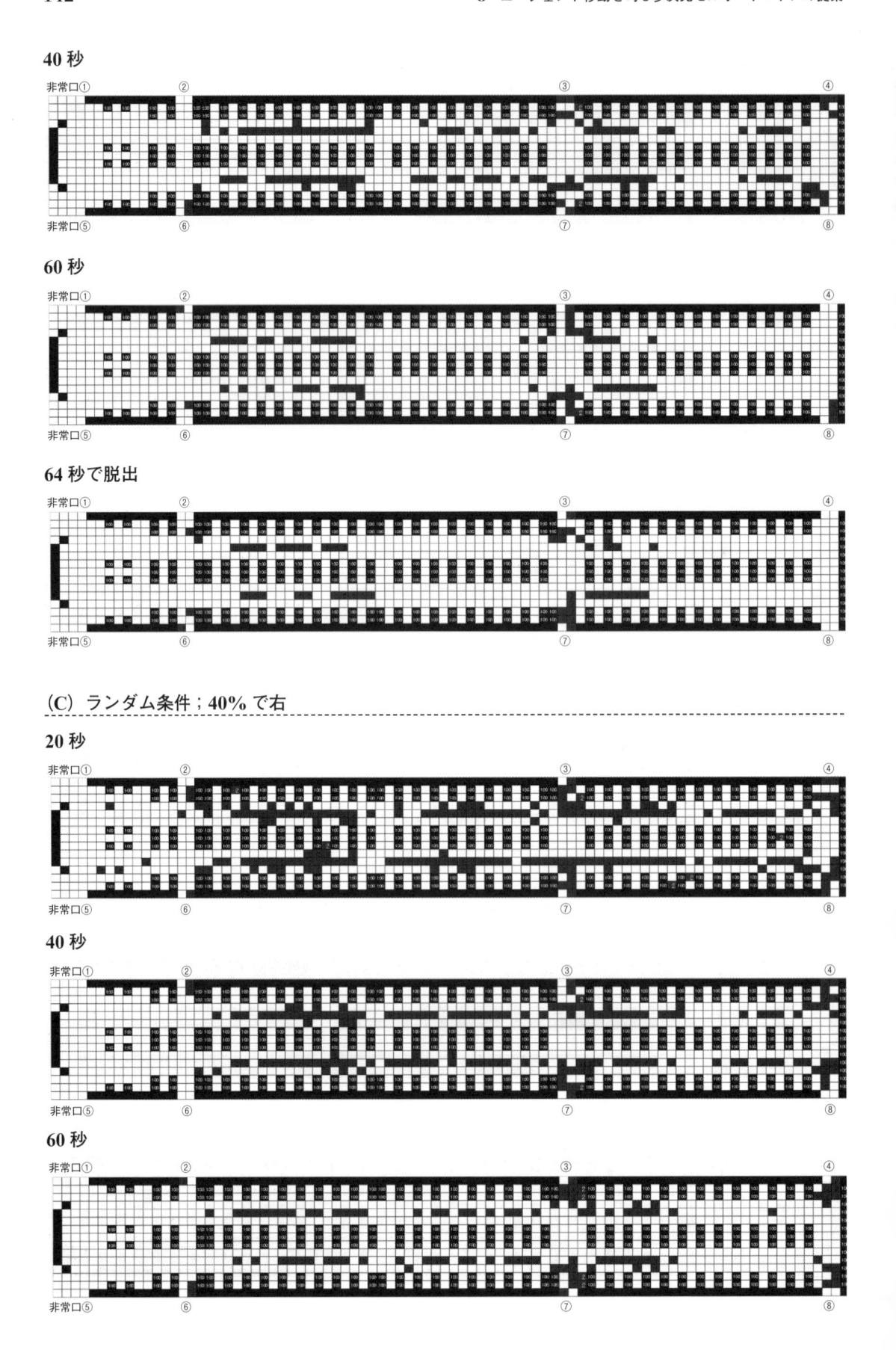

40 秒

60 秒

8.6 エージェント移動型多次元セルオートマトンを用いた"航空機退避問題"

80 秒

96 秒で脱出

(D) ランダム条件；60% で右

20 秒

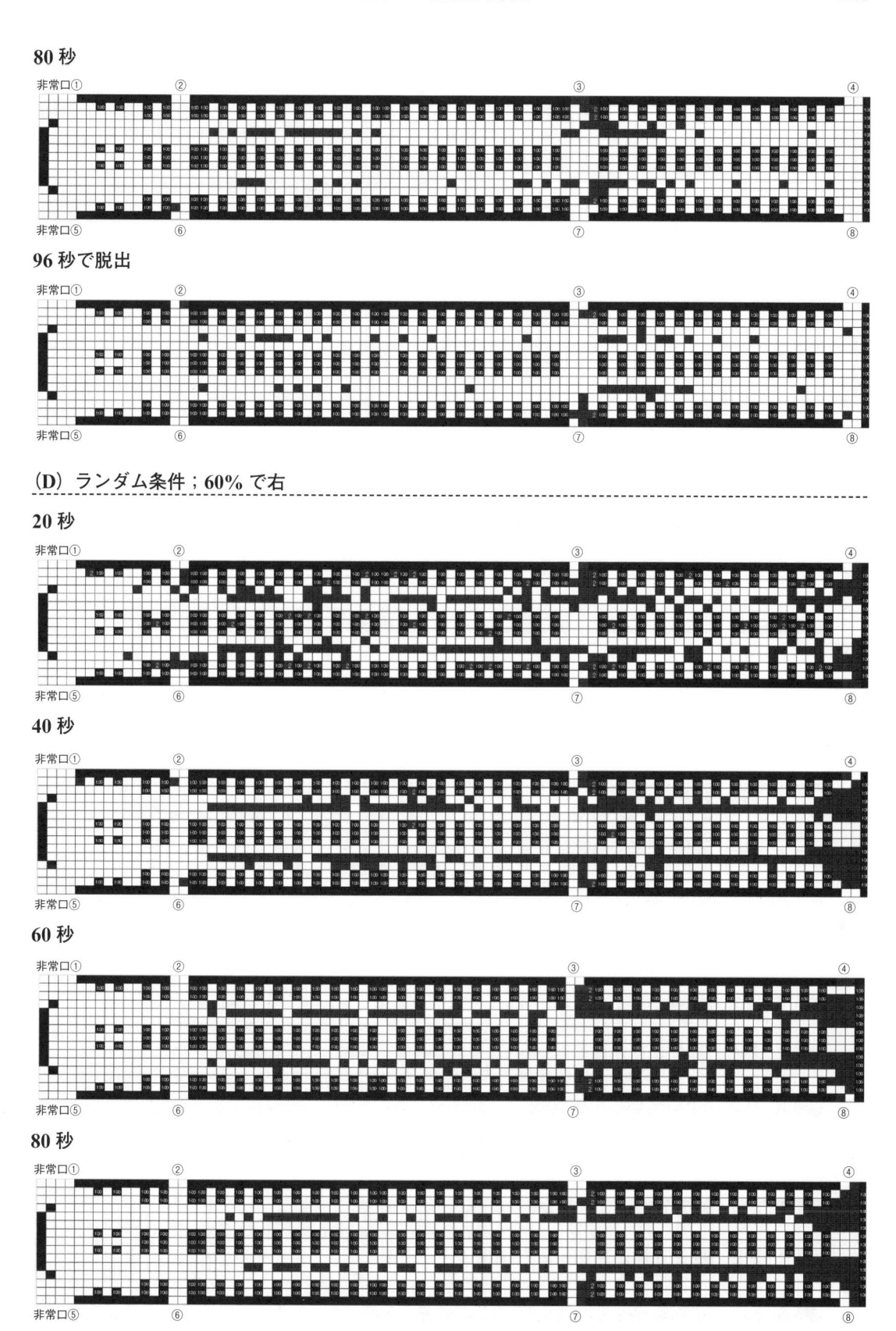

40 秒

60 秒

80 秒

100 秒

120 秒

261 秒で脱出

(E) ランダム条件；80% で右

20 秒

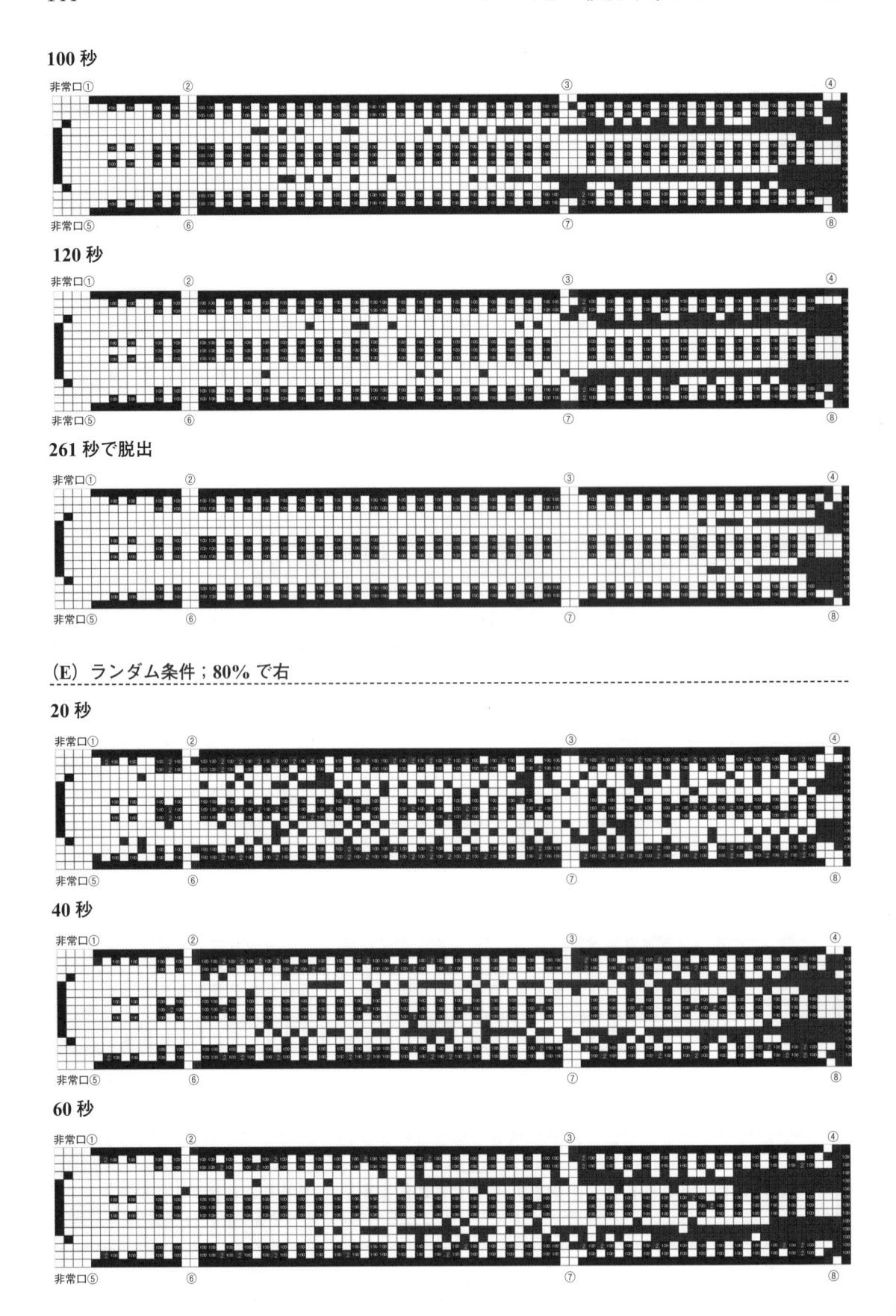

40 秒

60 秒

8.6 エージェント移動型多次元セルオートマトンを用いた"航空機退避問題"

80 秒

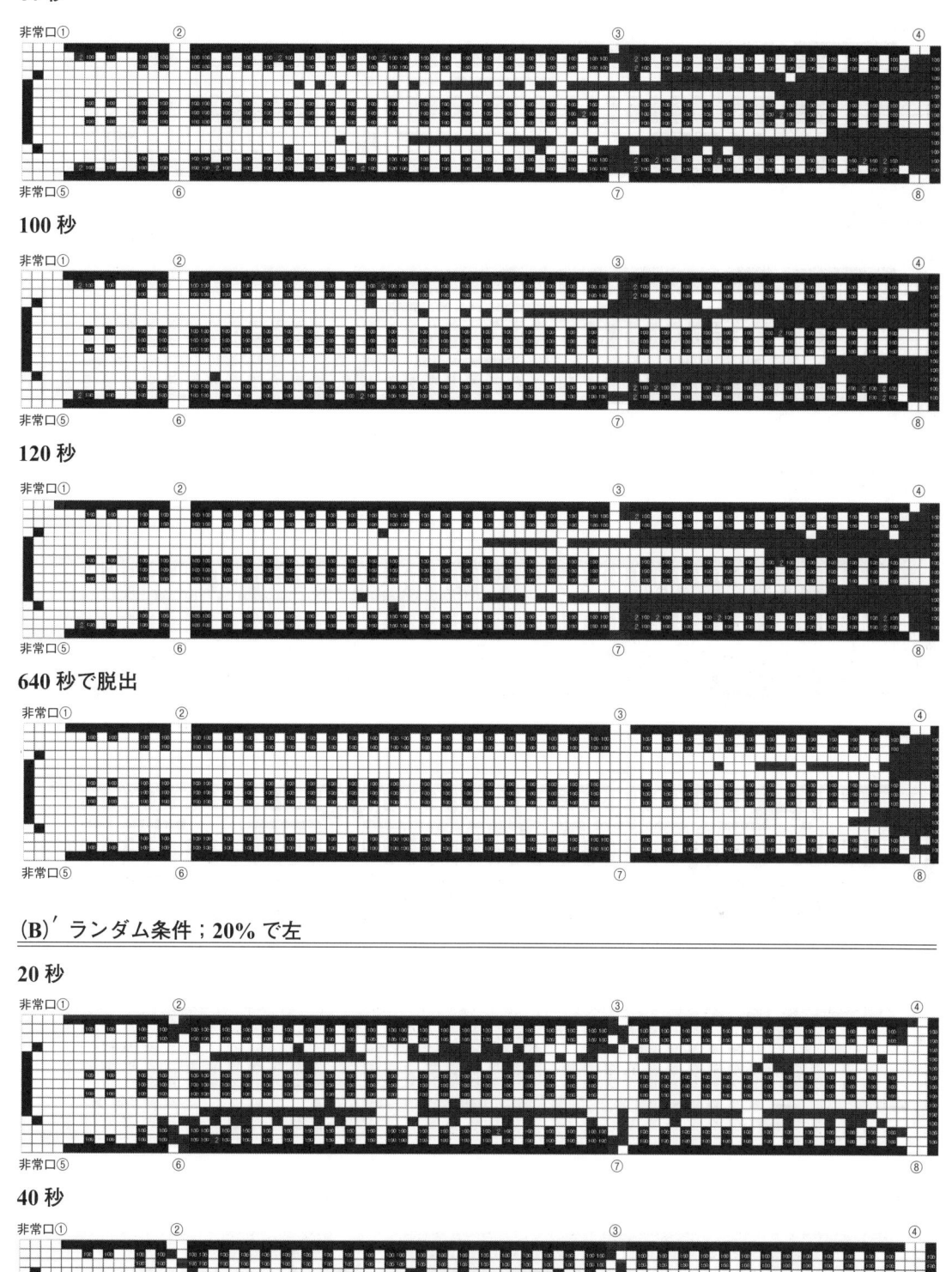

100 秒

120 秒

640 秒で脱出

(B)' ランダム条件；20% で左

20 秒

40 秒

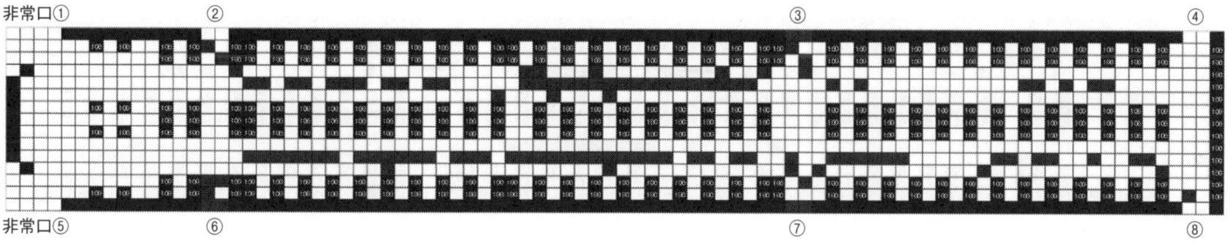

146

60秒

64秒で脱出

(C)' ランダム条件；40%で左

20秒

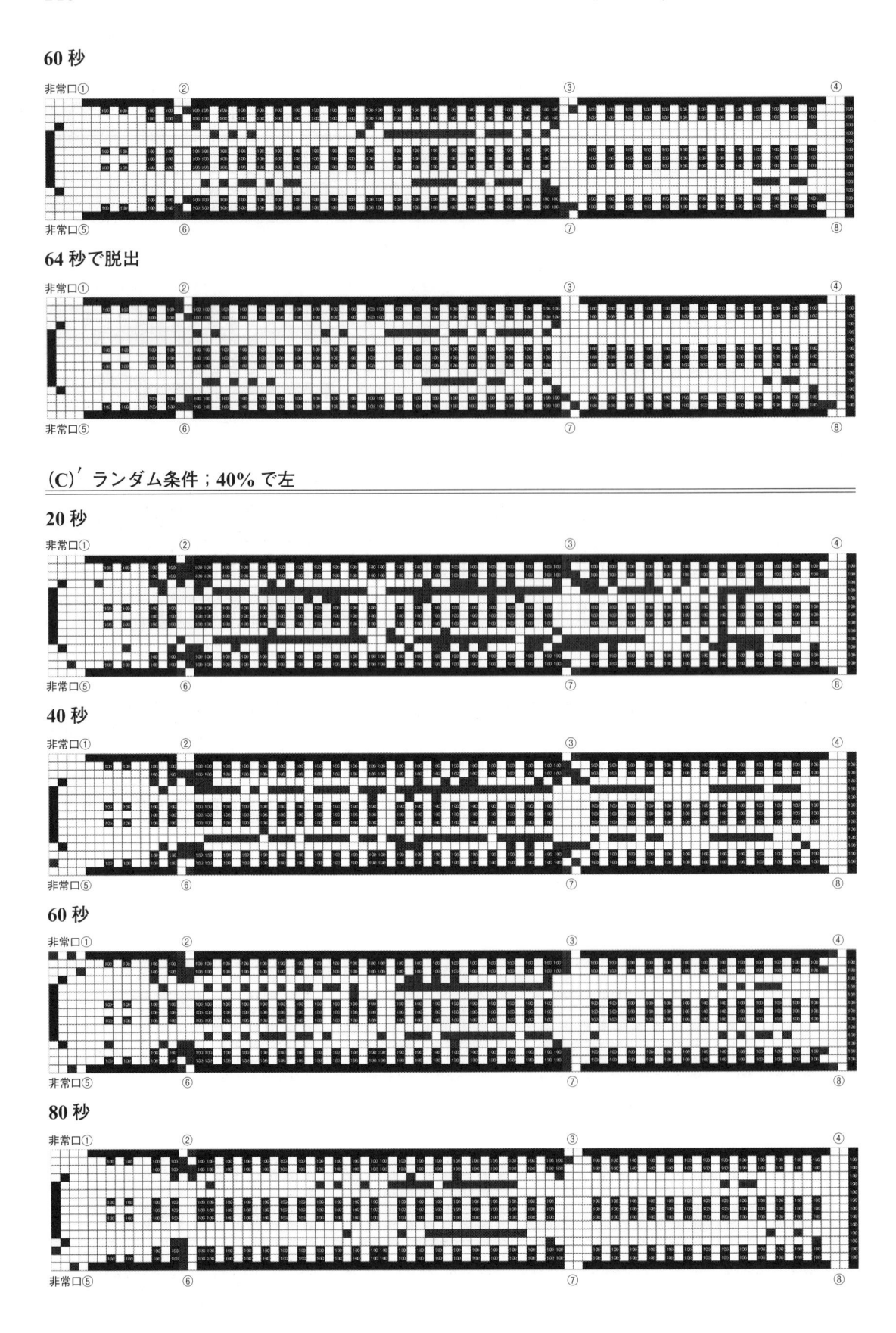

40秒

60秒

80秒

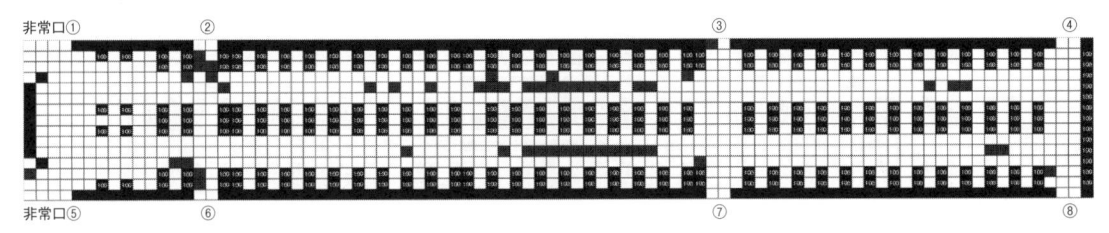

8.6 エージェント移動型多次元セルオートマトンを用いた"航空機退避問題"

81秒で脱出

(D)′ ランダム条件；60% で左

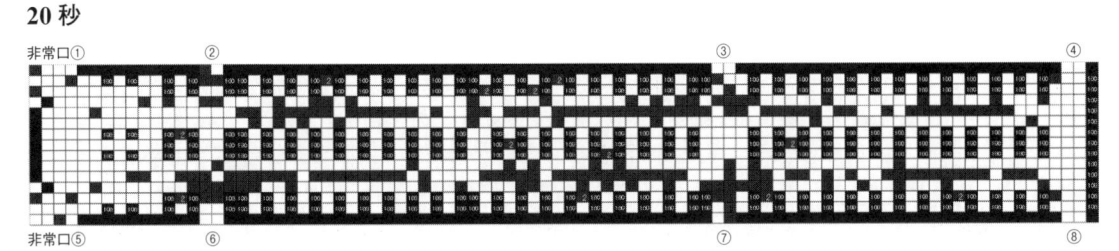

20秒

40秒

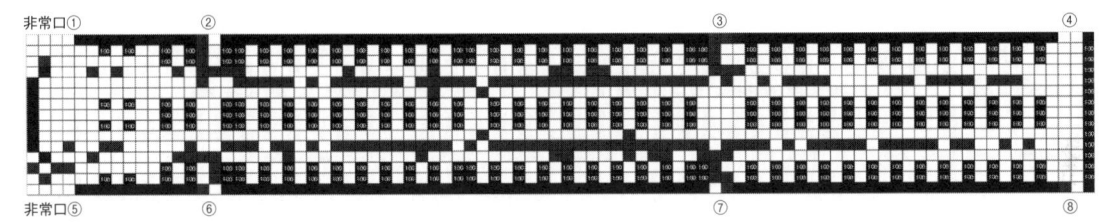

60秒

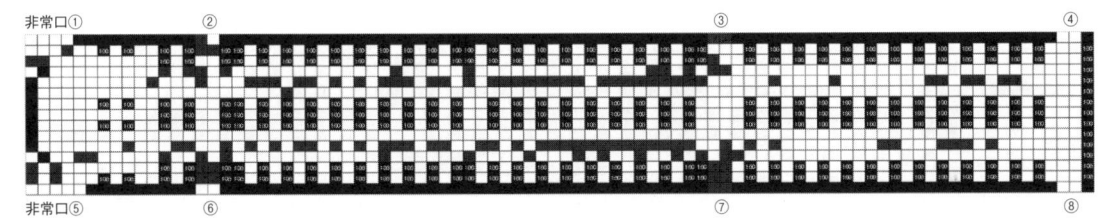

80秒

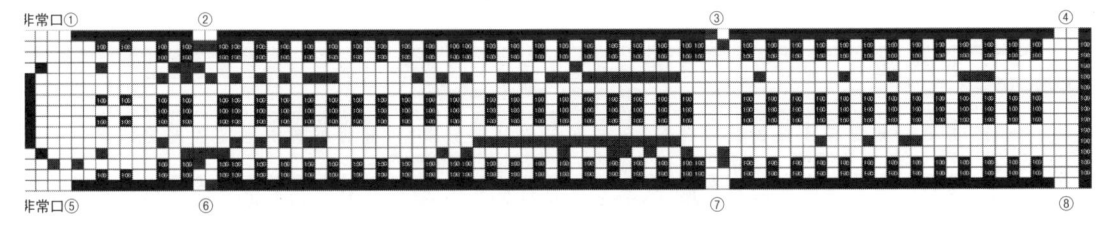

100秒

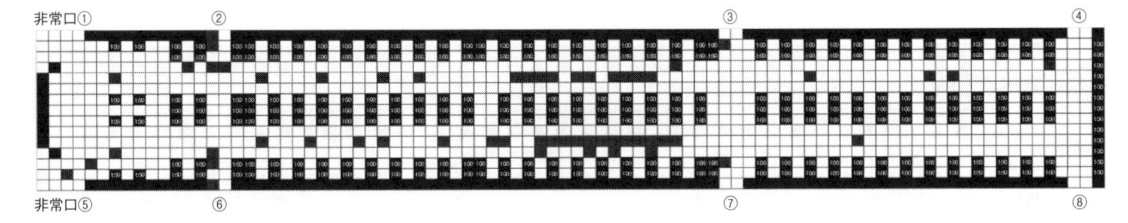

148　　8　エージェント移動を司る多次元セルオートマトンの提案

103秒で脱出

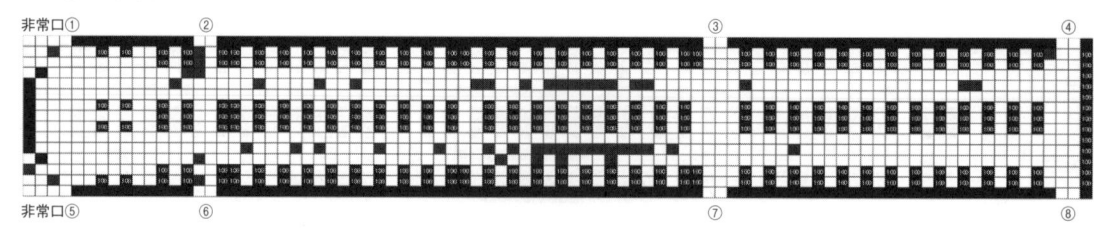

(E)' ランダム条件；80%で左

20秒

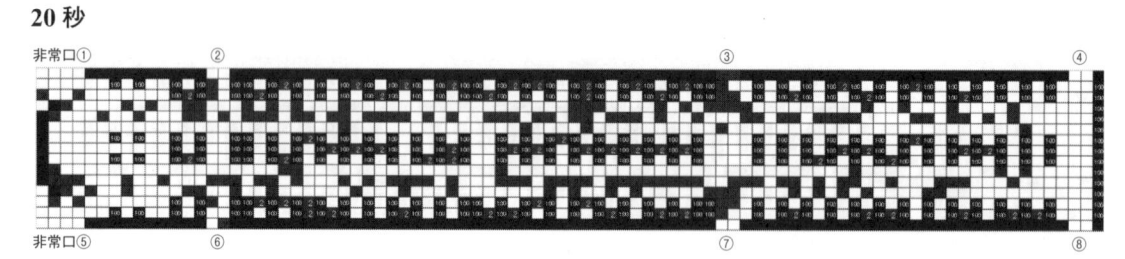

40秒

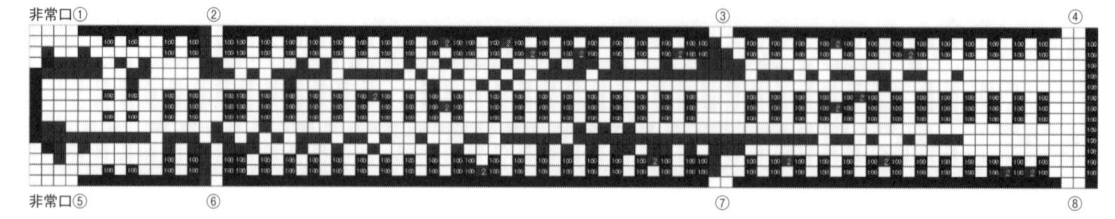

60秒

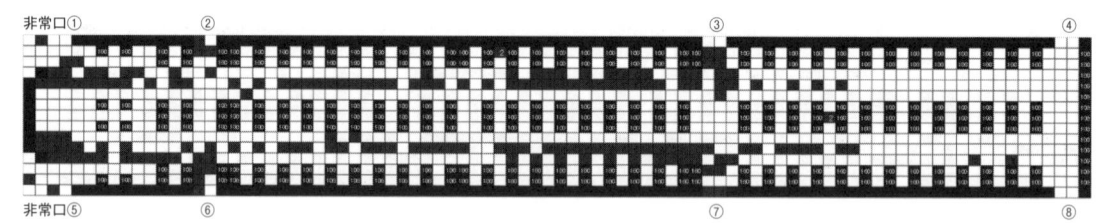

80秒

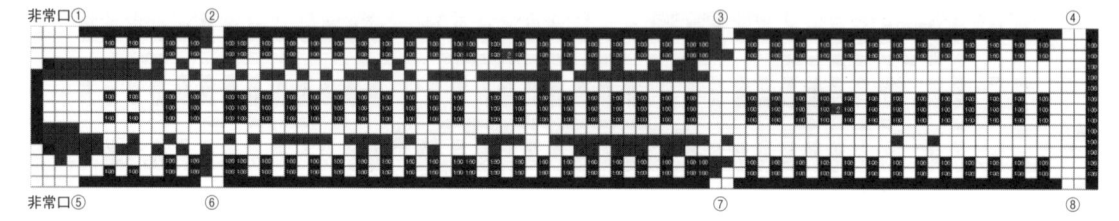

100秒

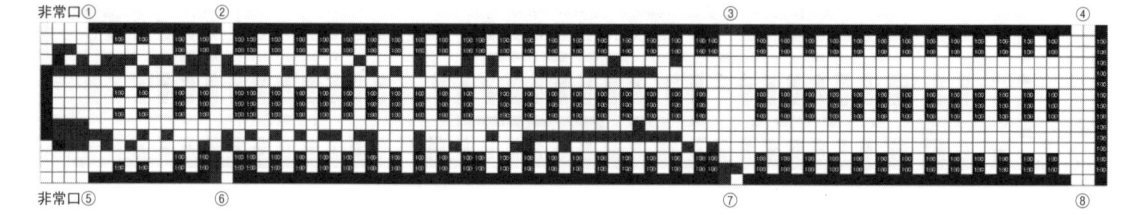

8.6 エージェント移動型多次元セルオートマトンを用いた"航空機退避問題" 149

120 秒

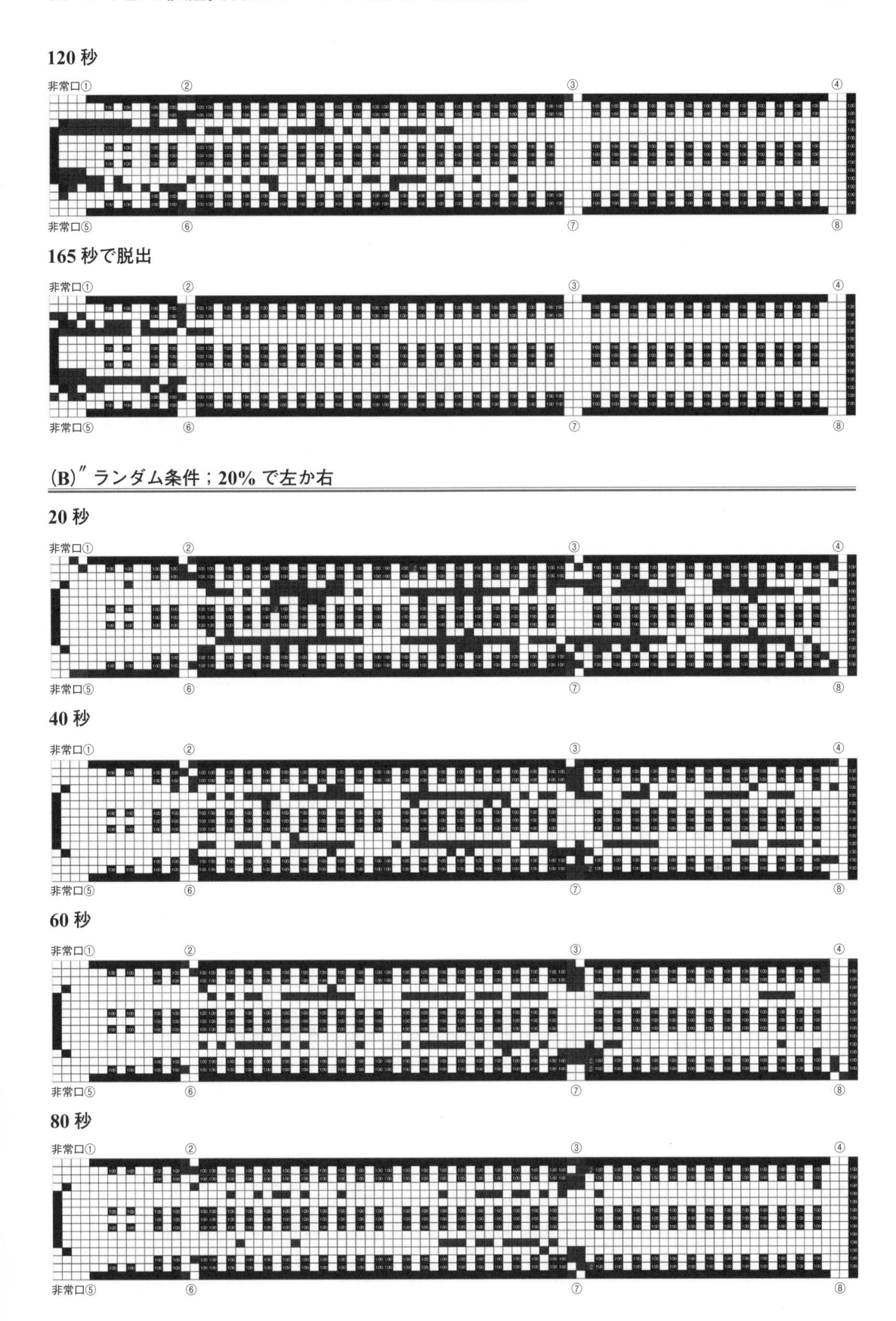

165 秒で脱出

(B)"ランダム条件；20% で左か右

20 秒

40 秒

60 秒

80 秒

81 秒で脱出

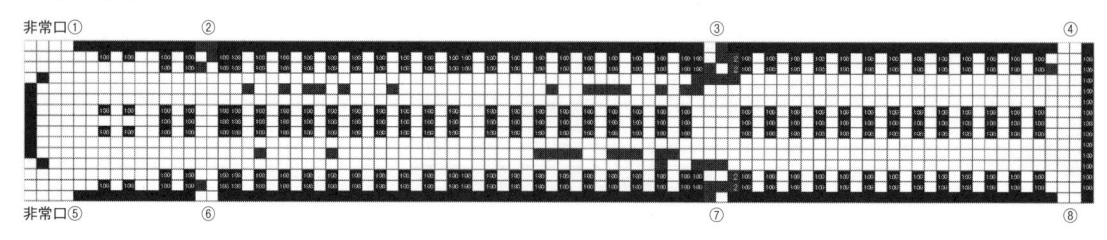

(C)"ランダム条件；40% で左か右

20 秒

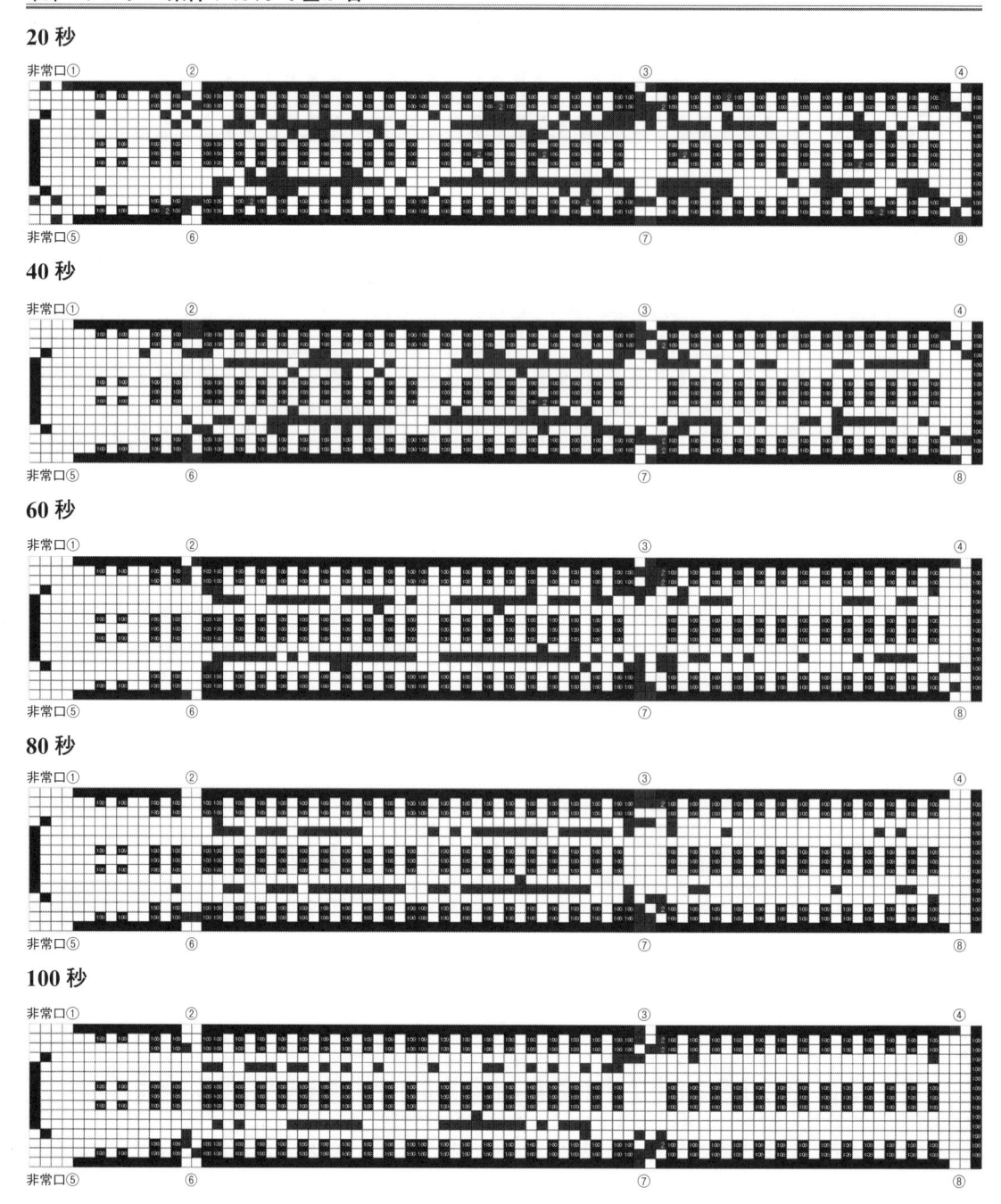

40 秒

60 秒

80 秒

100 秒

8.6 エージェント移動型多次元セルオートマトンを用いた"航空機退避問題"

111 秒で脱出

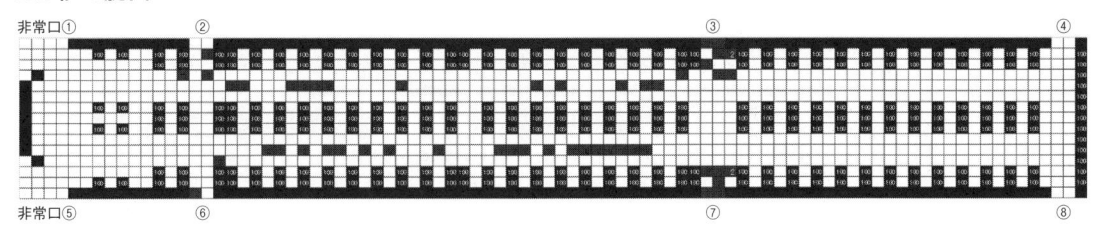

(D)"ランダム条件；60% で左か右

20 秒

40 秒

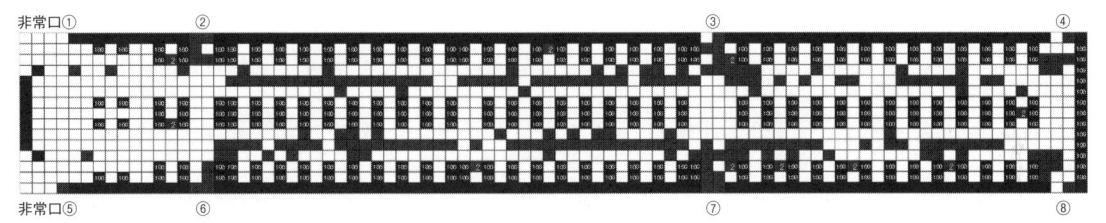

60 秒

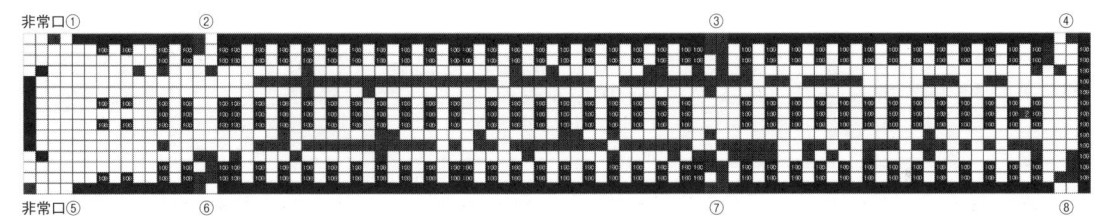

80 秒

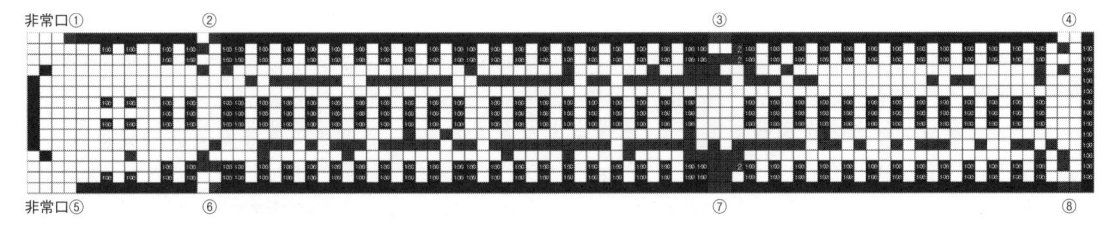

100 秒

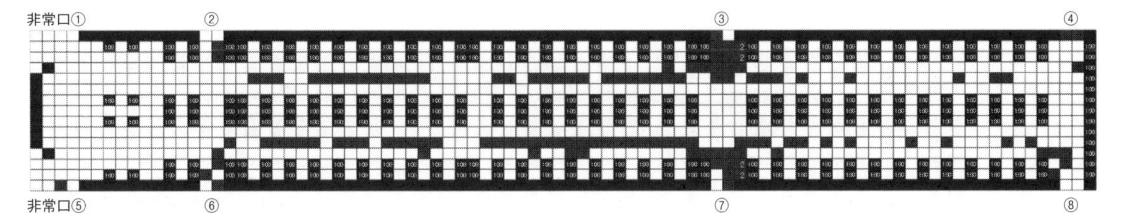

120 秒

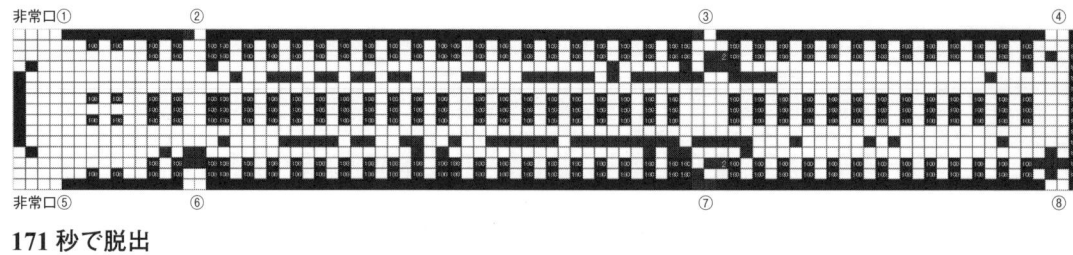

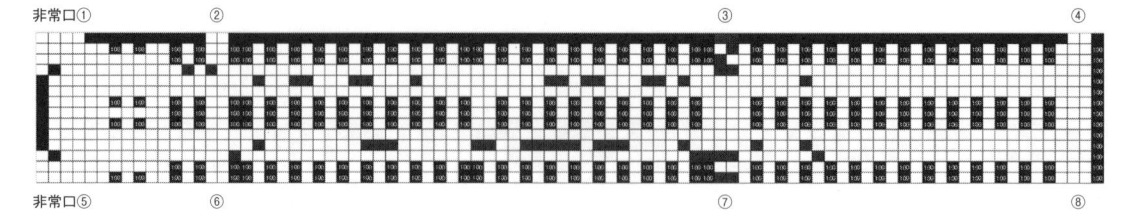

171 秒で脱出

(E) "ランダム条件;80% で左か右

20 秒

40 秒

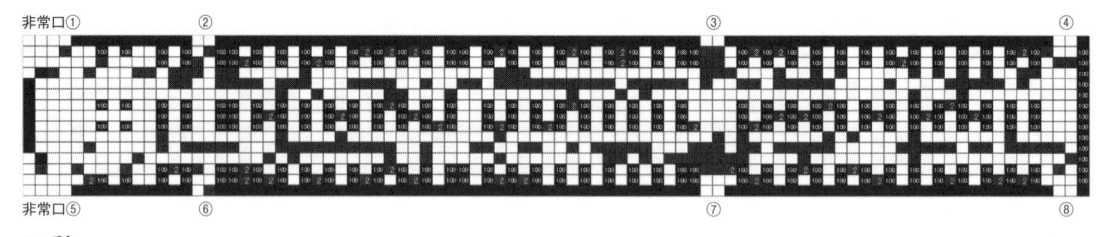

60 秒

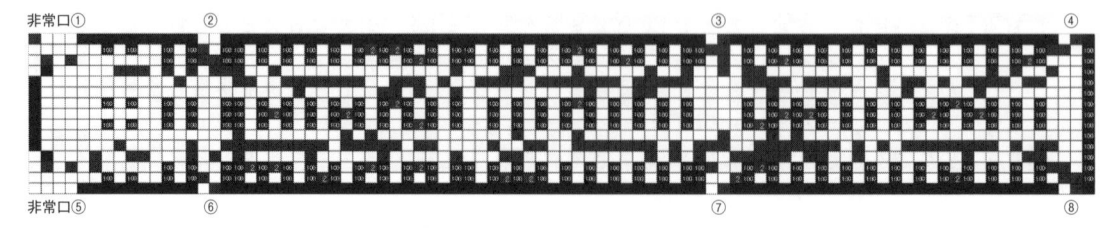

80 秒

8.6 エージェント移動型多次元セルオートマトンを用いた"航空機退避問題"

100 秒

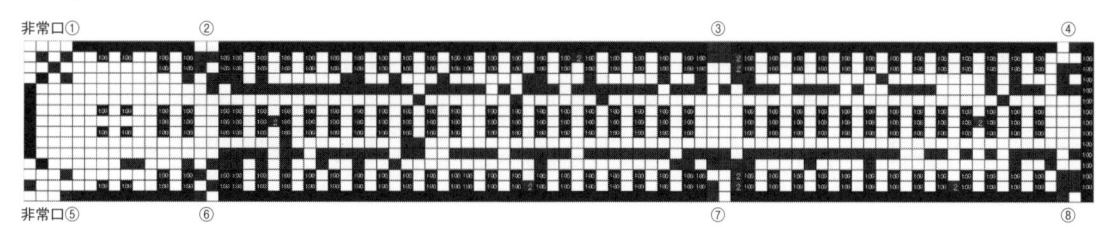

120 秒

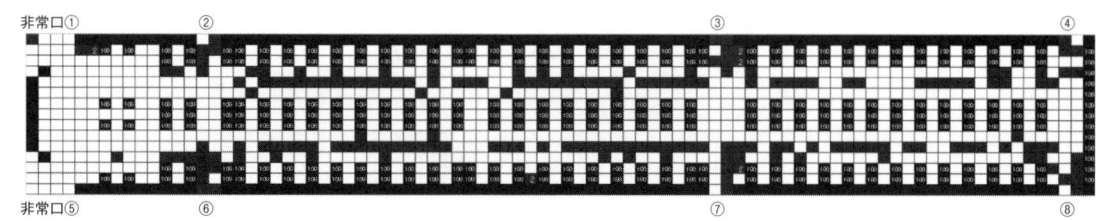

366 秒で脱出

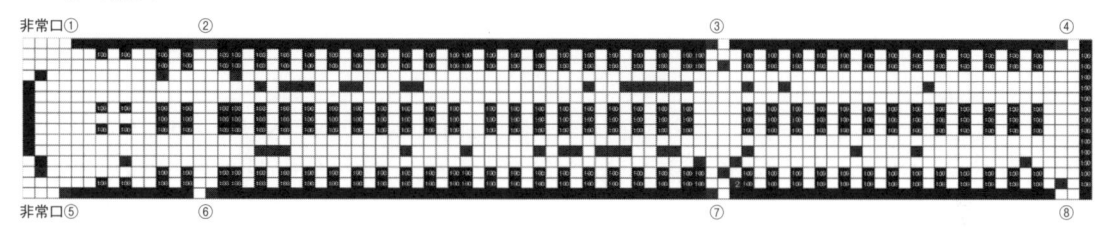

(5) エージェント行動へのランダム性導入の結果

表

方向／ランダム率	(A) なし	(B) 20%	(C) 40%	(D) 60%	(E) 80%
右	55	64	96	261	640
左（′）	55	64	81	103	165
左右（″）	55	81	111	171	366

グラフ

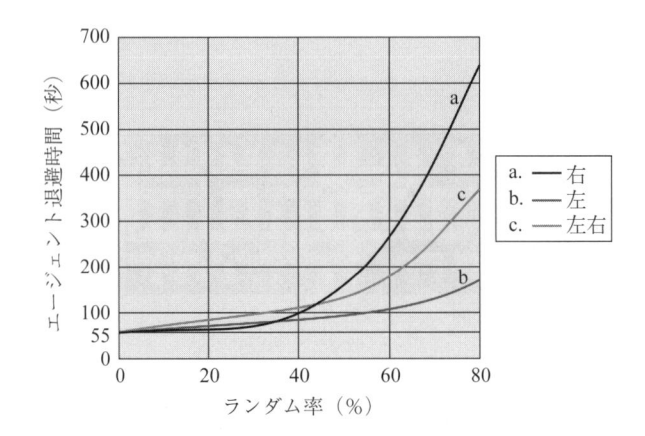

表とグラフを見て分かるとおり，単純に非常口に向かうルールの55秒を上回る結果は出ていない．これは，ランダム性を導入はしてもその行動様式が乗客全て同じであるため，ランダム性の効果が出にくかったと思われる．これを踏まえて次に条件を変えて再度検証してみる．

(6) エージェント行動が複数の場合（避難行動規範が異なるエージェントの混在）

満席とし座った状態からスタートする．エージェントは2種類（数字を濃淡のアミで囲む）である．

前回の検証結果を踏まえて二つのエージェントに別々のルールを使う．

ランダムに動く方向は，□が左・左上・左下，■が右・右下・右上として検証する．ランダム性の確率は先の実験と同じく20%，40%，60%，80%で検証し，ルール100%の55秒を上回るランダム性を模索する．

[2種のエージェントの初期配置]

下図が飛行機の座席をモデル化したものであり，従来どおり黒が壁と座席でエージェントが入り込めない場所である．

1と1がエージェントで，淡いアミ部分が非常口（①〜⑧）である．エージェントは非常口を目指して動く．

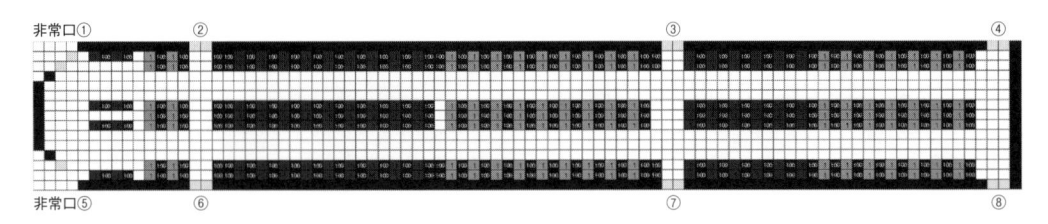

以下にシミュレーションの結果を表示する．

8.6 エージェント移動型多次元セルオートマトンを用いた"航空機退避問題"

(B) ランダム条件；20% で 1 が左，3 が右

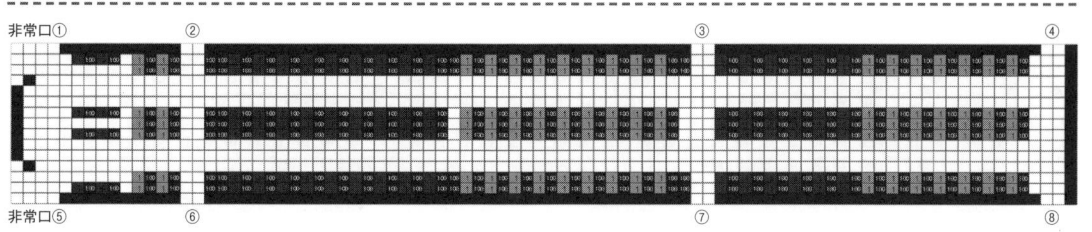

20 秒

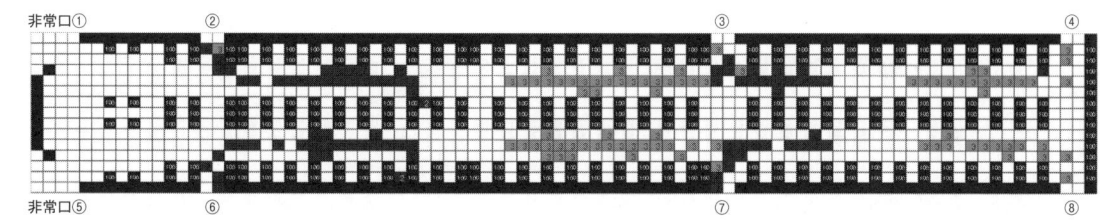

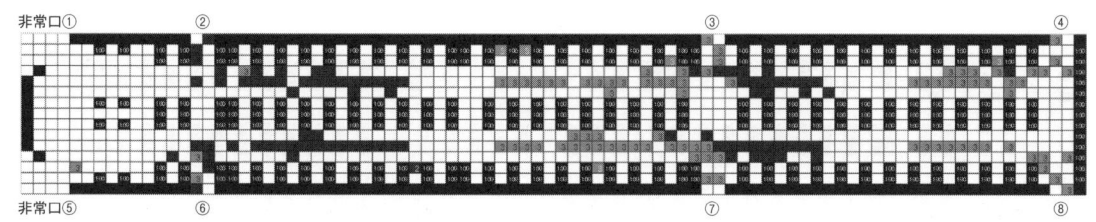

40 秒

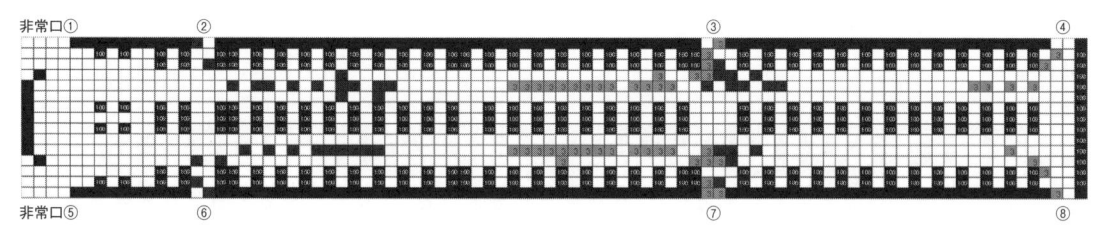

53 秒で脱出

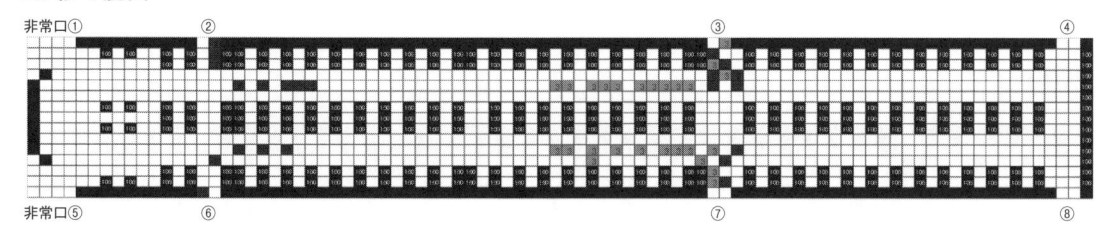

(C) ランダム条件；40% で 3 が左，3 が右

20 秒

40 秒

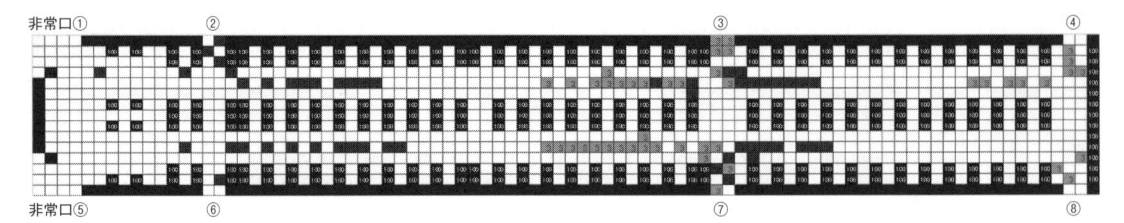

54 秒で脱出

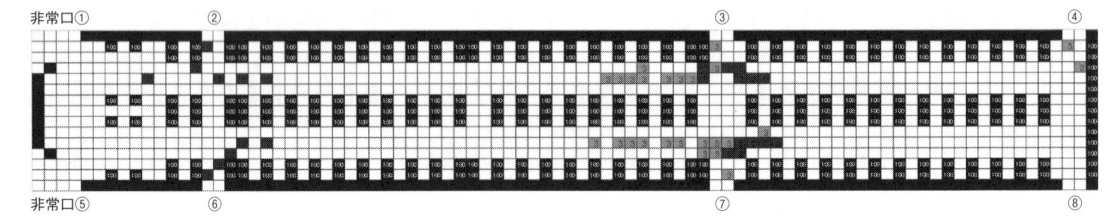

(D) ランダム条件；60% で ③ が左, ③ が右

20 秒

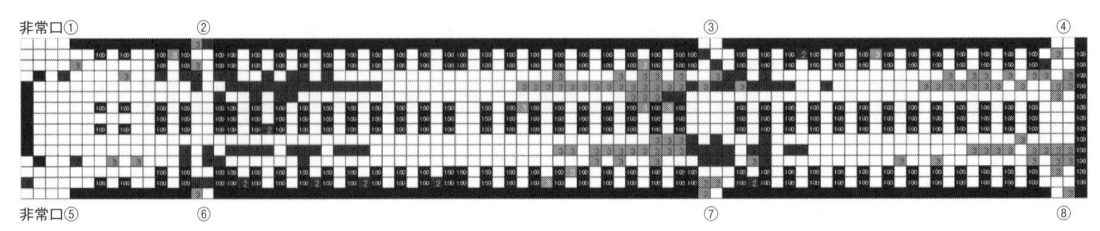

40 秒

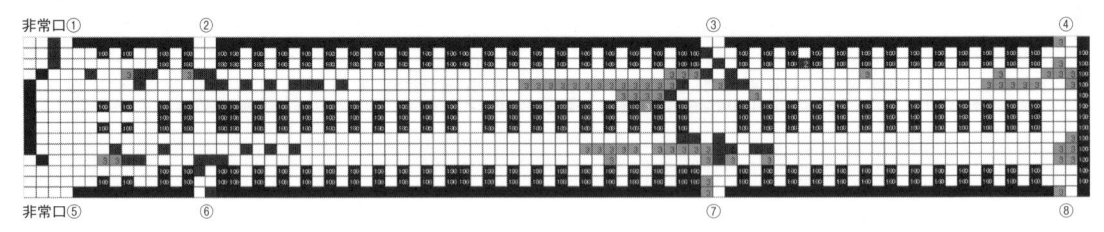

56 秒で脱出

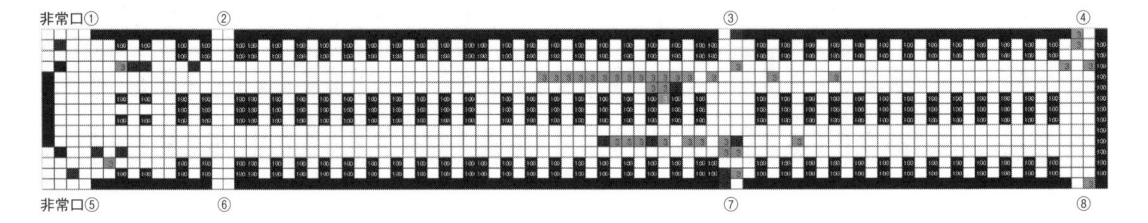

8.6 エージェント移動型多次元セルオートマトンを用いた"航空機退避問題" 157

(E) ランダム条件；80%で ③ が左・左上・左下，③ が右・右上・右下

20秒

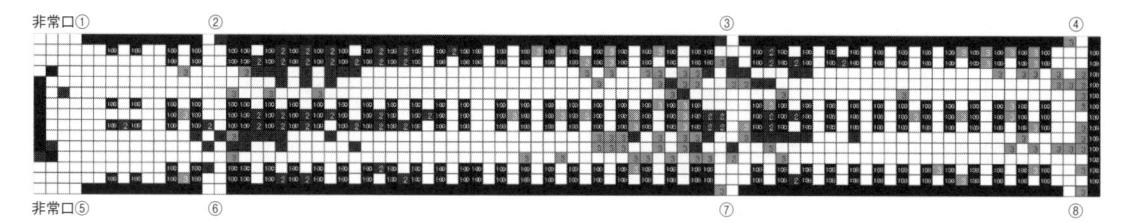

40秒

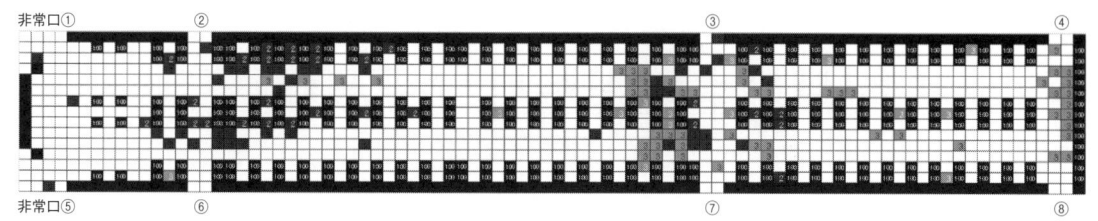

60秒

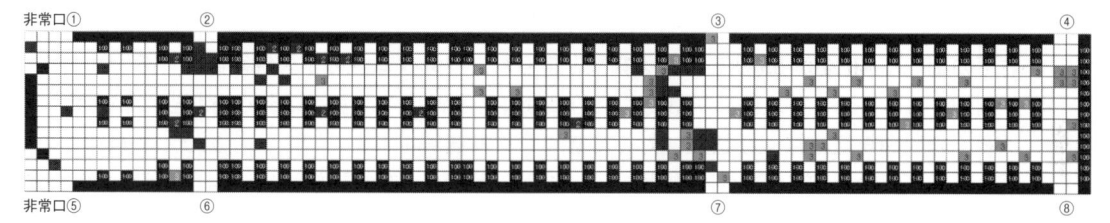

80秒

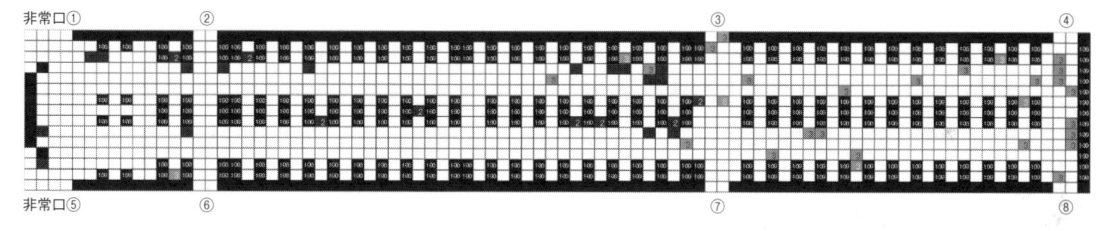

83秒で脱出

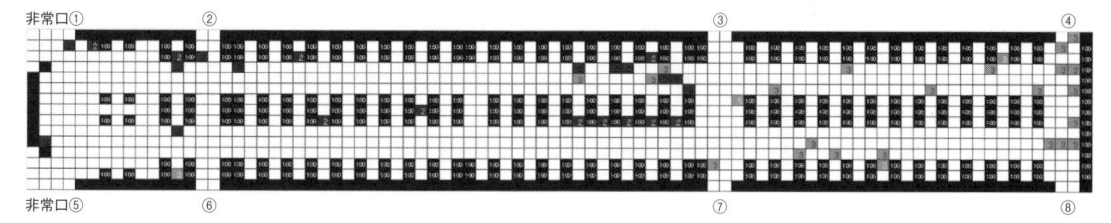

(7) 2種類のエージェントが混在するときのランダム性効果

表

方向／ランダム率	(A)なし	(B)20%	(C)40%	(D)60%	(E)80%
③左, ③右	55	53	54	56	85
③左・左上・左下, ③右・右上・右下	55	50	52	56	83

グラフ

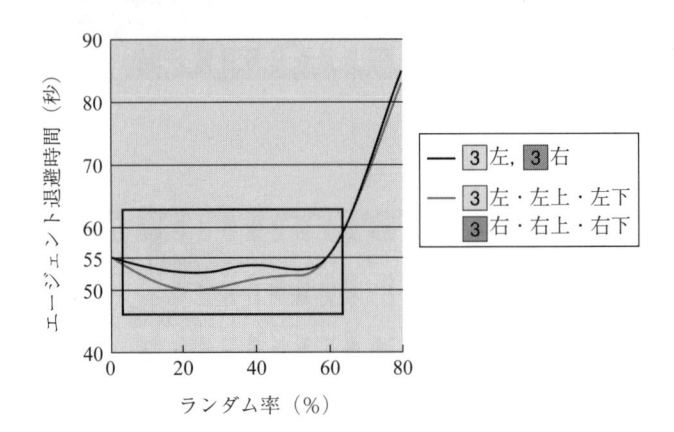

表とグラフを見て分かるとおり，③左，③右の20%，40%と③左・左上・左下，②右・右上・右下の20%，40%が55秒を上回る結果が得られ，ランダム性の重要性が証明できた．

制御におけるランダム性は，第一印象的には害ある外乱のように見えるかもしれないが，実は多くの制御規範は様々な状況に対して必ずしも最適解を与えるほど，精緻なものは少なく，そのために動作の停滞・破綻を来すこともまれではない．このとき，これらの不都合を解消させるのが制御規範の縛りを取り払うランダム性なのであり，自然界の自律性には重要な存在なのである．これを有益な"外乱"，"摂動"という．

以上，述べてきたように，本節で紹介した"エージェント移動型の多次元セルオートマトン"を用いることにより，思惑の異なる複数種類のエージェント間の駆引が繰り広げる非線形システムの振舞いが検証できるわけである．

8.7　人間の振舞いを扱う

我々は日常生活を過ごす中で自分以外の不特定多数の人間に，通勤や通学の電車や職場，学校など様々な場面で出会うが，衝突したり混乱したりすることなく適切な距離を保っている．それは学校や電車など（以降，限定空間と呼ぶ）において，人間はその限定空間内に均等に行動するのではなく自分が心地良いと思う距離（以降，対人距離と呼ぶ）を保とうと行動しているからである．しかし，日本は人／km^{2}における人口密度の国別ランキングで，バングラディシュ，台湾，大韓民国，オランダに続く第5位の人口密度であり，東京の人口密度は増加の一途をたどっている（図8.15）．

人口密度の増加は対人距離を保とうとする行動を制限する．また，近年の国際化による対人距離の食い違いによって対人距離を適切に取ることができず，気分を不快にするのと同時に犯罪の増加や生産性の低下はもちろんのこと，病気にかかる確率が2倍になるというデータもある[2]．

8.7 人間の振舞いを扱う

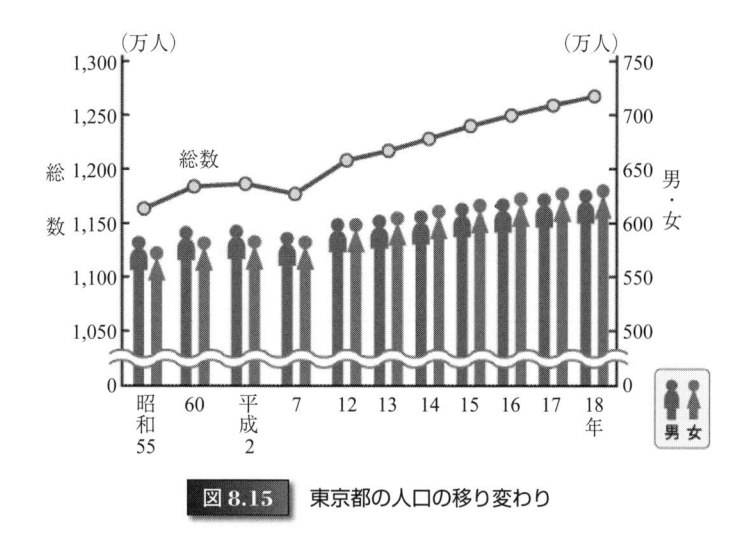

図 8.15　東京都の人口の移り変わり

このように，人と密接な関係がある対人距離についての研究は心理学や建築学によく見られる．その多くは1対1での対人距離の研究や，つい立て越しでの会話など，一定条件を与えた研究であり，N対Nの対人距離の研究は多くはない[3]．そこで，ここでは1対1の対人距離の研究の成果を基に限定空間におけるN対Nの対人距離を視覚化するシステムを構築することを目的としての検討を行う．限定空間にいる者は全員見知らぬ者同士と仮定して，公的な限定空間の最適化を模索する．

(1) 対人距離とは

対人距離（パーソナルスペース）とはRobert Sommerが提唱した人間の周囲に存在する領域のことである．この領域内に他者が侵入してくると人は不快に感じ，自分自身が他者から引き下がろうと行動する．そのため人と人との間で目には見えない緩衝材のような役割を果たすので，電車で不思議と人の間の席だけ開いていたりするのはこのためである．

(2) 対人距離の性質

対人距離は一見，動物などが持つ縄張り意識と似たように感じるが，**表 8.1** に示すように縄張りと対人距離にはその性質に違いがある．

表 8.1　縄張りと対人距離の違い[1]

	縄張り	対人距離
どこに範囲があるか	固定型	人に付きまとう
境界が見えるか	他者に見えるように目印	見ることができない
中心はどこにあるか	物体	自分の身体
侵入してきたときどのような行動を起こすか	他者を追い出すために攻撃行動	自分が引き下がる

(3) 対人距離の分類

E. T. ホール[1] によると，**表 8.2** が示すように人が他人を認識するのには 8 フィートから始まり，対人距離が持つ距離にはそれぞれ意味があるという．

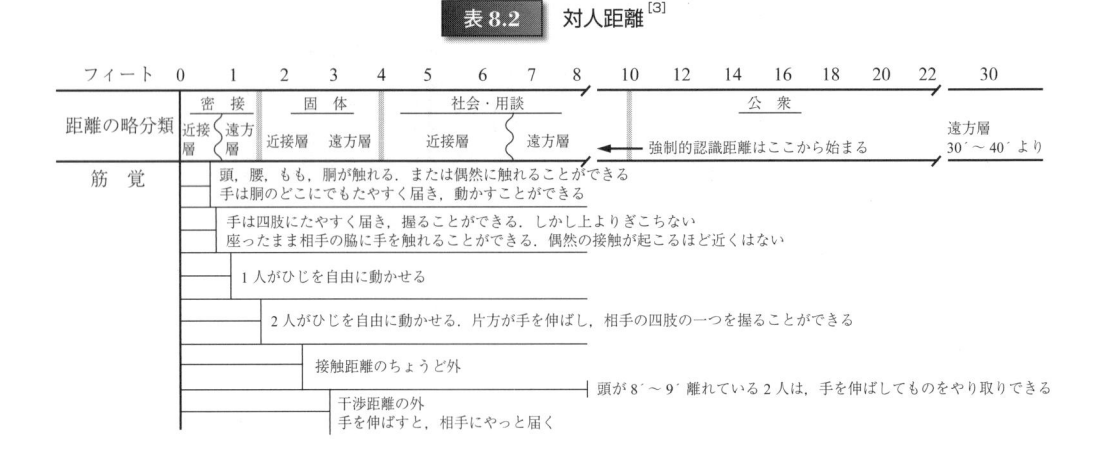

表 8.2 対人距離[3]

フィート	0	1	2	3	4	5	6	7	8	10	12	14	16	18	20	22	30
距離の略分類	密接（近接層／遠方層）		固体（近接層／遠方層）			社会・用談（近接層／遠方層）				公衆							遠方層 30′〜40′ より
筋覚	頭，腰，もも，胴が触れる．または偶然に触れることができる									←強制的認識距離はここから始まる							

- 頭，腰，もも，胴が触れる．または偶然に触れることができる
- 手は胴のどこにでもたやすく届き，動かすことができる
- 手は四肢にたやすく届き，握ることができる．しかし上よりぎこちない
- 座ったまま相手の脇に手を触れることができる．偶然の接触が起こるほど近くはない
- 1 人がひじを自由に動かせる
- 2 人がひじを自由に動かせる．片方が手を伸ばし，相手の四肢の一つを握ることができる
- 接触距離のちょうど外
- 干渉距離の外
- 手を伸ばすと，相手にやっと届く
- 頭が 8′〜9′ 離れている 2 人は，手を伸ばしてものをやり取りできる

・**密接距離**（intimate distance）：0〜1.5 フィート．愛撫，格闘，慰め，保護の意識を持つ距離．
・**個人的距離**（personal space）：1.5〜4 フィート．相手の気持ちを察しながら，個人的関心や関係を話し合うことができる距離．
・**社会的距離**（social distance）：4〜10 フィート．秘書や応接係が客と応対する距離，あるいは，人前でも自分の仕事に集中できる距離．
・**公衆距離**（public distance）：10 フィート以上．公演会の場合など，公衆との間にとる距離とされる．

更に，各層を近接層と遠隔層とに分けると，合わせて 8 通りの分類がなされる．具体的な距離範囲は民族や動物の種類などによって異なるが，距離が 4 通りまたは 8 通りに分類することは共通している．

(4) 対人距離の変化

対人距離の分類で示したように，距離は 4 または 8 通りに分類されるが，この分類は一定ではなく，そのときの心理状況や性格，環境によって変化する．例えば，社交性が低い内向的な性格の人間では対人距離はとても長く，人と距離を取って行動するのに対し，社交性が高い人間では対人距離は短く，人と近い距離で行動する．また，人が密集している所や不快な臭いがする場所など，嫌悪感を感じる環境では対人距離は通常より極端に長くなる．

(5) 対人距離分析システム

本システムは今まで説明したように**図 8.16** のようにお互いに干渉し合う三つの面にルール設定し，システムを構成する．一つは実際に見知らぬ者同士が限定空間内に存在するのを表現したエージェント面．二つ目はポテンシャル面を参照してエージェントの対人距離を考慮して行動を決定するルール面．三つ目のポテンシャル面は人が放つ不快な領域をセルオートマトンでパラメータ化し，対人距離を視覚化するための面である．

このパラメータを見ることによって他人がどれだけ接近しているかを把握し，適切な対人距

8.7 人間の振舞いを扱う

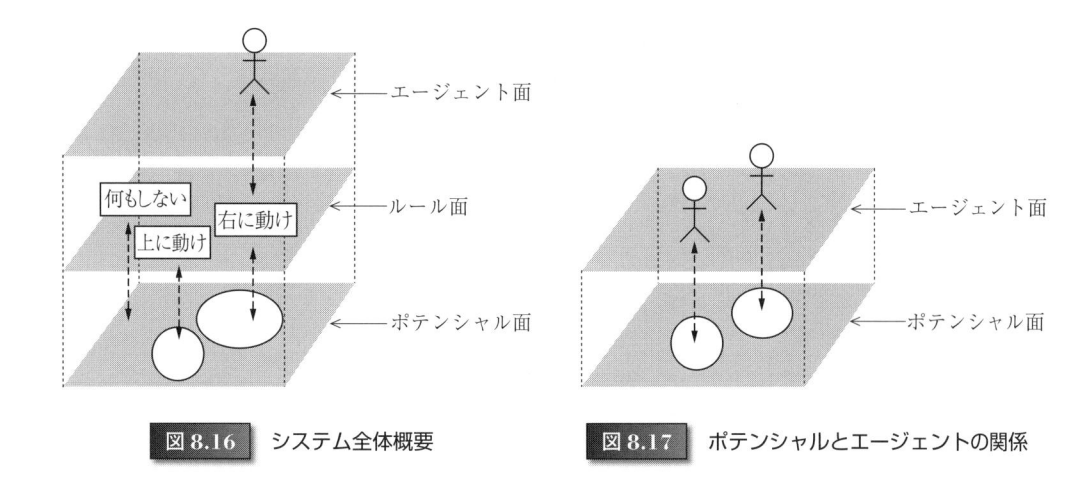

図 8.16 システム全体概要

図 8.17 ポテンシャルとエージェントの関係

離を取るための回避行動ができるのである（**図 8.17**）．

(6) パラメータ化

人は対人距離を意識する中で，それが耐えられない高さであれば，より人がいない方向へ移動し，逆に許容範囲であればそこに留まるような振舞いをする．すなわち，そこにいる各個人を代表するエージェントの動きを支配するポテンシャル面として，この対人距離の高さを定義していく．

さて，対人距離を定義するのに"隣人がそばにいることの不快度"を考え，他人が同じセル内に存在しているような不快度最大値を例えば"9"と定義し，そこから1フィートずつ離れるに従って不快度は1ずつ低下していくモデルを考える．

ポテンシャル面のパラメータは他のエージェントの存在する所は9から始まり，そこからセルを離れるごとに減少していく．つまり，他のエージェントが存在すれば無条件に9のポテンシャルを持つが，エージェントが存在しなかった場合，人（中心）から離れるたびに減少していく，水の波紋のようなポテンシャルを作る必要がある．「人は他人が密集している所では極端に嫌悪感を感じる」というポテンシャルを必要とする．そこで，全てのセルは自分のセルにエージェントがいるか判断し，エージェントが存在すれば無条件に9のポテンシャルを持ち，そうでなければ複雑系のセルオートマトンのように自分のセルの周囲の値によってその中心セルの値が変化するようポテンシャルを決定し，不快度を組織化するように定義する．今回のポテンシャル値の決定プロセスを具体的に述べると，ポテンシャル面の全てのセルは自分の周囲のセルの中で一番ポテンシャルの高い値を探す．そして一番高いポテンシャルが周囲に幾つあるかを調べ，**表 8.3** のルールに従って自分の環境（不快度）ポテンシャルを決定する．

例えば，自分のセルの周囲の最大値が5であり，周囲に5が3個あったとすると自己のセルは4となる．よって，この処理を隣のセルへ連続して続けていくことによって水の波紋のような状態を作り出し，かつ混雑具合も含めた不快度の計算が行われるのである．

表 8.3　ポテンシャル値決定ルール

		行のポテンシャルが周囲に何個か							
		1個	2個	3個	4個	5個	6個	7個	8個
周囲の最大ポテンシャル	1	0	0	0	0	0	1	1	1
	2	1	1	1	1	1	2	2	2
	3	2	2	2	2	2	3	3	3
	4	3	3	3	3	3	4	4	4
	5	4	4	4	4	4	5	5	5
	6	5	5	5	5	5	6	6	6
	7	6	6	6	6	6	7	7	7
	8	7	7	7	7	7	8	8	8
	9	8	8	8	8	8	8	8	8

(7) エージェント面

エージェント面は，図 8.18 に示すように，ルールに従って人を動かす機能を持っている．

個人を表すには数値を利用し，図 8.19 のようにシートに違う数値をセルに入力し，それぞれ違う人間として扱う．つまり，数値 1 と数値 2 は違う人間ということである．

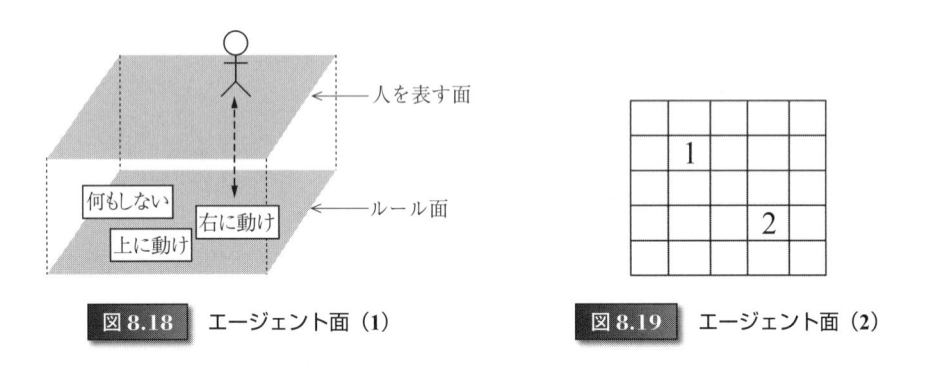

図 8.18　エージェント面（1）

図 8.19　エージェント面（2）

(8) ルール面

ルール面では，エージェントが次にどのように動けばよいか判断できるように全てのセルで移動先を提示する．エージェント 1，2 はルール面をそれぞれ別個に所持しており，ルール面にはセルごとに次にどのように動けばよいか記述されている．つまり，自分のいるセルと同じルール面のセルを参照して，次にどのように動けばよいかを決定しているのである．各エージェントはポテンシャル面の自分と同じセルの値を参照して以下のルールで次の行動を決定する．

```
IF ([ 自分の耐えることのできる不快度 ] < [ 自分のセルの不快度 ])
    {[ 不快度の低い方へ移動する ]}
Else
    {[ 移動を行わない ]}
```

ポテンシャル面の不快度を参照することでどれだけ他人が近くにいるかを判断する材料となり，自分の耐えることのできる距離(対人距離)に他者が侵入しているか探索することができる．

例えば，エージェント"1"のいるセルのポテンシャル値を見たときに不快度が4であったとする．他者の中心が9なので他者から5フィート離れていることがここで分かる．エージェント①の対人距離が5フィート以内の侵入を許していれば何もしないという結果をセルに表示し，許していなければポテンシャルの低い方（他人との距離が遠い方）へ移動するためのベクトルを表示する．これによって，**図8.20**のようなルール群ができ，エージェントがどこにいてもルール面を参照することで次の行動を決めることが可能になるのである．

図8.20 ルール面とポテンシャル面の関係

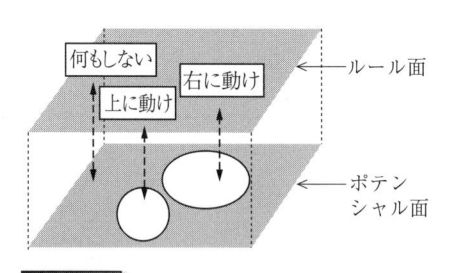

表8.4 ベクトルコードの意味

ベクトルコード	説明
R	右のセルに1セル動く命令
L	左のセルに1セル動く命令
U	上のセルに1セル動く命令
D	下のセルに1セル動く命令

また，移動先を示すコマンドには次項の移動機能での処理を簡略化するために**表8.4**のような略語（ベクトルコード）を中括弧（[ ]）内で表記してみる．

ベクトルコードは中括弧（[ ]）内で複数書いた場合には合算されたベクトル，中括弧を複数用意した場合にはランダムで選択されるように定義してみよう．その例を下記に示す．

・**例1**：右に移動する［R］
・**例2**：右上に移動する［RU］
・**例3**：右上，若しくは左にランダム選択して移動する［RU］［L］
・**例4**：1/3の確率で右上，2/3の確率で左に移動する［RU］［L］［L］

(9) 移動手段

Excelには多様な関数が存在するが，ルール面を参照してエージェントを移動させる複雑な処理には適していない．そこで，移動機能を実現させるためにExcelに付属するマクロ機能（VBA）を利用することができる．VBAはまずエージェント面の人が配置されているシートのセルをランダムに探索する．ここで人が見つからなければ再度ランダムにセルを探索するが，見つかった場合にはルール面の同じセルを参照する．そして参照したベクトルコードを解析してエージェントを移動させ，再度全てのセルの探索が終えるまでランダムに探索する．

この一連の処理を1秒（一般には単位時間 t_0）と考えることで，1秒当たりの全てのエージェントの行動をシミュレートすることができるのである．

(10) 具体的な対人距離の対応システムの評価

16人の被験者（エージェント）を対人距離が長い人間だけがいる空間，対人距離が短い人間だけがいる空間，対人距離が長い人間と対人距離が短い人間を8人ずつ配置した空間の三つの空間を用意してみる．空間は余裕を持って50×50フィートの空間を用意し，配置される人間は公的な場を想定して対人距離を社会的距離にする．対人距離の短い者は社会的距離最大の

5とし，長い者は社会的距離最小の2として，これをランダムに配置する．また，不快度の組織化は**表8.5**のルールで行い，3名以上の人間に囲まれた場合に不快度が高くなるように行う．Excel演算はそれぞれの人間の行動が安定するまで行い，不快度の総合計と高レベル不快度（密接距離・個人距離）と中レベル不快度（社会的距離）の合計とエージェントの位置を参考にして評価する．

表8.5　不快度の組織化ルール

		最大ポテンシャルが周囲に何個か							
		1個	2個	3個	4個	5個	6個	7個	8個
周囲の最大ポテンシャル	1	0	0	0	0	0	0	1	1
	2	1	1	1	1	1	1	2	2
	3	2	2	2	2	2	2	3	3
	4	3	3	3	3	3	3	4	4
	5	4	4	4	4	4	4	5	5
	6	5	5	5	5	5	5	6	6
	7	6	6	6	6	6	6	7	7
	8	7	7	7	7	7	7	8	8
	9	8	8	8	8	8	9	9	9

（11）対人距離が長い人間（人嫌いな人間）のみの空間

対人距離が長い者のみの場合（**図8.21**）は，対人距離が長いため一人一人の間隔がとても広く，不快度の高い中央を避けて，できるだけポテンシャルの低くなる壁へ大きく寄る挙動が確認できた（**図8.22**）．

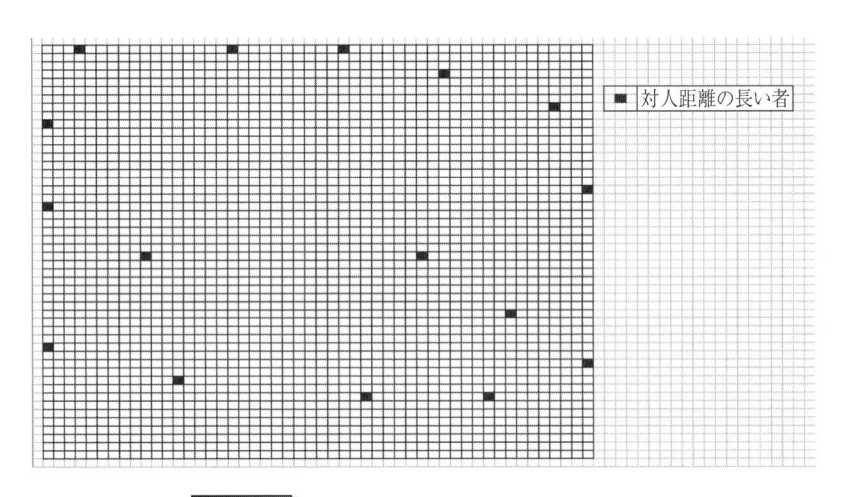

図8.21　エージェント面（対人距離が長い人間）

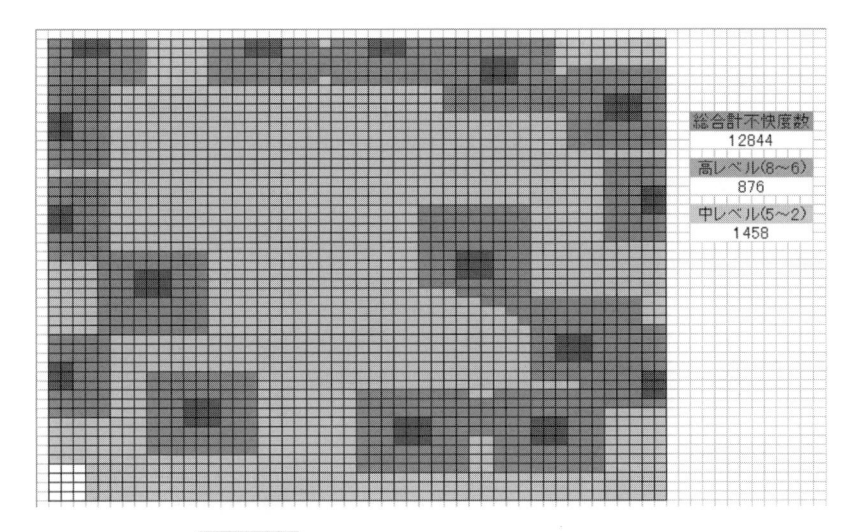

図 8.22 ポテンシャル面（対人距離が長い人間）

（12）対人距離が短い人間（人好きな人間）のみの空間

対人距離が短い者のみの場合（**図 8.23**）は人と人との距離は短いが，中央付近が極端に高い不快度を示している．よって，対人距離が長い者のみの場合ほどではないが，ポテンシャルの高い中央を避ける挙動がここでも確認できた（**図 8.24**）．

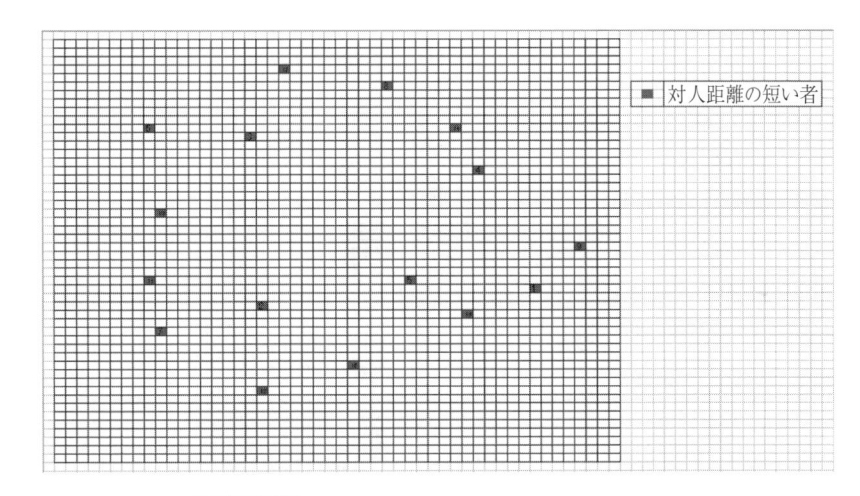

図 8.23 エージェント面（対人距離が短い人間）

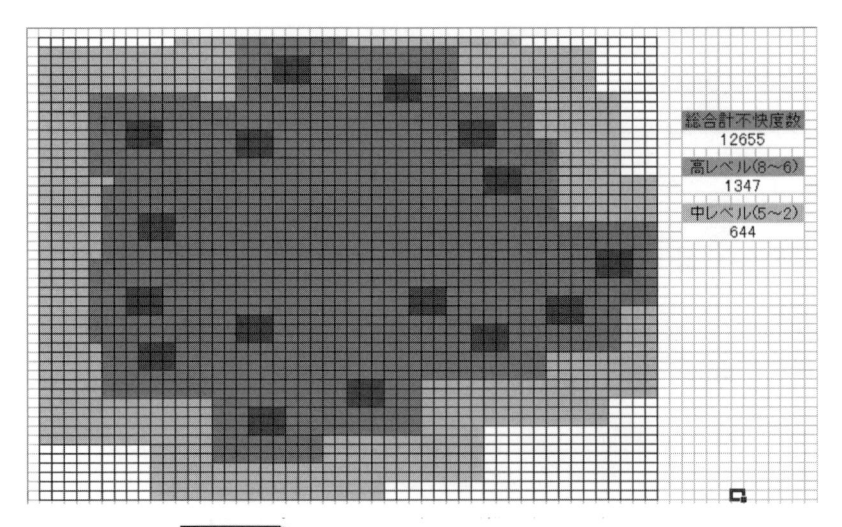

図 8.24　ポテンシャル面（対人距離が短い人間）

（13）対人距離が短い人間と長い人間の混合の空間

　本ケースの場合，対人距離が短い人間と長い人間の混合の空間（図 8.25）では，対人距離の長い者が短い者をすり抜けて，壁側に逃げる挙動が確認できた．また，中央部がわずかに開いたが，人と人との距離が対人距離が同じ者同士よりも狭くなった（図 8.26）．

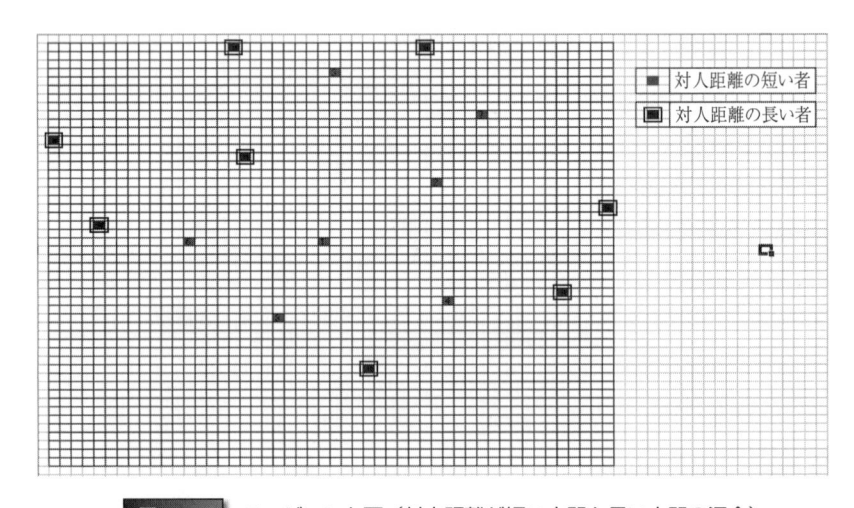

図 8.25　エージェント面（対人距離が短い人間と長い人間の混合）

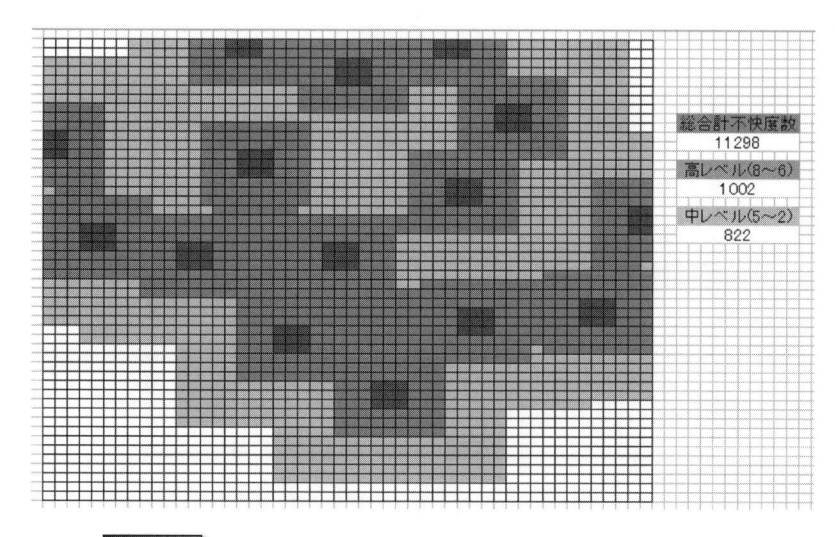

図 8.26 ポテンシャル面（対人距離が短い人間と長い人間の混合）

（14）知　見

　三つのシステム評価（**図 8.27**）で，対人距離が短い人間と長い人間の混合の空間が不快度が最も低く，人と人の距離が狭まることが確認できた．対人距離が長い者のみの場合は人との距離が長くなるのは言うまでもないが，対人距離が短い者のみでは人と人との距離は短くなると予想することができる．しかし，各々の対人距離が短いため，各々のエージェントが近くに寄りすぎてしまった結果，不快度が増加して各々のエージェントが離れてしまうと考えられる．よって，対人距離が短い者の中に長い者を混ぜることで，長い者が対人距離を保つクッション材のような効果を発揮し，不快度が上がりすぎないように調整することで人と人の距離を適切に保つような結果が出るのである．

　さて，興味深い結果として，全て中央の空間が大小の差はあるが空く現象が見られた．これはエージェントが密集する中央がインタラクションが他の場所と比べて大きくなり，不快度が増して避けたと考えられる場所となる．そこで利用していない中央の空間にオブジェクトを置いて再度**図 8.28〜図 8.33**のように評価を行った．

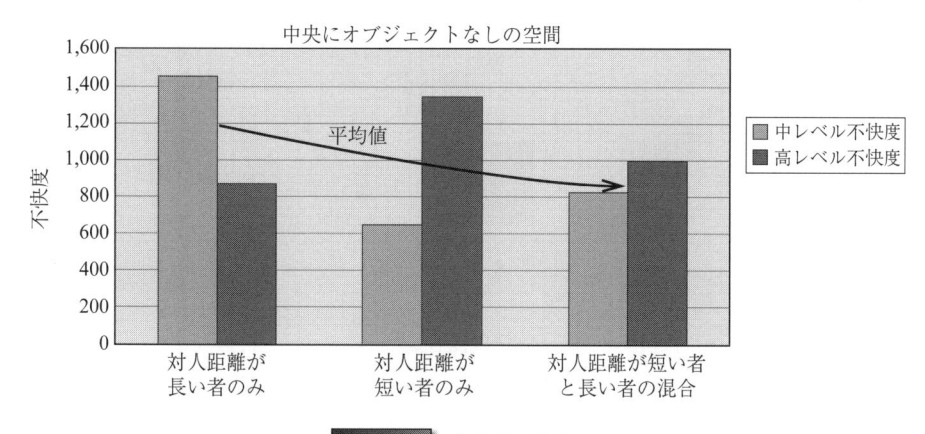

図 8.27 各評価の結果

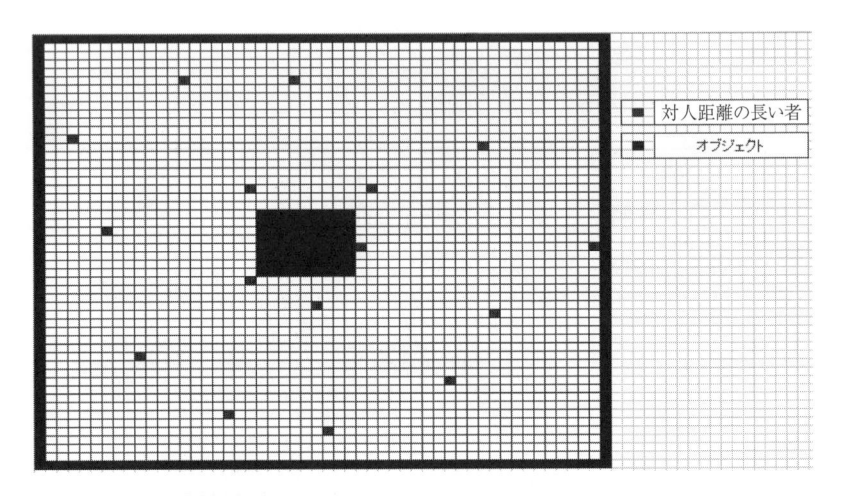

図 8.28　エージェント面（対人距離が長い者のみ）

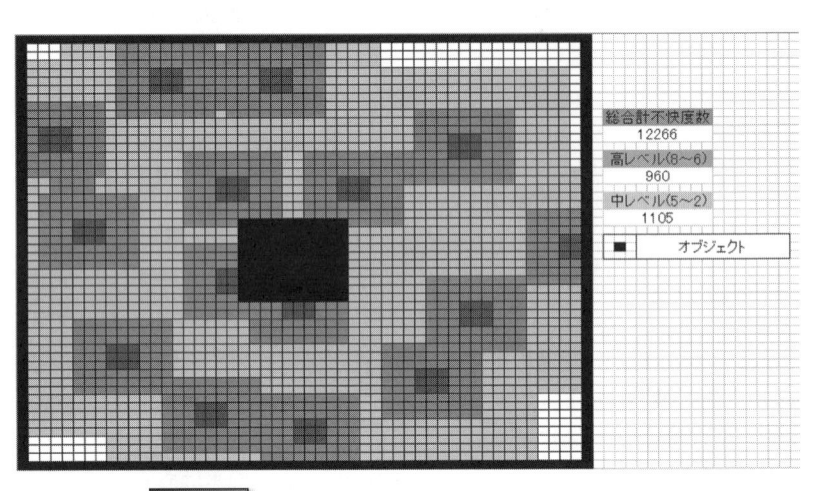

図 8.29　ポテンシャル面（対人距離が長い者のみ）

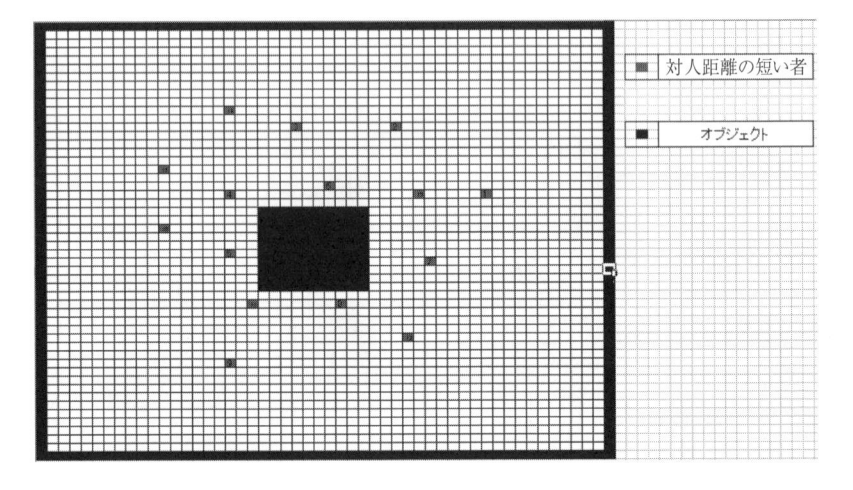

図 8.30　エージェント面（対人距離が短い者のみ）

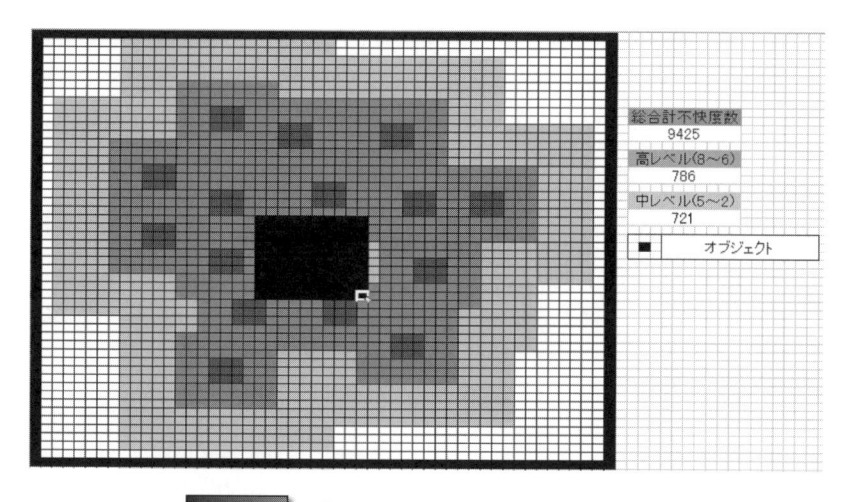

図 8.31 ポテンシャル面（対人距離が短い者のみ）

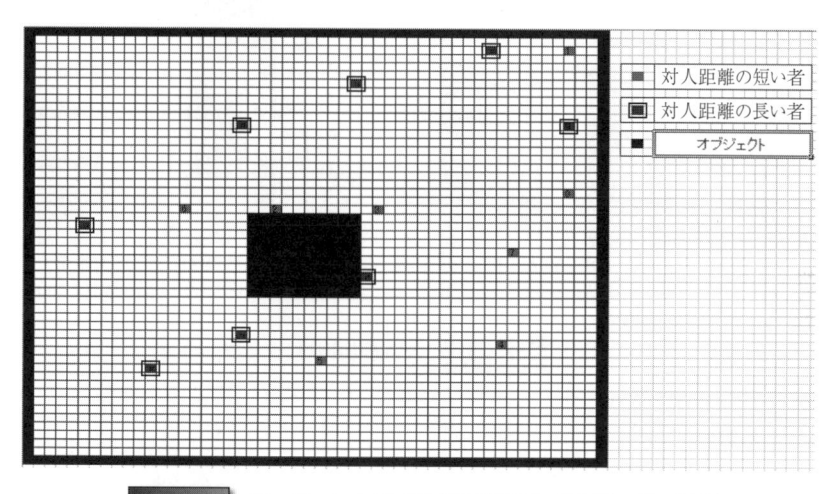

図 8.32 エージェント面（対人距離が短い者と長い者の混合）

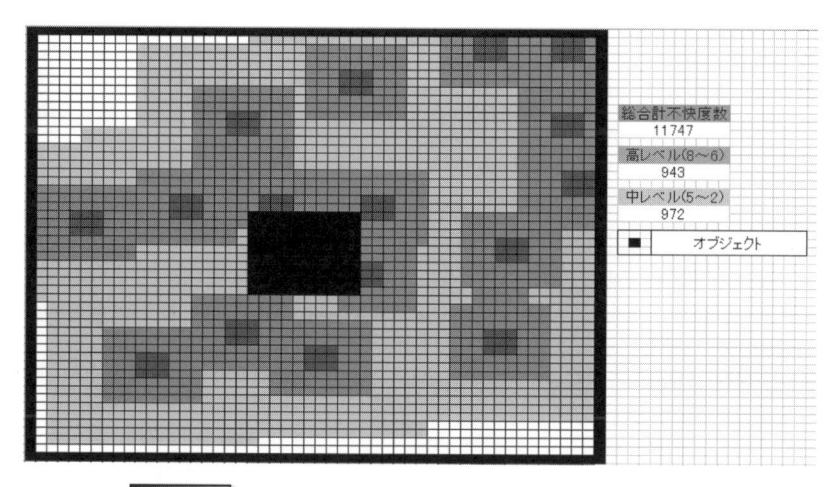

図 8.33 ポテンシャル面（対人距離が短い者と長い者の混合）

図 8.34 にその結果を示すが，中央を無機物で埋めたことで空間自体は狭くなったが，中央のインタラクションがなくなったことで中央の不快度が下がり，三つ全ての評価で高レベルと中レベルの不快度が均等に近くなった．対人距離が長い者のみの場合では人と人との距離が短くなり，対人距離が短い者だけの空間では人と人が適切な距離を取ることが確認できた．対人距離が短い者と長い者の混合では総合の不快度が多少上がってしまったが，誤差が 100 前後しかなく，これは初期配置による誤差の範囲と考える．よって，公園やロビーなど知らない者同士が行き交う空間では中央に噴水や彫刻などを設置し，人と人とのインタラクションを少なくすることで空間をより効率的に使うことができ，快適なコミュニティが形成されると考える（先に記したインキュベーションポイントの別の機能でもある）．

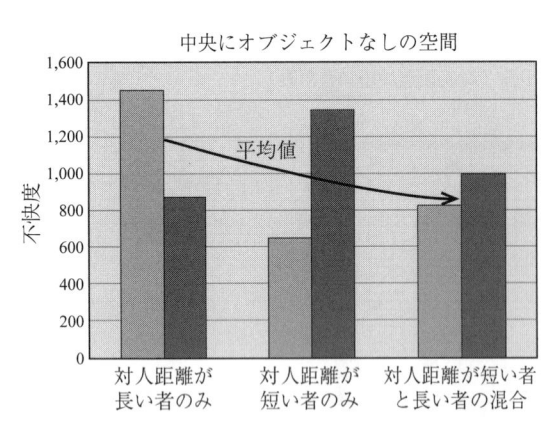

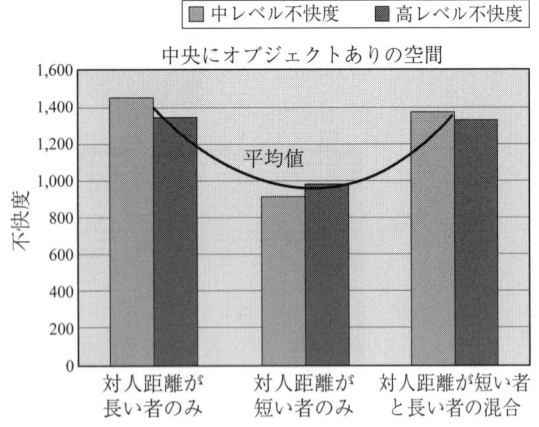

図 8.34 各評価の不快度グラフ

(15) おわりに

今回の評価は，見知らぬ者同士をランダムに配置した場合の評価であり，家族連れやカップルなど，一つの組になっている人間について考慮していない．公共の場ではそういったことも十分考えられるので，今後は知り合い同士も含めた評価を行う必要もあると考える．

非線形システムが機能するためには，システム構成要素間の干渉（インタラクション）が前提であることは全章を通じて述べてきた．本章の検討でも様々な感性を持った人間の間で，なるべく不快度を上げないで共存させるために共用空間の中央に無機物を設置することが有用であり，この結果，全空間で平均的インタラクションの増加が実現できることが重要である．

引用文献

[1] エドワード・ホール 著，日高敏隆，佐藤信行 訳，かくれた次元，みすず書房，1970.
[2] Chombart de Lauwe, Paul. Eamille et Habitation. Paris: Editions du Centre National de la Recherche Scientific, 1959.
[3] 渋谷昌三，人と人との快適距離 パーソナルスペースとは何か，NHK ブックス，1990.

9 おわりに

　最近，日本経済新聞「私の履歴書」に作家で医師の渡辺淳一氏が一つの記事を書いていた（2013年1月掲載）．「若い頃の解剖の実習で人の脳を解剖してみると，頭の良い人のそれは血管が太く，血管組織が良く発達していて容量が大きいなどの違いがあると思っていたが，全く同じである」と．脳の働きは"要素還元主義"が唱える脳基本組織の構造的充実度とは余り関係なく，その機能は専ら要素間の神経ネットワークに宿されているということであろう．これこそ，脳のような知識活動が非線形ダイナミクスそのものということを如実に物語っているといえよう．

　生命の成合を考えるとき，時間が来れば起きて餌を探しに行かなくてはならず，子孫を増やすために求愛活動も自発的に行わなくてはならない．そして，多くの場合そこには競争相手がいて，駆引にも長けていなくてはならず，別の状況では群れの中で協調して生きていかなくてはならない．個では決して生きていけない．しかし生き延びるためには争いも助け合いも必要なのである．良くも悪くも個同士の相互干渉がシステムの根源となっている．線形システムで解き明かす干渉項のない"重ね合わせの理"などとはおよそかけ離れた存在なのである．このような生物，あるいは人間が作り出す社会システムのダイナミクスがまさに非線形システムそのものであることが容易に推し測れる．

　さて，著者が非線形現象に興味を持つようになったきっかけには明確な場面があった．著者がまだNECの中間管理職であった頃の社内研修での講話がそれである．当時NECの社長は関本忠弘氏であり，その経営手腕は抜群で，当時NTTファミリーでの存在が先行していたNECを半導体，通信・社会インフラ事業を世界有数の先端企業に育て，小林前社長との"C&C事業戦略"を絡ませ，遅れをとっていた情報システム事業をも育て，これら3本柱がその後15年続くNEC黄金期を支えるのである．その関本氏が大NECの将来経営戦略として打ち出したのが"ホロニックマネジメント"という概念であり，当時社外の有識者の何人かがその伝道役を買って出て，多くの社内研修でそのような講話が試みられていた．

　まず"ホロニックマネジメント"とは何であろうか？　当時の関本社長の定義を離れた現在のウェブ上の説明では"生物は個々の細胞が自主的に活動して独自の機能を発揮する一方で，そうした個が調和して全体の最適化を実現すること"などが代表例である．この現象は"ホロニック現象"と呼ばれており，生物だけではなく意思を全く持たない物理現象などにも広く見られる現象であり，身近な例としては，鍋で湯を沸騰させたときに発生する多くの独立熱循環

構造などが挙げられる．関本氏にしてみれば，いよいよ超大企業，C&C 企業として歩み出した NEC の企業経営を従来のような集中管理で御することへの限界を感じたのであろう．プロフィットセンターたる各事業部を中心とした"ホロニックマネジメント"を意図した分散最適化システムを目指したものであった．この思想は後に一大ブームとなった"複雑系"の概念の実践で，大学で電気通信学科という根っからの"エレガントな線形世界"で育てられた著者は驚くべき新鮮さでこれを受け入れ，"かぶれて"いったのである．

しかし，当時の NEC の幹部～管理職のほとんどはこれを"単なるいつもの関本節"という程度にしか受け止めなかったのは事実である．ホロニック経営の功罪はもちろん，そのときの経済状況，業種，国際ルールなど様々な要因で評価が割れることは事実で，極めて厳格な中央権限会社で今も世界企業として成功している例を多く承知している．

今思うに，生物における幾多の複雑系での成功例で決して忘れていけない点は，"種の永続"のため，個は片時も忘れることのない"共通規範"，"共有価値観"を持っているということである．ホロニック現象が個自身の行動を通じてある種の全体システムの最適化を実現できるためには，全ての（多くのといってもよい）個が"行動規範"を強く共有していることなのである．今思うに，関本氏のホロニックマネジメント推進にやや手が抜けていた点を思い出すと，やはり"社員全体が共有すべき行動規範"が陽に示されなかった点であろう．プロフィットセンターたる事業部長の自由闊達さが NEC を最大化させるというホロニック現象への写像は明確であった．ただ，各事業部長が肝に銘じ共有すべき"行動規範"が何だったか？ 今，思い出せないポイントではある．

類まれなる大経営者たる関本氏を冷たく追放した NEC のその後はどうなったか？ それは単なる NEC という一つの企業の末路を見るだけでなく，日本の電子通信事業の衰退を見れば明らかだろう．米国の 2 回りも遅れた"株主優遇経営"を旗頭に次々にひたすら不採算事業の切離しに躍起になり縮小均衡を求めた後継者の中には，その後ひっそり自ら人生を閉じた方もおられる．

2013 年 3 月末，日本企業は過去最高の 225 兆円の社内留保を抱えながら唯々諾々として積極投資に打って出ない．非線形システムの最大の魅力は本書で何回も述べたように"有意義な Positive Feedback"の存在である．物事は静止した原点からは何も生まれない．2013 年 6 月，参議院選挙を前に世の中は"アベノミクス"が争点の一つとなっている．まずは，一歩踏み出す姿勢が全ての活力を生み出すというものであろう（賛否と別の議論）．一度，活性化された系の暴走を"貧弱な古典的線形性"を振りかざして心配する必要はもはやない．非線形性の安定・制御は相当なところまできている．世界の金融取引など，ややもすると無政府状態を呈することは事実であるが，そこで暴利を食む既得権者にのみ組せず，実態経済とのひも付けができれば制御は本当に可能なのである．

非線形ダイナミクスについて多くの文献が出されているが，そのほとんどは非線形現象の解析的姿勢が中心であった．本書は，一歩踏み込んで，このような非線形システムを使いこなすために，動的安定性，同期，分岐，…などをなるべく横断的に捉え，その根源的ストラクチャを明示し，その利用，設計に重きを置いた．もちろん，非線形システムは網羅的，かつエレガントに説明し尽くすことはできない．しかしながら，あるクラスの現象については制御的に扱うことができるような多くの実例を示し，そのための Excel プログラムの一覧も付録に記載した．今後，このような趣旨で多くの書物が出版され，非線形システムの更なる利活用が進むことを望む次第である．

さて，ここまで読み進まれた読者の皆様からの"偉そうなことを書く並木は，どんな環境で，どのような人脈の中で過ごしてこられたのか？"との疑問がしきりに耳の奥に聞こえてきます．そこで，最後に謝辞の意味を込めて社会人生を振り返りたい．

謝　辞

　早稲田大学大学院での恩師・（教授）平山博名誉教授，著者のNEC入社当時，更にその後の行動規範を御提示頂いた（中央研究所・通信研究部長）故関本忠弘元会長と（直属上司で通信研究部主任）松尾良雄元モバイルコミュニケーション事業本部長，出産間もない奥様とお仲人までして頂き晩年の1年ではありましたがNEC・C&C財団専務理事時代にも御夫妻共々お世話になった（通信研究部長心得，伝送通信事業部長）金子尚志元会長，早くから事業部側の御支援を頂いた（マイクロ波衛星通信事業部長）横山清次郎元副社長，島山博明元専務，社外では（世界一周通信プロトコル調査から省庁各種委員会と継続的にお世話になった）斎藤忠夫東大名誉教授と（NTT交換システム研究所長で席を並べて博士号試験を受けた）石川宏NTT元常務・NTT-AT社長，（お客様として議論も競争もした）KDDI平田康夫元専務，NTT通研・無線＆光関係の皆様，そして中央研究所担当役員の故加藤康夫専務，幾度かの思わぬ外部からの窮地に身を挺して庇って頂いた（C&C研究所長）石黒辰雄元常務と（通信研究部長）渡辺孝次郎（北米研究所長）元支配人，（光関連の研究管理歴任中に御支援頂いた）阪口光人元支配人，NEC人生で心からの御支援を賜った（通信研究部上司～本社での直属上司）杉山峯夫元副社長に感謝の意を明示させて頂き本書の締めくくりとしたい．

付録：Excel プログラム一覧

　本文中に記述した非線形システムを Excel で表現したプログラムの抜粋を利用可能とした．各プログラムには上書きブロックの処置をしていないので，学会 URL（http：//www.ieice.org/jpn/books/tankmokuroku.html）よりダウンロードしたオリジナルを一旦デスクトップなどに貼り付けて利用することをお勧めする．

　各システムの代表的パラメータは Excel のスライダで容易に値を変えられ，それを変えたときに，直ちに再計算が行われ付属の図やグラフが変化するように作られている．

　各システムにおいて変化させて意味のあるパラメータについてプログラム中に注意書きとして表記した．以下，ダウンロード可能なプログラムの一覧を示す．

2.	分子で分母をキャンセル	6.	ウサギとキツネ（2 群）
	落下運動		2 体問題ディジタル制御
3.	重ね合わせの理の破綻 1		2 体問題ディジタル制御 2 逆回転
	重ね合わせの理の破綻 2		3 体問題飽和付き
	n 乗		4 体問題飽和付き
5.	自励飽和		5 体問題飽和付き
	正弦波発生器（2 乗制御付き）		6 体問題飽和付き
	並木トーラス 1		7 体問題飽和付き
	並木トーラス 2		+sin 型 N 重リミットサイクル+可変インパルス
	並木トーラス 3		−sin 型 N 重リミットサイクル+可変インパルス
	リミットサイクル初期値変更可		草とヤギとウサギ
	ローレンツ初期条件可変		中心点 N 重シフト正弦波発生器（tan）
	レスラー方程式	7.	正弦波発生器（干渉あり）
	万能一次元セルオートマトンルール可変		正弦波発生器（干渉と相似度変化）
	二次元セルオートマトン可変—ウシの模様		ウサギとキツネ（同期）
	変更ライフゲーム 50		ウサギとキツネ（同期で安定）
			バンチングアクセス
			バンチングアクセス（負荷時変）

参 考 文 献

[1] M. ミッチェル 著，田中三彦，遠山峻征 訳，ワールドロップ：複雑系，新潮社，1996.
[2] 田中三彦，坪井賢一，複雑系の選択，ダイヤモンド社，1997.
[3] ジョン・キャスティ 著，中村和幸 訳，複雑系による科学革命，講談社，1997.
[4] マレイ・ゲルマン 著，野中陽代 訳，クォークとジャガー，草思社，1997.
[5] 井庭崇，福原義久，複雑系入門，NTT 出版，1998.
[6] 生天目章，マルチエージェントと複雑系，森北出版，1998.
[7] Edward N. Lorenz, Deterministic nonperiodic flow, J. Atmos. Sci., vol. 20, pp.130-141, March 1963.
[8] 和達三樹，岩波講座 現代の物理学 14 非線形波動，岩波書店，1992.
[9] 三宅浩次 監修，高橋延昭，神山昭男，大友詔雄 編，生物リズムの構造—MemCalc による生物時系列データの解析—，富士書院，1992.
[10] 細田嵯一 監修，笠貫宏，大友詔雄 編，生体時系列データ解析の新展開，北海道大学図書刊行会，1996.
[11] アルバート・ラズロ・バラバシ 著，青木薫 訳，新ネットワーク思考，NHK 出版，2002.
[12] ダンカン・ワッツ 著，辻竜平，友知政樹 訳，スモールワールド・ネットワーク—世界を知るための新科学的思考法，阪急コミュニケーションズ，2004.
[13] ロバート・バーテルズ 著，山中豊国訳，マーケティング学説の発展，ミネルヴァ書房，1993.
[14] M. G. Rosemblum, Phase synchronization of chaotic oscillators, Phys. Rev. Lett., vol. 76, pp. 1804-1807, 1996.
[15] 小室元政，基礎からの力学系—分岐解析からカオス的遍歴へ，サイエンス社，2005.

索　引

あ

安定軌道群　43
安定性の必要十分条件　27
位相同形　30
位置エネルギー　42
因果関係　79
インキュベーションポイント　22
インタラクション　170
運動エネルギー　42
運動方程式　10
エージェント　130
エージェント面　131
エネルギー最小　113
円循環　115
オーバシュート　28
オーバレイシステム　1

か

階層構造　34
開放系　80
カオス解　44
重ね合わせの理　16
加算的干渉モデル　107
加速度　9
干渉係数　107
干渉路　112
管理エネルギー　33
管理者なし自律システム　2
危険因子　36
吸着力　22
共鳴　32
極　14, 25
空気抵抗力　9
グルーピング　115
減衰系　42
限定空間　158
高次制御系　27
構造　21
構造安定　30
固定点　41

コミュニティ　170
コミュニティ密度　20
固有値問題　15

さ

差分方程式　8
差分方程式の時間解　9
三相正弦波　81
シグナルフローグラフ　3
自己成長　30
自己増殖　30
自己組織化　30, 32
システム安定　25
時不変系　26
時変形　26
視野　35
弱肉強食　63
ジャパニーズアトラクタ　45
周期　41
収束時間　28
重力加速度　9
準周期　41
状態変数　3
状態変数解析　6
触媒作用　22
自励飽和　78
人口増加モデル　39
随伴性　46
スケールしない仕組み　33
スケールフリー　34
すごろく　6
ステップ応答　27
ストレンジアトラクタ　41
正帰還　32
正弦波発生器　42
積分演算　6
積分変換　15
セルオートマトン　51
セルラオートマトン　51
線形モデル化　1
前兆現象　35

総エネルギー有限　69
相互関係　22
相互干渉密度　20
相互連携　22
相転移　21
相変化　21
速度　9

た

対人距離　158
ダイナミックシステム　2, 3
多体問題　79
托卵　63
多重リミットサイクル　92
遅延　28
力　9
チャネル棲分け　118
超広帯域システム　15
つりがね型フィルタ　134
抵抗回路　15
伝達多項式　25
特性方程式　14, 25
トーラス　41

な

二次元セルオートマトン　56
2体問題　67

は

発散系　42
ハードリミッタ　73
バンチング　115
バンチングランダムアクセス　120
引込み　32
フェロモン　134
フェロモン蒸散作用　134
フラクタル的構造　34
フラット組織　33
フルビッツ判定法　27
分岐　30, 60
平衡状態　26
閉鎖系　80

べき乗分布　34
飽和現象　39
捕食-被捕食間ダイナミクス　63
捕食-被捕食系　80
ポテンシャル面　131

ま

メモリレスシステム　15
物忘れ　15

や

有界振動現象　30
要素還元主義　19, 31
要素還元法　1
要素間相互作用　19

ら

ライフゲーム　58
ラウスの判定判別法　27
落下運動　9
ラプラス演算子　11
ラプラス関数　11
ランプ入力応答　27
離散力学系　15
リプシッツ（Lipschitz）条件　30
リミットサイクル　41
臨界速度　9, 10
隣接関係　30
ループ利得　28
ルール面　131
零点　14
レスラー方程式　48
連鎖関係　80
連続力学系　15
連立時間微分方程式　44
ローレンツアトラクタ　44

Peer to Peer（P2P）　1

SFG（Signal Flow Graph）　3

著者略歴

並木　淳治（なみき　じゅんじ）

1972 早大大学院理工学研究科修士（電気通信）了．同年，（株）日本電気中央研究所入社．以来，無線通信システムの研究～管理（衛星，移動，固定大容量の方式＆最適制御），ディジタル移動，通信プロトコル，ネットワーキングの研究），NEC 光エレクトロニクス研究所長代理，C&C 研究所長，本社戦略マーケティング本部長（理事），R&D 支配人（Vice President），NEC C&C 財団専務理事，東海大学情報理工学部教授などを経て，現在サイバーレーザー株式会社常勤監査役，東海大学情報理工学部非常勤講師．工博．

本会フェロー，通信ソサイエティ会長（2010～2011），企画理事，会計理事，東京支部長，評議員，代議員（2013）ほか．

東工大，早大客員教授，内閣府・総合科学技術会議・ユビキタスネットワーク連携群・副主監（2007～2009）ほかを歴任．科学技術庁長官賞（研究業績賞），全国発明表彰，本会学術奨励賞ほか各受賞．

著書「IPv6」，「Excel で学ぶ組込みシステム」（電子情報通信学会，2001，2012）ほか多数．

特許：国内 150 件以上出願，100 件以上登録；米国，欧州ほかへも多数出願．

非線形システムが社会を動かす
Nonlinear Systems Promote All the Social Capital

平成 25 年 8 月 25 日　　初版第 1 刷発行	編　者　一般社団法人電子情報通信学会
	発行者　　蓑　毛　正　洋
	印刷者　　山　岡　景　仁
	印刷所　　三美印刷株式会社
	〒116-0013　東京都荒川区西日暮里 5-9-8
	制　作　　株式会社エヌ・ピー・エス
	〒111-0051　東京都台東区蔵前 2-5-4 北条ビル

© 電子情報通信学会 2013

発行所　一般社団法人 電子情報通信学会
〒105-0011　東京都港区芝公園 3 丁目 5 番 8 号（機械振興会館内）
電　話　(03)3433-6691（代）　振替口座　00120-0-35300
ホームページ　http://www.ieice.org/

取次販売所　株式会社 コロナ社
〒112-0011　東京都文京区千石 4 丁目 46 番 10 号
電　話　(03)3941-3131（代）　振替口座　00140-8-14844
ホームページ　http://www.coronasha.co.jp

ISBN 978-4-88552-275-8　　　　　　　　　　　　　　　　Printed in Japan

無断複写・転載を禁ずる